U0249414

国家科学技术学术著作出版基金资助出版

城镇化生态转型
——理论、方法与案例

邓祥征　张　帆　刘　伟　孙志刚　陈明星　著

科学出版社

北　京

内 容 简 介

本书系统介绍新型城镇化背景下城镇化生态转型的概念、指标体系、理论方法与应用实践。首先开展生态社区居民消费碳排放调查与影响评估，核算城乡居民碳排放水平并探究其影响因素，测算全要素碳排放效率与碳减排潜力，并构建城市可持续发展模拟模型。然后，在四个典型案例区（京津冀地区、长三角地区、珠三角地区和成都平原区）开展实证研究；兼顾落实生态文明建设与促进城市可持续发展的要求，将城市适宜性管理方案落实到城市和社区两个层面。最后，提出城市和社区生态适应性管理措施。

本书适合从事城市化、生态环境、区域发展、城市管理等领域的研究人员阅读，也可作为高等院校、科研院所地理相关专业研究生及相关人员的参考书。

图书在版编目（CIP）数据

城镇化生态转型：理论、方法与案例/邓祥征等著. —北京：科学出版社，2022.4

ISBN 978-7-03-071551-7

Ⅰ．①城…　Ⅱ．①邓…　Ⅲ．①城镇-生态环境建设-研究-中国　Ⅳ．①X321.2

中国版本图书馆 CIP 数据核字（2022）第 030020 号

责任编辑：李秋艳　白　丹/责任校对：张小霞
责任印制：吴兆东/封面设计：蓝正设计

科学出版社 出版
北京东黄城根北街 16 号
邮政编码：100717
http://www.sciencep.com

北京虎彩文化传播有限公司 印刷
科学出版社发行　各地新华书店经销
*
2022 年 4 月第 一 版　开本：720×1000　B5
2023 年 3 月第二次印刷　印张：13
字数：262 000

定价：159.00 元
（如有印装质量问题，我社负责调换）

前　言

随着资源能源约束趋紧、生态环境压力日益增大，传统经济发展出现动力不足问题，以高增长、高消耗为特征的粗放型城市发展模式暴露出诸多弊端，越来越难以为继。国内外诸多城市主动或被动地面对无序低效土地开发、城市区域发展失调、社会发展失衡、能源效率低下等城市发展问题。城市生态-社会-经济系统正处于一个快速变化的特殊时期。因此，各个国家都在探索城市可持续发展的路径，实现城镇化生态转型。

改革开放以来，中国成为世界上城市化进程最快的国家之一。快速城市化引发了巨大的城市生态环境压力，同时设施功能不全、集聚辐射力不强，城市规模与等级有较大差异，地区经济发展不平衡等各种问题对新型城镇化的推进造成了一定程度的阻碍。开展生态城市及社区管理研究，探索城市与社区生态环境的绿色环保发展、社区适应性管理策略，将为新型城镇化背景下推进实施城市生态综合管理及生态适应性管理提供科学决策信息，这对提升城市生态管理提出了新要求，要求解决生态城市布局、规模结构与城市功能、资源利用及生态效率等方面的现实问题，发挥新型城镇化建设推动生态城市建设的作用。新型城镇化与生态文明建设是中国当前社会发展的两大热点议题，如何将生态文明的理念和原则融入城镇化过程中具有学术探讨价值与积极的现实意义。运用生态文明建设的理念和原则指导城镇化过程，探求更加合理的城镇发展模式和人类聚居与行为模式，是实现城镇健康、高质量和可持续发展的关键。

本书旨在开展新型城镇化背景下社区和城市两个尺度的生态概念理论、模型方法与实践政策研究。本书基于社区调研、效率测算、影响因素分析、情景模拟等方法，开展了生态社区居民消费碳排放调查与影响评估；发展了投入-产出核算方法，核算了城乡居民碳排放水平并探究其影响因素；发展了全生命周期方法，核算了居民行为的完全环境影响；建立了碳排放效率测算模型，测算了全要素碳排放效率与碳减排空间；探究了区/县城镇化效率和生态效率的时空耦合机制，评价了生态环境绩效并判定其发展模式；建立了城市可持续发展模拟模型并进行了情景模拟；提出了城市生态管理综合框架及建议。本书重点阐释新型城镇化背景下城镇化生态转型的概念、指标体系、理论方法与应用实践的最新研究成果。在四个典型案例区开展了实证研究，具体包括京津冀地区城镇化生态环境影响及对策、上海市生态环境绩效评价及管理、广州市居民行为的环境影响及生态效率评估，以及成都市城市生态转型及可持续发展研究。另外，基于兼顾落实生态文明建设、城市可持续发展要求，将城市适宜性管理落实到具体可循、实际可行的城市/社区两个层面，提出了城市/社区生态适应性管理措施。

本书共分 7 章。第 1 章作为全书的基础，给出了研究的现实背景及研究需要、基本概念的解释、基本理论方法等内容。第 2 章主要涉及生态社区与生态城市两个层面的概念与内涵、基本理论与方法。第 3～6 章主要针对京津冀地区、长三角地区、珠三角地区及成都平原区四个研究区的城镇化生态转型案例进行分析。第 7 章为城镇化生态转型发展与展望。

本书逻辑框架由邓祥征设计。第 1～2 章由邓祥征撰写；第 3～4 章由张帆、邓祥征撰写；第 5～6 章由刘伟、孙志刚撰写；第 7 章由陈明星、孙志刚、刘伟撰写。全书由邓祥征定稿。书稿撰写中，王国峰、王超、褚茜、李逸凡、战金艳等在文献整理、插图绘制、文本订正等方面提供了大量的帮助，特此致谢。

本书是基于作者团队多年的研究成果而撰写的著作。研究过程中，本书在数据采集与整理、系统开发与集成、资料收集与调研等方面都受到了国家自然科学基金重点项目"生态社区建设与城市生态综合管理机制研究"（71533004）的支持。

本书力图涵盖城市生态转型的理论、方法和案例等诸多方面，在编写过程中参考了大量国内外学者的文献资料，在此感谢；如有疏漏之处，谨致歉意。

由于作者学术水平有限，书中难免存在不足之处，恳请广大读者批评指正。

著 者

2021 年 7 月

目　　录

前言
第1章　绪论 ··· 1
1.1　生态社区与生态城市建设 ··· 1
1.1.1　快速城镇化促进了经济发展与社会进步 ················· 1
1.1.2　快速城镇化带来了巨大的生态环境压力 ················· 2
1.1.3　生态文明思想指引着当前社会经济发展 ················· 4
1.1.4　社区与城市建设是提升人类社会福祉的关键 ··········· 5
1.2　生态社区与生态城市研究 ··· 7
1.2.1　生态转型发展研究渐成热点 ······························ 7
1.2.2　生态环境影响评估日益加强 ······························ 7
1.2.3　生态效率和绩效分析逐步深入 ···························· 8
1.2.4　生态适应性管理探讨日渐深化 ···························· 9
1.3　本书的章节安排 ·· 10
1.4　本章小结 ··· 12
参考文献 ··· 13
第2章　城镇化生态转型理论方法 ··································· 16
2.1　生态社区相关概念及进展 ·· 16
2.1.1　生态社区的概念 ··· 16
2.1.2　生态社区的建设 ··· 17
2.1.3　生态社区的评价 ··· 19
2.1.4　生态社区的发展 ··· 21
2.2　城市生态管理相关概念及进展 ··································· 26
2.2.1　城市生态管理相关概念 ···································· 26
2.2.2　城市生态管理模式 ··· 28
2.2.3　城市生态管理的方法 ······································ 32
2.2.4　城市生态管理的进展 ······································ 36
2.3　城镇化生态转型理论及途径 ····································· 38
2.3.1　城镇化生态转型概念 ······································ 38
2.3.2　城镇化生态转型理论 ······································ 39
2.3.3　城镇化生态转型途径 ······································ 40

2.3.4 城镇化生态转型趋势 ……………………………………… 46
2.4 城镇化生态转型研究方法与进展 …………………………… 49
2.4.1 城镇化生态转型研究方法 ……………………………… 49
2.4.2 城镇化生态转型分析模型 ……………………………… 51
2.4.3 城镇化生态转型评价指标 ……………………………… 52
2.4.4 城镇化生态转型研究进展 ……………………………… 53
参考文献 …………………………………………………………… 55
第3章 京津冀地区城镇化生态转型 ………………………………… 61
3.1 京津冀地区城镇化生态转型现状及趋势 …………………… 61
3.2 居民消费碳排放测算及影响分析 …………………………… 62
3.2.1 居民消费碳排放测算模型 ……………………………… 63
3.2.2 居民消费碳排放评估结果 ……………………………… 68
3.2.3 基于消费端的碳减排政策建议 ………………………… 74
3.3 碳排放效率及减排空间评价 ………………………………… 75
3.3.1 碳排放效率及减排空间评价模型 ……………………… 75
3.3.2 碳排放效率及碳减排潜力评价结果 …………………… 79
3.3.3 基于生产端的碳减排政策建议 ………………………… 86
3.4 本章小结 ……………………………………………………… 86
参考文献 …………………………………………………………… 86
第4章 长三角地区城镇化生态转型 ………………………………… 88
4.1 长三角城镇化生态转型的现状及趋势 ……………………… 89
4.2 社区居民消费碳排放评估 …………………………………… 91
4.2.1 社区居民消费碳排放的作用机理 ……………………… 91
4.2.2 社区居民消费碳排放的核算模型 ……………………… 91
4.2.3 社区居民消费碳排放的影响因素 ……………………… 95
4.2.4 社区居民消费碳排放的评估结果 ……………………… 100
4.3 城市环境绩效及转型发展评估 ……………………………… 101
4.3.1 城市环境绩效及转型发展的作用机理 ………………… 102
4.3.2 城市环境绩效及转型发展的评估模型 ………………… 104
4.3.3 城市环境绩效及转型发展的评估结果 ………………… 107
4.4 本章小结 ……………………………………………………… 116
参考文献 …………………………………………………………… 117
第5章 珠三角地区城镇化生态转型 ………………………………… 119
5.1 珠三角地区城镇化生态转型现状及趋势 …………………… 119
5.2 工业系统能源环境全要素生产率变化及分析 ……………… 122

　　5.2.1　能源环境全要素生产率评估模型 ················· 123
　　5.2.2　工业能源环境全要素生产率评估 ················· 125
　　5.2.3　产业能源环境全要素生产率评估 ················· 129
　　5.2.4　能源环境生产技术和产业布局优化 ··············· 130
5.3　社会经济系统能源环境全要素生产率变化及分析 ········· 131
　　5.3.1　社会经济系统能源环境全要素生产率评估模型 ····· 132
　　5.3.2　社会经济系统能源环境全要素生产率变化趋势 ····· 134
　　5.3.3　社会经济系统能源环境全要素生产率影响因素 ····· 137
5.4　广州城镇居民楼能源消耗及碳排放量评估 ··············· 139
　　5.4.1　能源消耗及碳排放评估模型构建 ················· 140
　　5.4.2　能源消耗和温室气体排放量核算 ················· 142
　　5.4.3　能源消耗和 CO_2 排放量结果估算 ··············· 146
5.5　本章小结 ··· 148
参考文献 ··· 149

第6章　成都平原区城镇化生态转型 ··························· 150
6.1　成都平原区城镇化生态转型现状及趋势 ················· 150
6.2　城市化效率评价与分析 ······························· 153
　　6.2.1　城市化效率评价模型构建 ······················· 153
　　6.2.2　城市化效率变化趋势分析 ······················· 156
　　6.2.3　城市化效率影响因素识别 ······················· 159
6.3　城镇化可持续发展评价 ······························· 160
　　6.3.1　城镇化可持续发展模型构建 ····················· 160
　　6.3.2　城镇化可持续发展模拟分析 ····················· 165
　　6.3.3　城镇化可持续发展趋势预估 ····················· 171
　　6.3.4　城镇化可持续发展情景预测 ····················· 173
6.4　本章小结 ··· 178
参考文献 ··· 179

第7章　城镇化生态转型发展与展望 ··························· 181
7.1　生态社区建设发展与展望 ····························· 181
　　7.1.1　生态社区建设实践经验 ························· 181
　　7.1.2　生态社区建设理论指导 ························· 183
　　7.1.3　生态社区建设未来展望 ························· 184
7.2　生态城市建设发展与展望 ····························· 187
　　7.2.1　生态城市建设实践经验 ························· 187
　　7.2.2　生态城市建设理论指导 ························· 189

　　7.2.3 生态城市建设未来展望 …………………………………………………193

7.3 城镇化生态转型对策 ……………………………………………………194

　　7.3.1 优化国土功能分区 …………………………………………………194

　　7.3.2 加快产业技术转型 …………………………………………………195

　　7.3.3 提升居民环保意识 …………………………………………………197

7.4 本章小结 ………………………………………………………………198

参考文献 …………………………………………………………………………198

第1章 绪 论

1.1 生态社区与生态城市建设

1.1.1 快速城镇化促进了经济发展与社会进步

改革开放以来，中国成为世界上城镇化进程最快的国家之一。《国家新型城镇化规划(2014—2020 年)》提出要提升城市资源环境利用效率、推进城市生态综合管理，着力解决城市规划布局不合理、规模结构与城市功能错位、资源利用及生态效率低等问题，进而推进新型城镇化与生态文明建设，追求城市健康与高质量发展。

随着中国工业化和城镇化进程的快速推进，资源相对不足、环境承载力弱及环境污染严重等城市问题不断加剧，城市中人与环境的矛盾变得尤为突出，城市发展正在对自然界、城市内部及城市间的生态平衡和生态环境产生重大的影响和冲击，使城市生态环境建设与管理面临着严峻挑战。按照世界城市发展规律，中国城市发展已经进入了成长关键期和"城市病"多发期，到 2030 年我国城镇化水平将达到 70%，预计有 3 亿人进城，将进一步导致圈地扩容、建设用地激增。快速城镇化过程中巨大外部资源压力与生态破坏问题必然影响城镇化发展的质量与效率，因此，如何解决社会经济发展与生态环境保护之间的矛盾是实现区域和城市可持续发展的首要问题(Turner et al., 2004；胡凯群等，2022)。为保障城镇化的持续健康发展、促进新型城镇化与城市生态文明建设的顺利推进，党的十八大和十八届三中全会都强调了"生态文明建设"，指出要全力实现绿色、循环和低碳协同，构建资源节约型和环境保护型的国土空间发展格局，发展低碳产业结构，倡导转变居民消费行为及生活方式，建成"用制度保护生态环境""改革生态环境保护管理体制"等新格局。生态文明建设需要全社会的参与和全方位的保障，城市资源环境效率评估和综合管理机制研究是城市生态文明建设的核心内容和重要支撑(赵景柱，2013；王如松等，2014)。因此，把资源环境效率评估和生态综合管理研究融入我国当前新型城镇化建设过程中，解决城市生态社区布局不合理、规模结构不匹配与城市功能错位等现实问题，发掘城市居民绿色的生活方式和消费模式，对促进城市生态文明建设、提高生态城市管理水平等具有积极的现实意义和重要的科研价值。

1.1.2 快速城镇化带来了巨大的生态环境压力

快速城市化引发了巨大的城市生态环境压力，设施功能不全、集聚辐射力不强、城市规模与等级差异较大及地区经济发展不平衡等问题对新型城镇化的推进造成了一定程度的阻碍。此外，在实施新型城镇化建设、开展生态文明建设的背景下，研究城市社区居民生活消费对生态环境的影响，以生态化目标为导向，有计划地进行产业路径调整，建立精细化管理系统，可为生态社区适应性管理提供急需的科学决策信息。因此，开展生态社区管理研究，探索城市与社区生态环境的绿色环保发展、社区适应性管理策略，将为推进城市生态综合管理及生态适应性管理提供科学决策信息。

我国社会经济不断发展，城镇化进程加快，人们在开发生态环境获取利益的同时，也通过科技的进步和先进的治理手段对生态环境进行优化。城镇化与生态环境之间客观上存在着极其复杂的交互耦合关系，研究城镇化的生态环境胁迫具有重要的理论与实际意义。城镇化的生态环境胁迫可分为三个方面：①人口城镇化的生态环境胁迫。人口的生态环境效应与人口密度和生活强度有关。人口密度决定排污水平，生活方式则决定排污水平的变化。生活强度取决于人们的消费水平和生活习惯。人口城镇化对生态环境的胁迫主要通过两方面进行。一是人口城镇化通过提高人口密度增大生态环境压力。一般情况下，人口数量的增长快于城市地域的扩张，城镇化水平越高，人口密度越大，对生态环境的压力也就越大。二是人口城镇化提高消费水平和改变消费结构，使人们向环境索取的力度加大、速度加快。②经济城镇化的生态环境胁迫。企业是经济城镇化的基础单元，分析企业对生态环境的压力可从规模和性质两方面入手。规模分用地规模和经济规模，性质则用能耗和水耗等指标反映。经济城镇化对区域生态环境的胁迫机制表现在改变企业的用地规模或占地密度、引起产业结构的变迁、提升经济总量、增加资源消耗等方面。在经济城镇化过程中，一些行为加大了生态环境的压力，但也存在另外一些行为对压力具有缓解作用，例如经济城镇化能带来更多的环保投资，提高人为净化的能力来缓解生态环境压力；政策干预和清洁生产技术的推广使用使污染排放总量得到控制，从而减轻经济城镇化对生态环境的压力。经济城镇化对生态环境的胁迫机制正是在这样两种相反力量的交互作用下进行的。③城市交通扩张的生态环境胁迫。交通的生态环境效应主要表现在：交通建设引起水土流失和尘土飞扬；交通运输产生噪声污染；汽车尾气带来大气及土壤污染；高架桥对景观的破坏，产生视觉污染。城市交通扩张的生态环境效应机制为，城市交通扩张对生态环境产生空间压力，交通扩张刺激车辆增多，增大汽车尾气污染强度；交通扩张对城镇化产生节奏性的促进或限制并使城镇化的生态环境效应表现出一定的时空耦合节律。

　　城镇化表现为人口和相关要素向城镇集中的过程，生产和生活方式会发生一定变化，城镇化和生态环境之间有一定的关系。人们的生活和生产是一个不断和周围环境进行物质交换的过程，并对生态环境有一定改造作用。在这个过程中，会对生态、环境产生一定影响，所以相关人员应减弱这种负面影响，增强正面的积极作用。人们的生产生活需要以生态环境为依托，并且会受到生态环境的限制，这是一种双向的互动关系。

　　18 世纪以来，人类步入工业文明，第一产业比重稳步下降；第二产业比重先上升，达到高峰后又趋于下降；第三产业比重稳步上升，城镇化正是在此时期逐渐展开(图 1-1)。依据各产业的消长关系，工业文明又可分为起飞、加速和完成三个阶段。在起飞阶段，国民经济中农业比重很大，乡村人口占有绝对优势，城镇化水平不高，城乡用地矛盾不突出。农业较少使用农药和化肥，土地开垦密度不大，且大多分布在生态稳定的区域，因此对生态环境的破坏比较小。在加速阶段，工业化基础逐步建立，经济实力有所增长，城镇对农村劳动力吸引力加大，致使大量人口涌入城市。经济快速发展所带来的生产污染和人口聚集所带来的生活污染在该阶段都迅速增加；同时城市发展对农村用地的争夺，迫使农业向生态条件

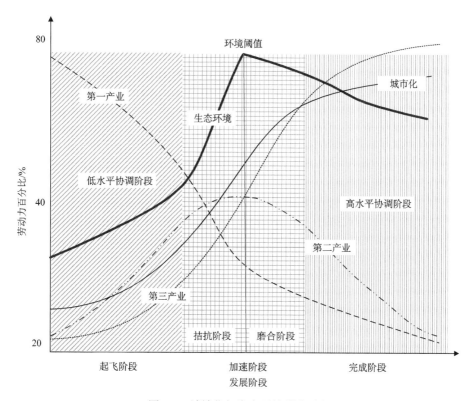

图 1-1　城镇化与生态环境耦合过程

差的地域推进,加重了农业对生态环境的破坏。第二产业比重在发展阶段先升后降,第二产业比重上升时城镇化水平发展很快,生态环境破坏速度也很快。第二产业比重越过高峰后,第三产业逐渐占据优势,人口向城市聚集的惯性和第三产业发展所带来的巨大的物质和精神诱惑使城市发展速度依然很快。这一时期,城市发展已具备了相当的经济实力,而且随着人们环境意识的提高,清洁技术和环境政策日益受到重视,城市基础设施建设出现高峰,城市生产污染开始下降,并最终使生态环境过程曲线越过峰值后开始下降。城市生态环境的主要问题也开始由"三废"污染转移到人口积聚所带来的拥挤上。在工业文明的第三阶段,第二产业比重继续下降,第三产业比重继续上升,尤其是信息产业的兴起使信息部分替代了物质资源,相当程度地减少了资源消耗和生产污染。该时期城市人口已经超过农村人口,城镇化速度开始放慢。综上所述,城镇化与生态环境的耦合过程从时间序列上可分为低水平协调、拮抗、磨合和高水平协调四个阶段。城镇化与生态环境时间过程的双指数曲线表述的只是一种大尺度、长时期的一般规律,如果具体到特定区域,曲线的形式不可能如图1-1中所示的那样圆滑,甚至可能出现逆转。

1.1.3　生态文明思想指引着当前社会经济发展

党的十八大报告提出:"把生态文明建设放在突出地位,融入经济建设、政治建设、文化建设、社会建设各方面和全过程,努力建设美丽中国,实现中华民族永续发展",这表明了新的发展时期中央对于生态文明建设的高度重视。将"生态文明"进行详尽论述,阐明城市生态文明建设的含义,不仅关系到城市经济的发展与进步,更关乎民族未来的长远发展。2013年十八届三中全会提出了要深化生态文明体制改革,加快建立生态文明制度,健全国土空间开发、资源节约利用、生态环境保护的体制机制,推动形成人与自然和谐发展现代化建设新格局。回顾我国的城镇化进程,虽然取得了很多成就,但其发展过程本身也引发了诸多环境问题,如空气污染、水污染、资源枯竭、土壤污染等。这些环境问题与生态文明建设原则背道而驰。其实,新型城镇化建设道路应当重视治理生态环境问题,提高生态环境质量,正确分析我国当前城镇化背景下存在的生态环境问题,按照生态文明的理论与原则,落实"五位一体"的总布局要求,走符合生态文明要求的中国新型城镇化道路是全面建成小康社会及中国特色社会主义事业发展的内在要求和必然趋势。

在全面深化改革的关键时期,城市建设的地位举足轻重。城镇化战略不仅是一种先进的发展理念,还是我国关于社会发展的重大实践。剖析我国城镇化的发展历程、发展现状、基本经验及存在的问题,有助于决策者在城镇化建设过程中把握城市发展的一般规律,更新城市发展的理念和思想,以及落实城市规划、建设和管理工作。此外，生态文明建设作为我国现代化建设"五位一体"总布局中的重要组成部分，是中国现代化进程中一个重要的实践问题。习近平总书记在"既要金山银山，又要绿水青山"的基础上进一步提出了"绿水青山就是金山银山"。"两山论"的深入人心，引领着中国城镇化走进生态文明的新时代。因此，从理论上弄清楚生态文明和城镇化的关系是为了更好地走新型城镇化道路，从而推进社会主义现代化建设向着更好、更全面、更健康的方向发展。更为重要的是，将生态文明先进理念全面融入我国经济、政治、文化、社会建设过程中的方方面面，对贯彻落实科学发展观，指导我国走集约、智能、绿色、低碳的新型城镇化道路及建设美丽中国具有十分重要的现实意义。

把生态文明建设的理念和原则全面融入国家发展建设的各个方面是社会主义现代化事业至关重要的战略任务之一，也是走符合生态文明要求的新型城镇化道路的必然选择。邓小平同志在 1992 年的南方谈话中明确提出："发展才是硬道理"。改革开放以来，我国经济呈现出快速发展趋势。中共中央政治局常委、国务院总理李克强在对全国生态文明建设工作做出批示时指出："生态文明建设事关经济社会发展全局和人民群众切身利益，是实现可持续发展的重要基石"。因此，应坚持从时间和空间两个维度把生态文明的理念和原则全面融入经济建设全过程的各个方面，把生态文明的理念和原则融入政治建设也是非常重要的方式和手段之一。文化是民族的血脉，也是其生生不息的精神支柱。把生态文明的理念、原则融入我国文化建设过程中的方方面面，是新时期发展中国特色社会主义文化的必然要求和历史选择，可从如下几个方面入手：第一，建设生态文明的价值观，使人民大众的精神文化生活不断得到丰富并有质的提升。第二，加强对生态文明相关理论的宣传教育。建设生态文明需要政府的主导力量及全社会力量共同参与其中。第三，大力发展生态文化产业。生态文化产业是文化产业的一个全新的领域和组成部分，它秉承生态环境保护的主题，主要为群众提供创意性生态文化产品和服务，把生态文明理念、原则融入社会建设中。

1.1.4　社区与城市建设是提升人类社会福祉的关键

社区与城市建设是实现城市健康与高质量发展的切实举措，推进新型城镇化和生态社区建设成为国内乃至国际学术界的热点议题。城市社区是人与环境共生的综合体，是践行城市生态文明建设与生态管理的基本可操作单元和重要载体。2014 年我国基于中国经济已经步入了"新常态"的历史进程，明确了中国未来城镇化的发展路径、主要目标和战略任务，提出推进新型城镇化和生态文明建设齐头并进、共同发展的方针、政策(陆大道和陈明星，2015)，目的是实现健康与高质量的协同发展(方创琳，2014)。这对提升城市生态管理提出了新要求，要求解决生态城市布局、规模结构与城市功能、资源利用及生态效率等方面的现实问题，发挥新型城镇化建设推动生态城市建设的作用(张泽阳和李锋，2016)。这些国家和区域的纲领和战略发展对策是指导我国城市生态可持续发展的重要支撑，是探索城市生态管理模式的重要力量，为提高城市生态效率起到了重要的推动作用，同时也对国家社区与城市建设提出了新要求。

辨识城镇化背景下社区生态转型路径、提升其生态效率和绩效可为缓解城市功能错位、提高资源利用和生态效率及推动生态社区建设提供必要的科学支撑。生态文明建设强调着力推进绿色发展、循环发展、低碳发展，形成节约资源和保护环境的空间格局、产业结构、生产方式及生活方式；用制度保护生态环境；改革生态环境保护管理体制等。生态兴衰关乎人类文明兴衰，立于今天的世界大变局时代，统筹国内国际两个大局，协调国家发展利益与整体人类利益，生态文明建设需要全社会的参与和全方位的保障(赵景柱，2013；姚厦瑗，2022)，其中，生态社区是城市生态文明建设的基础空间和重要支撑(赵清，2013)。同时，在社区尺度上，应将生态文明理念和原则融入我国当前城镇化过程中，分析生态转型路径及生态效率等内容，解决城市生态社区布局不合理、规模结构不匹配与城市功能错位等问题，发掘城市生态社区的绿色生产方式、生活方式和消费模式，提高生态社区管理水平。因此，在快速城镇化的背景下，探讨关于社区生态转型路径及生态效率等内容在提高居民生活品质、促进城市可持续发展等方面具有积极的现实意义。

生态社区与生态城市契合社会发展需求，解读中国生态与城镇建设方案，提炼社区与城市适应性管理策略是推进城市社区生态文明建设的现实问题。人类活动强度给生态系统带来了巨大压力，环境恶化趋势严重，生态治理任务尤为艰巨，表现在区域内人口高度集中、高能耗、高污染、低收益的产业发展结构调整不到位、社会经济发展需要巨大的资源需求与消耗等方面(张予等，2015)。从地域上看，中国各地生态体系建设的不均衡、不同步使得生态环境承载力状况发展不平衡，在统筹区域整体和城市生态环境方面尚未达成统一认识。各区域之间缺乏沟通，尚未开展全方位、多层面的合作。实际上，环境污染与生态破坏的症结在于管理，其实质是资源代谢在时间、空间尺度上的滞留或耗竭，系统耦合在结构、功能关系上的破碎和板结，社会行为在经济和生态管理上的冲突和失调(黄珂等，2014；王如松等，2014)。关于城市生态综合管理，需要从城市规划、产业结构、资源政策、生态环境保护措施与标准等方面，构建城市生态适应性管理方法的体系与模式(李恒等，2011；冯漪，2021)。生态社区必须与环境和谐共处，要考虑空间差异的适应性管理政策。运用生态文明建设的理念和原则指导城镇化过程，探求更加合理的城镇发展模式和人类聚居与行为模式，是实现城镇健康、高质量和可持续发展的关键。新型城镇化与生态文明建设是中国当前社会发展的两大热点议题，如何将生态文明理念和原则融入城镇化过程中具有学术探讨价值与积极的现实意义。

1.2　生态社区与生态城市研究

1.2.1　生态转型发展研究渐成热点

生态转型研究是城市新型城镇化、生态文明建设研究议题的延伸和深化。快速城镇化背景下,城镇整体功能大幅提升,城乡社区人居环境也有明显的改善,城市面貌也有了根本性的改变。社区承载着人们的生产和生活,为创造更加方便和高质量的人居环境,社区的建设和发展应与城市建设应统一。1955 年美国学者乔治·希勒里通过对已有的“可持续社区”“健康社区”“宜居社区”等 94 个关于社区定义的表述进行了比较,发现其中 69 个有关社区定义的表述都包括地域(自然区域)、共同的纽带(经济生活)及社会要素(社会交往)三方面的含义,并认为这三者是构成社区必不可少的共同要素。目前世界上并没有真正意义上的生态社区,生态社区的概念及理论仍处于不断发展和更新之中。

城市生态社区建设方兴未艾,但关于城市生态社区的建设与管理模式、资源环境利用效率与综合适应管理机制的研究相对滞后。目前,单方面面向生态城市建设中具体问题的研究较多,综合的、多维的管理模式鲜有涉及。国内尚缺乏可推广的、面向生态城市建设的空间规划、生态环境保护措施的规范化的标准体系和可操作的实施指南。关于城市生态管理模式对城市资源利用效率及生态环境的影响方面的研究比较分散,尚未形成逻辑性强的研究体系,城市生态建设及其综合管理有待提高(邓祥征等,2013)。城市管理观念、模式、手段、方法的滞后严重影响了我国工业化、城市化、信息化与全球化的现代化进程,因此,通过社区层面分析居民行为(生活方式与消费模式)对环境的影响及不同生态管理模式对城市资源、能源利用效率和城市生态环境影响有待加强,以构建城市生态适应性管理方法体系与模式,为城市生态综合管理提供科学方法。

1.2.2　生态环境影响评估日益加强

居民是城市消费主体,是城市的生命体。城市社区的生产、生活及生态环境又反过来影响居民的消费质量。城市社区不仅是一个物质空间,也代表一种生活的状态。不同的社会生产方式和居民生活模式对城市社区产生的生态环境效应差异显著,其研究方法主要聚焦于生命周期评价(life cycle assessment, LCA)法、城市代谢核算法及能源系数核算法等。传统的面向过程的 LCA 法表现的是对整体的经济、社会和环境影响的评价(Peters, 2008)。经济投入-产出生命周期评价(input-output life cycle assessment, IOLCA)模型和混合生命周期评价(hybrid life cycle assessment, HLCA)模型(Okadera et al., 2006)应运而生,解决了 LCA 法的边界不确定及数据库不完善问题，评价产品对系统产生的直接和间接影响(刘晶茹等，2007)；我们还可以通过模型确定工业部门和国家经济之间的复杂依赖关系(Zhang et al., 2013)。另外，城市代谢核算法由沃尔曼(Wolman)在1965年首次提出，众多国际学者在不同的城市，例如香港(Newcombe et al., 1978)、维也纳(Hendriks et al., 2000)、多伦多(Sahely et al., 2003)、伦敦(Chambers, 1986)、深圳(颜文洪等，2003)等进行了城市物质、能量的代谢测算。综合来看，关于社区尺度的城市代谢研究鲜有报道，主要原因是研究尺度较小，对于数据量和精度的要求相对较高(卢伊和陈彬，2015)。同时城市内部各种代谢活动之间关系复杂，缺少系统的、深入的关于城市内部生产和消费过程及物质能量交换关系的定量表达。另外，大量学者关注产业部门的碳排放及其影响，探究产业部门的碳减排政策(Zhang and Wei，2015)，这导致了关于碳排放的研究长期局限在生产过程中(Zhao et al., 2017)。同样地，中国的能源消费及碳减排政策也主要局限在生产端(Wang et al., 2016)。但是，Wang 等(2018)发现，人类活动是大部分生产活动的原始驱动力，已成为碳排放的主要来源。自20世纪90年代以来，许多发达国家居民消耗的能源及产生的碳排放已经超过了其工业部门(Zhu et al., 2012)。因此，研究居民消耗的碳排放并分析其影响因素逐渐成为制定碳减排政策的又一突破口。

居民生活方式是居民消费碳排放的主要影响因素，倡导可持续消费可以减少居民消费的环境影响，并提高碳排放效率。居民的能源消费具有一定的时间性和地域性，能源的消费水平和结构在不同的时期及不同的地域具有各自的特点，是经济水平、社会文化、收入状况等诸多因素共同作用的结果(吴开亚等，2013)。近年来，随着城镇化的发展，居民生活能源的消费方式在逐渐发生变化，对碳排放的强度和总量产生了较大的影响(李凤荣，2016)。低碳消费模式的推广能够很大程度地提升碳减排绩效。其实，低碳消费模式与可持续消费观念的本质是一致的，都是通过改变消费方式、优化消费结构来达到改善环境的目的。倡导低碳消费模式、调整居民消费结构对于抑制碳排放增长有很大作用。

1.2.3 生态效率和绩效分析逐步深入

生态与城市建设的关键就是把握好人与环境二者之间的关系，着眼点是以提高资源利用效率和生态效率为核心，转变生产方式、改变生活方式、转换消费模式，进而建设宜居、宜业、宜发展的绿色城市生态环境(谢尚宇等，2011)。城镇化发展水平可以用城镇化效率来衡量。孙露等(2014)运用综合能值分析法和数据包络分析(data envelopment analysis, DEA)法，构建了一套新的能值分析评价指标体系和核算城市复合生态系统的生态效率的综合指标，并以沈阳为例，从城市能值流和生态效率角度分析城市系统"资源-环境-经济"的可持续发展情况。王亮

(2011)选取盐城市为研究对象,在评价城镇化效率的基础上,对其生态效率进行了测算,认为盐城市城镇化过程处于一种不可持续的状态。任宇飞和方创琳(2017)评价了京津冀地区经济发展过程中物质与资源的转换效率。Charnes 等(1989)使用 DEA 模型对 1983 年和 1984 年中国 28 个主要城市的经济效率进行了测算。戴永安(2010)运用随机前沿分析(stochastic frontier analysis, SFA)法对 2002~2007 年中国 266 个地级市的城镇化效率进行了研究,并在此基础上分析了中国城镇化效率的影响因素。城镇化发展已经成为当前我国的必然趋势,而城市生态建设又是城镇化发展的重要基础保障,选择合理、有效的方法测算城镇化效率、分析城市资源利用效率及其对生态环境的影响是当前的研究重点。

生态效率可以认为是在给定的技术条件不变的情况下,整个区域中的生产生活等各个要素中所有与生态环境资源相关的要素的产出值与总的投入值之间的比值。生态效率体现了一个城市各要素的整体协调度,包括社区资源、能源、管理、经营、基础设施等的综合配备水平和管理的合理程度,是社区综合状态的体现(孙威和董冠鹏,2010)。生态效率评估是从经济收益出发的环境绩效评估,要求实现高效的经济效率及确保良好的环境利益。目前,关于生态效率的研究主要集中在中微观尺度,是生态经济学等研究领域的重点关注问题(杜明凯,2014)。环境绩效反映了环境现状和生态效率的管理成效。当前,越来越多的学者将生态和资源要素考虑到效率分析的过程中,并将其纳入绩效实证研究的框架中。Giordano 等(2014)运用综合模糊评判法衡量城市生态效率,并考虑城市结构、能源消耗、污染物的排放和资源枯竭之间的关系。Storto(2016)将 DEA 模型和香农指数模型结合,计算了意大利 116 个城市在 2011 年的城市生态效率,该方法具有较好的城市生态效率辨识度,研究表明,城市规模和人口对生态效率具有较大的影响。综合而言,生态效率和环境绩效的概念已逐渐引发了国内外学者的热议,但实证研究正处于起步阶段,尚未形成标准的测度指标体系与方法,并且未被纳入主流的城市环境可持续发展评估模型中。

1.2.4 生态适应性管理探讨日渐深化

研究城市与社区生态适应性管理成为当前新型城镇化进程中的必然趋势。生态管理是一种对人类生存环境可持续发展的管理方式,它强调经济与生态的平衡可持续发展(刘晔和耿涌,2010;李世峰等,2011)。城市生态适应性管理伴随着生态城市建设及人类追求宜居、生态、可持续发展的目标而产生,是基于城市及其周围地区生态系统承载能力实施有效城市管理,使城市及其周边地区实现走向可持续发展的过程,旨在促进城乡及区域生态环境向绿化、净化、美化、活化的可持续的生态系统演变,加强城市生态系统的管理和能力建设(赵荣钦和黄贤金,2013)。生态社区则是以人与自然和谐为核心,以发挥社区生态功能为目标,运用现代生态理念与技术而建成的生态系统平衡的"社区"。目前生态社区建设研究多集中于新型生态社区的设计与开发（黄建欢等，2015），少有针对已有社区的生态化改造，也缺乏充分针对不同城市社区类型及资源、能源、环境禀赋提出因地制宜的生态社区构建措施和建议（李锋，2013；王如松等，2014）；即使针对新型生态社区，在构建过程中也是重视生态社区的规划和生态基础设施的建设，在一定程度上忽视生态社区的系统性动态管理，更缺乏诸如生态物业管理公司式的管理机制的创新与尝试（吴获和武春友，2014）。现有的生态社区建设重视单个具体指标的提升（武春友和吴琦，2009；董晓峰，2020），忽视全面建设生态社区中的系统性思维（周国梅等，2003），缺少普遍认可的生态社区评价指标体系及对指标间关联的分析与考量。

　　纵观国内外城市生态管理相关研究不难发现，关于社区尺度的研究较少。有关社区尺度的研究中，研究方法多采用微观尺度的城市代谢、混合生命周期等，极少将社区尺度各项指标进行量化并对生态社区提出精细化管理方案。当前社区缺乏物业化管理平台，城市社区管理不够完善，这也是城市社区发展中存在的问题。国内相关研究没有形成可推广的、面向生态城市建设的空间规划，以及生态环境保护措施的规范化的标准体系和可操作的实施指南；关于城市生态管理模式对城市资源利用效率及生态环境的影响方面的现有研究比较分散，单方面面向生态城市建设中具体问题的成功案例多有报道，但综合的多维的管理模式鲜有涉及。从某种意义上说，采用定量与定性相结合的方法，评价城市社区生态环境效应及资源利用率，研究测算城市化效率水平，结合生态环境管理标准，优化城市化空间结构，提出有效的城市生态适应管理措施，建立有效、合理的生态社区服务和管理支撑平台，是当前社会发展的必然趋势和必要条件。

1.3　本书的章节安排

　　本书旨在开展新型城镇化背景下社区和城市两个尺度的生态概念理论、模型方法与实践政策等方面的相关研究。本书基于社区调研、效率测算、因素分析、情景模拟等手段，开展生态社区居民消费碳排放调查与影响评估；发展投入-产出分析方法，核算城乡居民碳排放水平并探究其影响因素；基于全生命周期方法评估居民行为的完全环境影响；建立碳排放效率测算模型，计算全要素碳排放效率与碳减排空间；探究区/县城镇化效率和生态效率的时空耦合机制，评价生态环境绩效并判定其发展模式。

　　1）生态社区与生态城市研究的理论方法

　　基于生态社区与生态城市两个层面的概念与内涵、基本理论与方法，从生态社区的缘起、国内生态社区理论研究及实践探索、生态社区评价指标体系及生态社区研究重点四个方面着手,重点分析与生态社区建设相关的研究进展。在城市层面上,分析生态城市的概念及发展过程、城市生态管理模式、城市生态管理原则与方法、生态城市建设的发展历程、生态城市建设的国际化经验五个方面。另外,深入分析城镇化生态转型理论及趋势,深入探讨城镇化生态转型的概念、理论、指标与趋势,全面总结城镇化生态转型的研究方法、分析模型、总体测度及区域评估。

2) 京津冀地区城镇化生态转型

以京津冀地区协同一体化发展为背景,在分析快速城镇化的生态环境影响基础上,主要分析了京津冀地区的自然、社会、经济方面的基本情况。从消费的角度看,基于投入-产出(input-output, IO)与混合生命周期评价(HLCA)法核算区域各产业碳排放的变化情况,利用结构分解分析(structural decomposition analysis, SDA)法评价其影响因素;另外,碳排放效率作为一种特定的环境绩效,可以衡量考虑投入和产出的决策单位的效率,可在一定程度上表征技术效率及碳排放产生的经济效率。从生产的角度看,利用产业投入-产出数据,通过 SFA 方法构建了考虑非期望产出碳排放量的碳排放效率测算模型,并进一步计算了各部门的碳减排潜力,结合碳排放效率与碳减排潜力两个变量识别产业转型升级及碳减排中的关键部门,为区域社会经济环境的可持续协调发展贡献科学依据,助力于环境监管和资源节约型经济发展政策。

3) 长三角地区城镇化生态转型

分类遴选典型工业区、服务业区、居住社区及工商业社区并开展问卷调查,核算城市社区物质、能量、产品、废弃物的输入-输出全过程信息流,揭示城市社区生活与特征性消费(居住和出行等)选择及偏好差异与影响因素;针对上海市社区居民生活方式与消费模式的特点,甄别社区居民生活方式与消费模式对碳排放的影响机制,评价社区居民生活方式及消费行为对碳排放的影响。收集整理表征上海市资源效率和环境效率测算的指标体系,根据熵权(technique for order preference by similarity to ideal solution, TOPSIS)法核算上海市长时间序列的资源效率和环境效率,估算上海市的环境绩效并分析其变化趋势。构建基于环境绩效的城市发展度评估模型,评估上海市分年度、分阶段的城市发展模式,识别上海市城市发展路径,提炼上海市城市可持续发展的最优路线。理清不同阶段影响上海市城市发展的障碍因子,基于障碍度模型评估各影响因子的障碍度系数和影响程度,提出有针对性的城市可持续发展策略。

4) 珠三角地区城镇化生态转型

珠三角地区是我国重要的经济增长极之一,经济发展带来的环境影响十分明显,定量评估其环境影响、测算其生态效率对于其可持续管理十分关键。采用 DEA 法来构建珠三角地区的环境生产前沿和相关指数,评估了珠三角各地市工业能源环境全要素生产率及各地市各产业全要素生产率变化，识别珠三角环境生产技术"创新者"城市和产业。另外，以广州某栋城镇居民楼为研究对象，采用 HLCA 法，对该建筑物的材料准备、运输、建设、使用、维修及拆毁 5 个阶段的能耗和 CO_2 排放量进行了深入分析，为全面认识中国单体住宅建筑能耗、污染水平、降低建筑能耗，以及建设活动对环境产生的不利影响提供理论基础，对于推进生态社区建设、实现社会的节能减排目标和实施可持续发展战略具有重要意义。

5) 成都平原区城镇化生态转型

改进传统的 DEA 法，利用三阶段 DEA 模型测算 2015 年成都 19 个区/县的城市化效率。采用三个环境变量来实现 SFA 回归，探究提高区域城市化效率的合理途径。依据系统动力学理论，基于系统动力学软件 STELLA，根据生态足迹分析法的要求与内涵，将生态足迹分为供给与需求两部分构建模型。为保证预测的科学性与合理性，针对研究区近年来的人口变化情况，对人口变化进行了模型构建。模型构建共分为三部分：供给部分的模型、需求部分的模型、人口部分的模型。通过情景设置与模拟对研究区生态足迹进行分析与预测，分析成都市可持续发展情况。

6) 城镇化生态转型发展与展望

通过对居民行为与社区生态环境的互馈机制、生态社区建设方面研究的系统分析，总结研究进展及不足，识别城市生态社区建设的优先研究方向。在生态城市建设层面，总结生态城市建设理论的发展过程，以及我国生态城市建设的历史和现状。通过对城市适应性管理概念及其与传统城市管理区别的挖掘，集成"自然-经济-社会-生态-制度"适应性管理框架，从自然资源、产业生产、居民行为、生态安全、制度体系五个方面对城市适应性管理进行解析，着力体现城市建设中巩固资源基础、提高生产效率/升级生产技术、规范居民行为、保障生态安全、加强公众参与五个基本要求；除此之外，按照生态文明建设、城市可持续发展要求，将城市适宜性管理落实到具体可循、实际可行层面的管理框架及手段集成。

1.4　本章小结

本章从生态社区与生态城市建设及研究两个方面着手分析，在生态社区与生态城市建设方面，分析了快速城镇化对社会经济发展的促进作用及生态环境压力，指出了生态文明思想是指引当前社会经济发展的重要参考，以及社区与城市建设是提升人类社会福祉的关键。在生态社区与生态城市研究方面，指出了生态转型发展是当前的研究热点，着重分析了生态环境影响、生态效率及绩效、城市适应性管理等，提出了值得进一步研究的方向。基于生态社区与生态城市建设及研究的梳理分析，本章介绍了本书的主要内容及章节安排、主要逻辑和组织框架。

参 考 文 献

戴永安. 2010. 中国城市化效率及其影响因素——基于随机前沿生产函数的分析. 数量经济技术
经济研究, 27(12): 103-117, 132.

董晓峰, 史培艺, 陈鹭, 等. 2020. 宜居生态社区系统评价研究及对健康社区营建的启发——以
北京市海淀区北下关街道典型社区为例. 城市发展研究, 27(9): 96-106.

邓祥征, 钟海玥, 白雪梅, 等. 2013. 中国西部城镇化可持续发展路径的探讨. 中国人口·资源与环
境, 23(10): 24-30.

冯漪, 曹银贵, 耿冰瑾, 等. 2021. 生态系统适应性管理: 理论内涵与管理应用. 农业资源与环
境学报, 38(4): 545-557, 709.

杜明凯. 2014. 中国城镇化与生态效率相关性研究. 昆明: 云南大学.

方创琳. 2014. 中国城市群研究取得的重要进展与未来发展方向. 地理学报, 69(8): 1130-1144.

胡凯群, 林美霞, 岙涛, 等. 2022. 快速城镇化过程中的城市蔓延与生态保护冲突空间识别与量
化评估——以长三角生态绿色一体化发展示范区为例. 生态学报, 42(2): 462-473.

黄建欢, 杨晓光, 成刚, 等. 2015. 生态效率视角下的资源诅咒:资源开发型和资源利用型区域的
对比. 中国管理科学, 23(1): 34-42.

黄珂, 张安录, 张雄. 2014. 中国城市群农地城市流转效率研究——基于三阶段 DEA 与 Tobit 模
型的实证分析. 经济地理, 34(11): 74-80.

李锋. 2013. 城市生态用地核算与管理. 北京: 中国科学技术出版社.

李凤荣. 2016. 城镇化进程中居民生活能源消费碳排放研究综述. 科技创新导报, 13(28):
171-172.

李恒, 黄民生, 姚玲, 等. 2011. 基于能值分析的合肥城市生态系统健康动态评价. 生态学杂志,
30(1): 183-188.

李世峰, 于瑞, 来璐. 2011. 北京城市边缘区典型乡镇发展有序协调度研究. 地理研究与开发,
30(6): 70-73.

刘晶茹, Peters G P, 王如松, 等. 2007. 综合生命周期分析在可持续消费研究中的应用. 生态学
报, 27(12): 5331-5336.

刘晔, 耿涌. 2010. 基于多尺度综合评估方法的中国社会代谢分析. 经济地理, 30(4): 547-552.

卢伊, 陈彬. 2015. 城市代谢研究评述: 内涵与方法. 生态学报, 35(8): 2438-2451.

陆大道, 陈明星. 2015. 关于"国家新型城镇化规划(2014—2020)"编制大背景的几点认识. 地
理学报, 70(2): 179-185.

任宇飞, 方创琳. 2017. 京津冀城市群县域尺度生态效率评价及空间格局分析. 地理科学进展,
36(1): 87-98.

孙露, 耿涌, 刘祚希, 等. 2014. 基于能值和数据包络分析的城市复合生态系统生态效率评估.
生态学杂志, 33(2): 462-468.

孙威, 董冠鹏. 2010. 基于 DEA 模型的中国资源型城市效率及其变化. 地理研究, 29(12):
2155-2165.

王亮. 2011. 基于生态足迹的盐城市生态安全评价. 国土与自然资源研究, (1): 59-61.

王如松, 李锋, 韩宝龙, 等. 2014. 城市复合生态及生态空间管理. 生态学报, 34(1): 1-11.

吴荻, 武春友. 2014. 管理能力与能源效率提升的动态响应关系研究. 统计与决策, (16): 124-127.

吴开亚, 郭旭, 王文秀, 等. 2013. 上海市居民消费碳排放的实证分析. 长江流域资源与环境, 22(5): 535-543.

武春友, 吴琦. 2009. 基于超效率 DEA 的能源效率评价模型研究. 管理学报, 6(11): 1460-1465.

谢尚宇, 汪寿阳, 周勇. 2011. 金融危机下带传染效应的违约预报. 管理科学学报, 14(1): 1-12.

颜文洪, 刘益民, 黄向, 等. 2003. 深圳城市系统代谢的变化与废物生成效应. 城市问题, (1): 40-44.

姚厦瑗. 2022. 全球视域下的习近平生态文明思想研究. 生态经济, 38(4): 217-222.

张予, 刘某承, 白艳莹, 等. 2015. 京津冀生态合作的现状、问题与机制建设. 资源科学, 37(8): 1529-1535.

张泽阳, 李锋. 2016. 生态文明下城市复合生态管理模式与对策. 环境保护科学, 42(3): 53-57.

赵景柱. 2013. 关于生态文明建设与评价的理论思考. 生态学报, 33(15): 4552-4555.

赵清. 2013. 生态社区理论研究综述. 生态经济, (7): 29-32.

赵荣钦, 黄贤金. 2013. 城市系统碳循环: 特征、机理与理论框架. 生态学报, 33(2): 358-366.

周国梅, 彭昊, 曹凤中. 2003. 循环经济和工业生态效率指标体系. 城市环境与城市生态, 16(6): 201-203.

Chambers I. 1986. Popular Culture: The Metropolitan Experience. London: Routledge.

Charnes A, Cooper W, Li S. 1989. Using data envelopment analysis to evaluate efficiency in the economic performance of Chinese cities. Socio-Economic Planning Sciences, 23(6): 325-344.

Giordano P, Caputo P, Vancheri A. 2014. Fuzzy evaluation of heterogeneous quantities: measuring urban ecological efficiency. Ecological Modelling, 288(5): 112-126.

Hendriks J, Gravestein L A, Tesselaar K, et al. 2000. CD27 is required for generation and long-term maintenance of T cell immunity. Nature Immunology, 1(5): 433-440.

Newcombe K, Kalma J D, Aston A R. 1978. The metabolism of a city: the case of Hong Kong. Ambio, 7(1): 3-15.

Okadera T, Watanabe M, Xu K. 2006. Analysis of water demand and water pollutant discharge using a regional input‐output table: an application to the City of Chongqing, upstream of the Three Gorges Dam in China. Ecological Economics, 58(2): 221-237.

Peters G P. 2008. From production-based to consumption-based national emission inventories. Ecological Economics, 65(1): 13-23.

Sahely H, Dudding S, Kennedy C A. 2003. Estimating the urban metabolism of Canadian cities: Greater Toronto Area case study. Canadian Journal of Civil Engineering, 30(4): 468-483.

Storto C. 2016. Ecological efficiency based ranking of cities: a combined DEA cross-efficiency and Shannon's entropy method. Sustainability, 8(2): 1-29.

Turner W, Nakamura T, Dinetti M. 2004. Global urbanization and the separation of humans from nature. Bioscience, 54(6): 585-590.

Wang Y, Yang X, Sun M, et al. 2016. Estimating carbon emissions from the pulp and paper industry: a case study. Applied Energy, 184: 779-789.

Wang Z, Deng X, Wong C, et al. 2018. Learning urban resilience from a social-economic-ecological system perspective: a case study of Beijing from 1978-2015. Journal of Cleaner Production, 183: 343-357.

Zhang L, Wang C, Song B. 2013. Carbon emission reduction potential of a typical household biogas system in rural China. Journal of Cleaner Production, 47: 415-421.

Zhang N, Wei X. 2015. Dynamic total factor carbon emissions performance changes in the Chinese transportation industry. Applied Energy, 146: 409-420.

Zhao L, Mao G, Wang Y, et al. 2017. How to achieve low/no-fossil carbon transformations: with a special focus upon mechanisms, technologies and policies. Journal of Cleaner Production, 163: 15-23.

Zhu Q, Peng X, Wu K. 2012. Calculation and decomposition of indirect carbon emissions from residential consumption in China based on the input-output model. Energy Policy, 48(3): 618-626.

第2章 城镇化生态转型理论方法

2.1 生态社区相关概念及进展

2.1.1 生态社区的概念

生态社区作为一个新兴事物，其发展方兴未艾，无论是理论层面还是实践领域都还不够成熟。因此，研究我国的生态社区建设、总结归纳国内外有关生态社区的理论研究和实践经验很有必要。

目前，国外学术界尚未对生态社区形成统一的称谓，类似的叫法有"可持续性社区""宜居性社区""健康社区"等，导致学者对生态社区的概念表述也存在差异。社区最早于1871年由英国学者梅因提出，1887年德国社会学家滕尼斯在他的著作《社区与社会》中，第一次从社会学范畴阐述了"社区"的概念，即社区是具有共同价值观的社会共同体(Teng and Li, 2007)。1898年英国著名社会活动家霍华德提出"田园城市"理论，标志着生态社区意识的启蒙。1972年斯德哥尔摩联合国人类环境会议发表《人类环境宣言》，成为生态社区理论发展的里程碑。20世纪20年代巴洛斯和波尔克等提出"人类生态学"，把生态学思想应用于人类聚落研究中，是生态社区思想的雏形。20世纪50年代开始，有学者提出了"人-社会-环境"和谐的人本主义思想，对社区的功能进行了新的探索。1985年，德国建筑师格鲁夫针对现代都市一味追求生活便利与效率而牺牲自然环境与人性化特色的"都市型社区"，提出了与环境、人文共生的城市"生态型社区"模式(周传斌等, 2010)。1987年出版的《我们共同的未来》一书提出了"可持续发展"的概念。学者逐步接受"可持续社区"概念，并赋予可持续社区更丰富的内涵，强调现在和未来、生活和工作、安全性和包容性、生活品质和环境保护等统筹协调，规划合理，建设和运营良好，为社区居民提供平等的机遇和优质的服务(Maliene et al., 2008; McDonald et al., 2009)。随后，学者提出并逐步认可了"生态社区"的概念。苏联生态学家亚尼茨基认为生态社区是以生态功能为核心、具备较高生活水准和环境水准的人类聚居区域。罗伯特·吉尔曼坚持生态社区内部的人类活动与自然环境应当相互融合，以保证人类自身和社区的可持续发展。克劳福德·梅纳斯视生态社区是一个多因素的复合环境系统，生态社区维护的是共同的需求和利益。全球生态社区网将生态社区定义为以生态设计、生态建筑、绿色产品和绿色能源为基础，追求可持续生活方式的城市及乡村社区(赵清, 2013)。

扣除学科性质和研究视角不同所导致的差异性，国外不同学者对生态社区的理解有着大致相同的立足点，从不同侧面反映出生态社区内涵的几个重要方面。其一是生态社区的可持续性。生态社区和传统社区的本质区别在于社区建设与管理理念的根本性差异。生态社区以生态文明理念为宗旨，追求社区内部环境与自然生态系统的高度协调与匹配，以保证社区获得可持续发展的动力机制，而传统社区只片面追求社区规模的扩大和社区生活质量的提高。其二是系统性。从宏观上看，生态社区系统包含资源、人口、经济、政治、文化等多个子系统，不同子系统之间需要充分协调与配合；在微观层面上，生态社区涵盖了管理、设计、建设、运营等不同的利益主体，各个利益主体对生态社区建设与管理的成败都有着不可忽视的影响与作用。其三是均衡性。生态社区内部及外部的构成要素没有主次之分，不同要素之间在地位上是平等的，而传统社区仅以人为核心，将人的重要性置于其他要素之上。

当代比较典型的生态社区建设范例大多在西方发达国家，例如英国伦敦的贝丁顿零碳社区、德国弗赖堡市的沃邦社区、瑞典马尔默市的明日之城住宅示范区等在日常运营过程中都是以太阳能作为主要能源供给渠道(高喜红和梁伟仪，2012)；澳大利亚的哈利法克斯生态城通过生态修复技术将被污染的传统工业区改造成生态居住区(陈勇，2001)；瑞典的哈马碧通过垃圾焚烧发电、供暖及水循环、水处理将传统的工业港口区打造成高循环、低能耗、与自然和谐相处的全球生态社区典范(何媛，2011)；瑞典的哈默比湖城通过封闭式垃圾自动真空收集系统来最大化减少浪费，确立其"全球生态社区"的典范形象(梁志秋，2012)。由此可见，西方国家在生态社区的实践领域，不管是新建的生态型社区，还是传统社区的生态化改造，都是以新兴的生态技术作为支撑的，这种方式的确为全球生态社区的推广树立了典范。但严格地讲，以技术作为主要支撑的生态社区发展之路依然存在一定的局限性。发达国家由于有着工业化的良好基础，其在生态社区技术的研发、推广及运用方面有着得天独厚的优势，但是，发展中国家不能完全以发达国家的模式来进行自身的生态社区建设。我国在生态社区的实践过程中，除了注重生态技术的应用以外，还应当在更广泛的领域内充分利用生态社区建设的有利因素，降低生态社区的建设成本和维护费用，使得生态社区建设能够在我国得到大范围的普及，惠及社会大众。

2.1.2　生态社区的建设

我国对生态社区建设的研究起步比西方国家晚，但由于"后发效应"，发展势头较快，并呈现出多学科并进的态势。20世纪90年代末，我国学者提出了"生态社区"的概念。和西方国家的情况类似，国内学者对生态社区没有统一的界定，很多学者都从各自的研究领域对生态社区进行研究。我国学者对生态社区的界定更多地偏重人文因素，例如郭永龙和武强(2002)认为生态社区即绿色社区，是在设计、建设、管理各个环节中贯穿绿色理念，追求社区经济、社会、环境可持续发展的人类聚居区；丛澜和徐威(2003)、张莹(2010)则是从狭义和广义的角度对绿色社区进行了界定，认为狭义的绿色社区是具备较为完善的环境基础设施和环境管理体系的公众社区，广义的绿色社区则是实现了可持续发展的社会生活共同体。马世骏和王如松(1984)提出了利用社会-经济-自然复合生态系统理论及生态控制论原则/原理来分析生态社区建设。此外，也有学者分别从绿化设计、雨水与水回收利用、食物垃圾处理、管道系统等角度分别进行生态社区研究。此外，也有学者分别从绿化设计、雨水与水回收利用、食物垃圾处理、管道系统等角度分别进行生态社区研究(郑俊敏，2012)。杨芸和祝龙彪(1999)从生态学原理出发，从生态社区的规模、生态社区的物流、绿地系统的建设及生态材料等角度，研究生态社区的结构及建设；沈清基(2003)从社会生态角度(密度关系、竞争关系、共生关系)研究生态社区，指出生态社区的社会关系具有无形性、时代性、人造性等特点，并对如何完善社区生态关系提出了建议。刘龙志等(2019)利用低影响开发理念(low impact development, LID)，对玉溪市的社区尺度的雨洪管理进行了研究，从而提高生态社区的节水、水生态修复和内涝防治工作效率。张涛(2008)从生态文化角度研究生态社区，认为生态文化对生态社区的意义重大，并分析社区生态文化存在的问题。我国生态社区建设更多地依赖于上级部门领导与基层民众的参与，这是我国生态社区在内涵及范畴领域与西方国家的显著区别。

　　生态社区虽然是个舶来词，但生态社区的思想在我国有着悠久的历史，古代中国"天人合一"的思想就体现了朴素的自然居住理念。我国学术界对生态社区理论的大规模研究始于20世纪八九十年代，一方面由于改革开放后对外学术交流增多；另一方面由于这一时期我国社会组织职能在发生转变，社会生活领域的管理权限逐步由"单位"向"社区"转移，而此前我国真正的社区功能还不完善，需要社区建设理论的创新与指引，这就正好契合了同一时期生态社区建设与发展的国际潮流。经过20多年的发展，我国的生态社区理论已经有了较大的发展和突破。

　　在生态社区的建设与实践方面，国内基本开始于20世纪八九十年代。从80年代单纯的清洁社区口号，到90年代的绿色社区建设浪潮，直至当今构建社区生态文明的时代潮流，我国的生态社区建设走的是一条从无到有、由简单化到深层次的发展之路。与此同时，我国政府对生态社区实践的关注程度和支持力度也在不断加大，尤其是进入21世纪之后，各级政府相继颁布了多个有关生态社区建设的指导性文件和标准，例如中国政府发布的《绿色生态住宅小区建设要点与技术导则》(2001)、《中国生态住宅技术评估手册》(2001)、《绿色奥运建筑评估体系》(2003)、《绿色建筑评价标准》(GB/T 50378—2019)、《环境标志产品技术要求 生态住宅(住区)》(HJ/T 351—2007)；许多省(市)级政府也适时制订了符合自身实际情况的地方性居住环境评估体系,例如上海市相关部门于 2003 年颁布的《上海市新建住宅小区环境建设导则》及 2003 年的《上海市生态型住宅小区技术实施细则》。这些国家及地方性指导文件为我国生态社区的实践提供了有利的政策支持,明显促进了我国许多地方的生态社区建设步伐,并已取得一定的成效。

2.1.3　生态社区的评价

1. 生态社区的评价指标

构建生态社区评价指标体系的目标是发挥规划设计者、房地产开发商、政府部门、社区居民、物业管理部门(社区居委会)等利益相关主体的作用,共同开展生态社区建设。由于各指标体系评价的生态社区内涵不同,其评价主体也不相同。

评价指标的收集和筛选可采用理论分析法、频度统计法、专家咨询法和公众参与法。理论分析法主要是在对生态社区环境性能的内涵、特征、基本要素、主要问题进行分析、比较、综合的基础上,选择那些重要的、针对性较强的、能反映生态社区环境性能的指标,是较为常见的生态社区指标筛选方法(Zhou et al., 2005; Han et al., 2008)。Yuan 等(2003)、Ali 和 Al Nsairat(2009)通过对国内外各种相关评价指标进行频度统计,选择使用频度较高的指标,建立生态社区评价指标体系。付琳等(2019)建立了一套适用于中国的生态社区评价指标体系,为中国老旧社区生态化改造提供现状评价依据。Chan 和 Huang(2004)通过征询业内专家的意见,对生态社区指标进行调整与补充。"自下而上"的公众参与法通过问卷调查或访谈收集居民关心的生态社区建设指标,作为指标体系的补充。比较而言,运用理论分析法、频度统计法和专家咨询法更容易筛选出具有科学性和代表性的指标,但主观性强,并且可能无法体现本地居民的迫切需求和现实意愿;虽然公众参与法选取的指标更有针对性和现实意义,但通常会浪费大量的时间和资源,且所选取的指标的标准化和系统化水平较低,从而难以进行不同社区间的比较研究。

现有的指标框架大多数都涉及生态社区建设内容(如土地利用、能源、水、材料、社区管理等方面)的评价,基本上涵盖了生态社区的各个方面。生态社区评价指标体系的数学模型、权重体系、指标参考标准和结果表达的种类多样,应该根据构建评价指标体系的目的、对象和需求,综合考虑本地的自然生态环境基础和社会经济发展条件,选择适宜的评价指标体系。目前关于生态社区的研究大多数局限于生态社区应具有的内涵、特征及如何设计来达到生态社区的标准这几个方面。生态社区的建设和发展是动态的,尤其是城市已建成社区(老城区),由于其生态环境基础设施配备相对落后,选择的指标应反映老城社区的动态发展和变化水平。社区居民消费行为的评价是衡量社区可持续发展水平的重要内容。在不降低社区居民生活水平的前提下,人均能源、水、原材料和土地消费量的削减体现了社区对自然生态系统消耗的下降。生态足迹反映了人类对自然资源利用的程度，可做跨区域的对比研究，也可以作为生态社区评价的指标参考。

2. 生态社区的低碳分析

低碳社区(low-carbon community)是以社区空间为载体，以能源、交通、建筑、生产与消费为要素，以技术创新与进步为手段，通过合理的空间规划和科学的环境管治，在保持经济社会有效运转的前提下，实现碳排放与碳处理动态平衡的发展模式。构建低碳社区已成为世界各国和地区应对气候变化的基本路径与重要举措，也是政府部门及学术界研究的重要议题(顾朝林，2009)。构建低碳社区，能够控制居民生活产生的温室气体排放，引领低碳的生活方式和消费模式(付琳，2020)。低碳社区是低碳生态城市发展理论在城市居住方面的延伸，是实现城市人居环境可持续发展的重要单元和载体(李亚男，2014)。低碳社区强调以社区居民行为为主导，以社区生态景观系统为依托，以低碳生态科技创新为支撑，最大限度地减少温室气体的排放，实现社区乃至整个城市的可持续发展。

人居环境是人类利用自然、改造自然的主要场所，包括自然、人类、社会、居住、支撑五大系统，以及全球、区域、城市、社区、建筑五大层次(吴良镛，2001)。目前学术界大多从社区空间形态宏观定性角度出发，对低碳生态社区人居环境的影响展开分析。然而，低碳生态社区空间形态本身就是一个多空间尺度、多空间维度的概念，必须对其进行统一标准的定量研究，而模型方法及变量选取是研究的重点。Cervero(2007)提出低碳生态社区的空间形态因素可以从5个维度来构建，即社区空间形态的"5D"框架：密度(density)、多样性(diversity)、设计(design)、与公交站点距离(distance to transit)和目的地可达性(destination accessibility)。基于此，为低碳生态社区空间形态及规划策略提供一个基本框架和量化指标。

由于影响低碳社区人居环境的因素有很多，将整体指标分解为若干变量，用以构建低碳社区空间形态评价指标模型，形成递阶的层次结构。具体指标归纳为：以五大类准则层作为重点，包括社区密度、社区多样性、社区设计、公交站点可达性和公共设施可达性。①社区密度：以社区作为分析单元，统计每个社区的人口密度、建筑密度与容积率。②社区多样性：主要针对社区周边各类公共服务设施，如购物、医疗、教育、娱乐、就业、餐饮、住宿与文体等设施，统计其分布密度并进行判断。③社区设计：主要测算每个社区建筑的平均体形系数、平均窗户墙体高度比与水平风速。④公交站点可达性：主要测算每个社区中心到达周边公交或地铁站点的最短距离。⑤公共设施可达性：主要针对社区周边使用频繁的公共服务设施，如教育、医疗卫生与商业服务等设施，测算每个社区中心到达公共服务设施的最短距离。

社区人居环境单元是由社区地理单元与人居环境单元相互作用而构成的复

杂系统，合理的层级与尺度既有利于增强居民邻里交往，又可提高公共设施使用效率，缩短出行距离，提高可达性，最终为实现低碳生态提供有效手段。

2.1.4 生态社区的发展

社区(community)是若干社会群体或社会组织聚集在某一个地域或领域内所形成的相互关联的大集体，是社会有机体的基本单元，是宏观社会的缩影(吴晓林，2012)。尽管社会学家、心理学家等对社区的概念有不同的解释，但对构成社区的基本要素和特点的认识基本一致，普遍认为社区应该包括一定数量的人口、一定范围的地域、一定规模的设施、一定特征的文化(共同的意识和利益)和一定类型的组织(密切的社会交往)(肖林，2011)。20世纪后期开始，针对我国过去过度重视宏观经济发展、忽略了社区层面需求的情况，不少学者逐步将"社区建设""社区营造"研究提升到国家政策的高度，开始引入"社区"的概念，将原来的"居民委员会"改称为"社区居民委员会"等。

生态社区，也被称为绿色社区、可持续社区、健康社区等，是以人与自然和谐为核心，以发挥社区的生态功能为目标，通过运用现代生态理念与技术，维持社区生态系统平衡，实现资源和能源的高效循环利用，减少废弃物排放，营造经济高效、生态良性循环、环境高标准、抵抗环境冲击能力强、具备可持续发展能力的舒适、健康的人类聚居环境。生态社区是构建生态城市的落脚点，是落实生态城市理念和技术的具有可操作性的基本建设单元(黄辞海和白光润，2003)。在建设生态城市的热潮持续升温的形势下，研究操作性强、系统化的生态社区构建理论及方法具有积极的现实意义。

在众多有关生态社区的研究中，其切入角度与侧重点各不相同，大致归纳为5种类型(Su et al.，2012；郑俊敏，2012)：①基于生态学原理及理论指导生态社区及生态城市的建设，如充分考虑环境容量、生态流、生态因子等评价指标；②通过社区规划等手段合理配置资源与基础设施，倡导减少出行、绿色消费等理念，如绿地系统规划、周边超市、医院、学校、便民快递中转站等的规划建设；③通过定量化测算社区物质与能量代谢促进社区能源的良性循环与可持续利用，构建社区生态调控体系，强化生态系统服务功能，降低负面环境效应；④推广生态技术的使用(如选用可再生能源、生态建筑材料等)实现社区能源及资源的可持续利用；⑤通过民众的积极参与，落实社区自治、减量、回收循环利用等绿色消费措施与政策。

1. 生态社区的环境与发展

1)社区居民行为特征

社区居民是消费的主体，社会发展与变迁最直接地反映在居民行为的改变上。居民行为，即居民日常生活方式，广义上涵盖家庭生活方式、消费模式、闲暇方式和社会交往方式四个方面(宁艳和胡汉林，2006)。家庭是衣、食、住、行等行为的基本实施单位，也是人类日常生活中最主要、最稳定的活动场所。作为家庭主要消费支出项的住房，住房条件(人均居住面积)和家庭所处社区的配套基础设施、绿化等综合环境是衡量此项消费质量的主要指标。消费模式主要体现在消费内容(消费何种社会生产所创造出的产品与服务)、消费水平(人均消费产品与服务的数量与质量)、消费结构(消费不同种类产品、服务的比例关系)、消费方式(购买产品或服务的途径)等方面。闲暇方式即居民在工作(或上学)、通勤时间、个人生活必须时间(睡眠、休憩、家务劳动及其他生理需要时间)以外的可自由支配时间的活动内容。社会交往虽是居民生活方式的重要组成部分，但由于涉及人际交往及社会、伦理、道德等层面的属性，暂不做探讨。

我国城市社区生活方式存在着鲜明的特点，且不断发生着深刻的改变，具体表现在如下几个方面。①空间上的不平衡：东部与中西部地区的家庭收支情况、空调等家用电器和电脑等耐用品的拥有量、消费的阶层化差异显著；②时间上的动态演变：居民消费水平不断提高、消费结构进一步转型升级、消费方式趋于多样化。具体而言，家庭食物消费支出在全部生活消费支出中所占的比例(即恩格尔系数)逐年降低，表现性(炫耀性)消费在总消费中的比例逐步攀升，2018 年中国消费者在全球购买的奢侈品占全球市场的 33%，排名世界第一；③消费的"三高"(高物质、高消耗与高排放)现象突出，导致不少地区资源环境难以承受消费增长的胁迫；④闲暇活动的内容及结构在全国范围内基本一致，如看电视、欣赏音乐、棋牌、运动健身等，区域差异不显著。

2)居民行为与社区生态环境

城市居民日常生活消耗资源与能源，并产生废气、生活废水、固体废弃物等代谢产物，对生态环境造成胁迫。评价社区居民行为的生态环境效应的主流研究集中于城市及社区尺度的代谢方面，即定量化地描述城市及社区尺度的物质与能量流向、流量、积累与代谢效率(Forkes, 2007)。城市代谢研究的主要方法有物质流分析法、货币核算法、能值分析法、源于产业生态学的生命周期分析、生态足迹法、与空间分析技术相结合的空间系统建模法及不同方法的综合应用。然而，以往基于相关方法的案例研究多注重定量化地计算城市、社区的单一的物质与能量的投入、产出状态和追踪碳、氮代谢；鲜有对系统内部机理和多物质转化过程关联的代谢做系统分析(刘耕源等，2013)。另外，也有研究在城市尺度上应用投入-产出分析方法并结合生态足迹、水足迹方法探讨居民生活方式改变的生态环境效应。然而，社区层面投入-产出数据获取比较困难使该方法暂时未被推广应用于社区层面的研究。尽管可以应用不同类别的方法、从不同的角度对社区居民行为的生态环境效应进行剖析，但目前这些研究较为分散，方法之间的联系不明晰，尚未存在逻辑合理、层次清晰的研究城市社区居民行为生态环境效应评价的方法体系。

另外，社区软、硬件环境的配置也会对居民行为产生影响，即居民生活方式不仅受家庭收入水平、居民受教育程度等居民自身因素的影响，同时也受城市密度、城市空间形态、社区所处地理位置、社区内部和周边的医院、学校、商场、超市、地铁、公交车站、公园、银行、邮局(快递集散地)、排水系统等基础设施配备情况的影响。合理的城市空间布局及社区内外部基础设施配置将会减少通勤时间，从而减少城市碳排放。因此，城市居民对社区生态环境热切关注并有着强烈的诉求。有学者从人的基本需求、环境心理学等角度解析了居民环境行为，分析了居民行为受生态社区要素影响的机制，提出生态社区建设应该考虑居民实际需求、以人为本进行生态社区建设。也有学者基于翔实的社会调查数据，考察了居民对居住区位的偏好、支付意愿和实际的区位选择(Liu et al., 2009)。IPCC 第五次评估报告将土地多样化及混合利用、合理布局城市街区及交通换乘站点、提升道路间的连通性和可达性作为缓解职住分离、购住分离及减少通勤距离和机动车辆使用的有效措施之一。值得一提的是，随着互联网、移动终端获取数据能力的提高，大数据支撑的时空信息分析手段为探寻居民行为规律和更好地服务空间规划提供了新的分析视角与手段。但大数据仍不能面面俱到，仍需要结合空间分层抽样等方法对典型社区居民进行入户访谈。依据第一手数据分析居民生活方式对社区生态环境的影响、需求与依赖，将有助于在既定资源与生态环境禀赋下优化调控城市社区建设的发展方向。

2. 生态社区的建设与发展

理清城市居民行为与社区生态环境的互馈机制，将对社区生态规划、管理与生态基础设施建设起到积极的指导作用。生态社区建设是践行城市生态文明建设的基本出发点和重要抓手，越来越受到科研、市政、媒体各界乃至普通大众的广泛关注。

1) 生态社区管理

借助社区物业化管理、信息化理念及手段服务于生态社区建设是近年来逐渐兴起并引起热议的话题。对生态社区物业化管理有两个层次的理解。

一个层次的理解为生态社区物业管理，又称绿色物业管理，是一种从可持续发展的角度出发，以建设生态经济、环境协调的人居环境为主的新型物业管理方式(王如松和李锋，2006)。类似的研究有如下几个突出特点：一是强调部分区域物业管理意识依然较为薄弱、物业相关法治建设相对滞后、物业管理混乱等；二是突出社区物业管理体系中仍未纳入生态环境的综合管理，指出社区生态环境管理中存在经费不足、环卫配套设施不足且不合理及部分居民生态环境保护意识差等问题；三是探讨如何在社区物业管理模式和内容中嵌入生态环境要素，然而这种探讨多停留于如何提升小区居住环境，鲜有基于对社区物质、能量流的细致分析，以及从系统的角度探寻引入生态环境要素的深入分析，即生态环境要素与物业化管理仅仅是一种松散的结合，并未真正实现一体化生态物业化管理。

另一个层次的对生态社区物业化管理的理解服务于社区，但并不局限于社区层面。草地、林地、耕地等用地的大量占用及无序转化为工业或住宅用地后造成了对环境的胁迫。然而，"生态占用却不修复、不补偿、不监管、不审计是当前我国环境问题多发的病根所在"。我国著名生态学家王如松院士曾呼吁发挥市场机制孵化一批介于土地占用方和政府间的市场化的生态物业管理企业，以"第三只眼"的观察独立提供生态审计报告。生态物业化管理企业的任务是审计土地占用方的"环境债务"，敦促占用方通过屋顶绿化、地表软化、下沉式绿地、湿地生态工程、雨水花园等途径，修复被占用土地原有的生态服务功能。不考虑生态服务属性等特点，盲目和不合理地建立生态补偿机制，会对生态资产的维护和生态环境的保护有百害而无一利。因此，建立在社区这一基本操作单元上的生态物业化管理公司，将有助于摸清建设用地与生态用地相互转移特点及家底，做到有据可依地修复和补偿生态环境。

生态物业化管理与信息化管理相辅相成，密不可分。信息化的管理平台和手段可以让物业化管理的理念更好地落实。我国智慧社区或者社区物业管理信息系统主要存储和管理的仍然是传统的住户基本信息、房产租赁信息、安保消防信息、绿化及保洁环卫管理信息、基础设施及设备管理、客服服务、考勤及办公管理、合同及财务管理、停车场、电梯、集中降温采暖等的运行管理信息。现有的社区物业管理信息化平台只包含社区环境卫生管理这一小部分内容，并没有从社区生态系统建设和保护的角度出发，在操作层面上将社区物质能量代谢、碳氮循环、生态系统性管理理念纳入进来；更缺少实时的、动态的、面向社区居民的生态环境资产核算方面的计算、查询、规划等互动式交流(宁艳杰，2006)。信息化的生态物业化管理平台有赖于对生态社区评价指标体系的构建研究，虽然国内也有学者探讨了这一问题，并在生态社区中有所实践，但是目前学术界尚未就现有指标体系的可推广、可复制性做深入调研，并未构建出一套公认的、权威的生态社区评价与监管指标体系，也没有针对不同地域的特点研发差异化的指标体系及确立其各指标权重的规范方法。

2) 生态基础设施建设

城市社区的生态基础设施能够提供新鲜空气、食物、体育、游憩、安全庇护及审美和教育等，包括社区绿地、城市湿地、雨水花园等在内的能够提供生态服务功能的设施。作为生态社区建设的重要内容，生态基础设施的建设及管理是极其重要的方面，是社区居民获得自然生态服务的保障(Walmsley, 1995)。

种植花草、树木的"社区绿地"不仅可以净化空气、调节社区局地小气候，还可以发挥社区生态系统水土保持、防风固沙、消声防噪等服务功能，实现社区环境的可持续发展(李锋和王如松，2004)。"城市湿地"作为一个综合的生态系统，具有蓄洪、增加城市基地含水量、调节区域气候、降低污染、减少城市"热岛效应"、保护物种栖息地、生态旅游和生态环境教育等功能。美国波特兰市城市湿地的成功应用是一个典范。通过设计与建设，叠水、石材和植被体系组成的"雨水花园"可促进降水下渗，延缓降水的汇流时间，防止下水不及时导致的社区淹涝现象，实现水资源的有效利用和保护。成都市通过建设活水公园改善城市人居环境也是其代表性案例(赵永宏等，2010)。另外，通过设置污水处理回用设施及循环利用系统等方式，也可极大地提高水资源的利用效率，节约水资源。然而，社区生态基础设施的规划、设计与建设固然重要，对设施的养护、维护、检修和管理，以及对专业规划、使用、管理队伍的业务素质培养和提高居民参与意识也不容忽视。

3) 生态社区建设的案例

伴随城市生态社区建设的发展，各地生态社区建设的集成示范工作也得到了快速推进。上海市崇明东滩生态城位于崇明岛东端，定位为全球首个可持续发展生态城。在生态城的建设过程中，生态城的规划和设计始终坚持以生态文化为导向确立可持续发展框架，保护环境和促进生物多样性，综合利用风能、太阳能、生物质能、地热能等可再生能源，实现能源自给，大力发展采用清洁能源的公共交通系统改善交通可达性，循环利用水资源，采用一体高效的资源利用与废弃物管理方式实现 80%固体废弃物的循环利用，合理规划利用土地，实现低碳排放，降低生态足迹，营造出一种适应经济增长和人口增加需要的可持续的新型生产方式与生活方式。陈家镇是崇明东滩生态城中最先建设的生态社区，规划人口 18万人，城镇建设用地 22.5km^2。陈家镇生态办公楼的建设采用了多项生态建筑技术，通过采用围护结构节能体系、地源热泵空调系统、污水处理、中水回用和雨水收集等技术，实现了能源的最低消耗和污染物的最低排放。陈家镇在生态社区建设过程中强调了管理上的创新，组建了低碳国际生态社区建设管理委员会，对生态社区建设的各方面内容实施了有效管理。

曹妃甸国际生态城建设也是国内生态社区建设的一个典型案例。曹妃甸国际生态城位于河北省唐山市南部沿海，是在沿海滩涂上建设的一座国际性的生态新城。该生态城建立之初就面临着当地自然生态系统退化，土地、水资源及能源的短缺，城市和生态安全格局面临很大挑战，区域开发协调性难等不利的局面。建设曹妃甸国际生态城是探索解决中国城市化进程中所面临的资源消费、生态破坏、环境污染、交通拥堵等问题的有益尝试。曹妃甸国际生态城规划和建设中，采用紧凑式混合功能布局的土地利用方式，缓解了由"职住分离"造成的通勤压力；优先发展行人、自行车和公共交通网络，减少整个地区交通的能耗和对生态环境的影响；注重对绿色(公园、绿地、游乐区)和蓝色(水渠、池塘、河流)网络的构建，为社区居民提供良好的社区生态环境。曹妃甸国际生态城的核心在于其生态循环利用，即开发新能源和提高回收利用率并重的生态循环模式。在能源供应上，着重开发电力、热力、沼气、太阳能等新能源，通过采用能源高效利用手段、使用可再生能源及余热、将电力转化为热力需求及降低终端能源需求等各种手段综合实现社区层面的节能减排。在卫生和污水的管理上，重在减少淡水资源的消耗，尽量回收利用各种资源。曹妃甸国际生态城建设的一个特色是制定了生态指标体系，强化对生态城规划建设的引导和监管，促进生态社区各项建设的落实。

　　当然，国外也不乏生态社区建设的成功案例。多个国家(城市、地区)都在生态社区建设领域开展了积极的探索，如德国的埃朗根、澳大利亚的怀阿拉、日本的九州市、新加坡、芬兰维基区生态社区等。一个比较典型的案例是芬兰维基区生态社区，社区在建设过程中将生态理念、原则与实际工程相结合，在发展中强调了生态建筑的建设，运用生态学、建筑技术等现代化科学手段，使建筑与环境成为一个有机结合体；另外，在社区建设中通过对功能和空间布局、结构布置、材料和面层、能量和小气候控制等方面的综合考虑，应用新技术，实现了社区环境与周边环境的有机融合。

2.2　城市生态管理相关概念及进展

2.2.1　城市生态管理相关概念

　　"生态城市"这一概念是在 20 世纪 70 年代联合国教育、科学及文化组织发起的人与生物圈计划(Man and the Biosphere Programme, MAB)研究过程中被提出的。虽然经历了很长时间的探索，但是目前关于生态城市的概念众说纷纭，仍没有公认的确切定义(赵清等，2007)。MAB 的第 57 集报告中提出"生态城市规划就是从自然生态和社会心理两方面创造的充分融合技术和自然的最佳人类活动环境，诱导人的创造力和生产力，提供高水平的物质及生活方式"(吴琼等，2005)。Yanitsky(1987)首次提出"生态城市"的概念，认为生态城市是一种理想的城市模式，其中技术与自然充分融合，人的创造力和生产力得到最大限度的发挥，而居民的身心健康和环境质量得到最大限度的保护。因此，这一概念也被称为"生态城市理想说"。但由于这一城市发展模式过于理想化，当时并未引起很大反响。这一概念及于 1984 年提出的生态城市规划原则和主要内容都为后续的研究奠定了理论基础。美国生态学家瑞杰斯特在其《生态城市伯克利》一书中曾提出一个概括的定义，即生态城市追求人类和自然的健康与活力，认为生态城市即生态健康的城市，是紧凑、充满活力、节能并与自然和谐共存的聚居地。这种观点的可操作性和现实性很强，但是主要着重于环境，因此也存在一定的局限性。黄光宇和陈勇(1999)认为，生态城市是根据生态学原理综合研究城市生态系统中人与"住所"的关系，并应用科学与技术手段协调现代城市经济系统与生物的关系，保护与合理利用一切自然资源与能源，提高人类对城市生态系统的自我调节、修复、维持和发展的能力，使人、自然、环境融为一体，互惠共生。王如松和欧阳志云(1996)认为："生态城并不是一个不可企及、尽善尽美的理想境界，而是一种可望可及的持续发展过程，一场破旧立新的生态革命""通过生态城建设，我们可以在现有的资源环境条件下，充分发掘潜力，实现一种既非传统方式又非西方化的生产和生活方式，达到高效、和谐、健康、殷实"。沈清基(1998)认为，生态城市是一个经济发达、社会繁荣、生态保护高度和谐、技术与自然充分融合，城市环境清洁、优美舒适，从而能最大限度地发挥人的创造力和生产力，并有利于提高城市文明程度的稳定、协调、持续发展的人工复合生态系统。黄肇义和杨东援(2001)认为，生态城市是人类所追求的一种理想人居环境，基于生态学原理建立的自身具有人文特色的、自然和谐、社会公平、经济高效的复合系统。White(2002)认为，生态城市是人类建造的最持久的、具有合理紧凑的经济生活功能、多样性的居住地类型。2008 年，国际生态城市会议给出了一个较为宽泛的论述："生态城市是生态健康的城市，我们所生活的城市必须实现人与自然的和谐共处，最终实现可持续发展。生态城市的发展要求在生态原则上全面系统地理解城市环境、经济、政治、社会和文化间复杂的相互作用关系。城市、乡镇和村庄的设计应促进居民身心健康、提高生活质量和保护其赖以生存的生态系统"(曹瑾和唐志强，2015)。综合国内外学者有关生态城市的论述，发现生态城市具有健康、和谐、生态、高效、活力和可持续发展的特征，能实现经济子系统、社会子系统和生态子系统的高度协调发展。

目前国内外都在建设生态城市，由于各地对生态城市的理解不同，所以会有不同的表现和内涵；同时受各城市地理、空间、位置的限制，其规模、资源和环境特征不一样，也很难用一个标准来衡量。但有一个原则，就是生态城市必须保持系统的健康和协调，具有高效率的物流、能流、人口流、信息流和价值流，具有持续发展和消费的能力，具有高度生态文明的生活空间。生态城市在维护本城市生态环境的同时，也要注意保持相关区域生态系统的平衡和协调。从广义上讲，生态城市是建立在人类对人与自然关系更深刻认识基础上的新的发展模式，是按照生态学原则建立起来的社会、经济、自然协调发展的新型社会关系，是有效地利用环境资源实现可持续发展的新的生产和生活方式。狭义地讲，就是按照生态学原理进行城市设计，建立高效、和谐、健康、可持续发展的人类聚居环境。生态城市是城市生态化发展的结果，是社会和谐、经济高效、生态良性循环的人类居住形式，是自然、城市与人融合为一个有机整体所形成的互惠互生结构。

实现城市经济社会发展与生态环境建设的协调统一，是国内外城市建设共同面临的一个重大理论和实际问题。自联合国教育、科学及文化组织提出"生态城市"这一概念以来，其就成为城市科学和城市规划研究的热点领域，各国都将生态城市作为未来城市的建设和发展目标(Deng and Bai, 2014)。目前，生态城市建设在中国开展得如火如荼。截至 2021 年，根据对我国大陆地区 287 个地级以上城市(包括 4 个直辖市和 283 个地级市)的调查，提出"生态市""生态城市"和"低碳城市"为发展目标的城市有 276 个，约占 96.2%。

城市生态管理是一种人类生存环境的可持续发展的管理方式，它强调以生态要素为中心的管理，追求经济与生态的平衡发展。城市生态管理于 20 世纪 70 年代起源于美国，90 年代成为研究和实践的焦点。中国环境污染与生态破坏问题的症结在于管理问题，其实质是资源代谢在时间、空间尺度上的滞留或耗竭，系统耦合在结构、功能关系上的破碎和板结，社会行为在经济和生态管理上的冲突和失调(王如松，2003)。我国学者在理解城市生态管理的概念及内涵时，一是强调基于城市及其周围地区生态系统承载力实施有效城市管理，实现城市及周边地区宜居、生态、可持续发展的目标。二是强调城市的复合性，即城市是一个社会-经济-自然复合生态系统，即生态城市的构建应是城市社会子系统、经济子系统和自然子系统的全面生态化，而非单纯的城市绿化和景观美化(王如松和李锋，2006)。在复合的特性下，城市生态管理的宗旨是"将单一的生物环节、物理环节、经济环节和社会环节组装成一个有旺盛生命力的生态系统，从技术革新、体制改革和行为诱导入手，调节系统的结构与功能，促进全市社会、经济、自然的协调发展，物质、能量、信息的高效利用"(唐孝炎等，2005)。三是强调城市生态管理的范围和多维尺度，即城市生态管理包括城市生态资产、生态代谢和生态服务三大范畴，包括区域、产业、人居三个尺度，以及生态卫生、生态安全、生态景观、生态产业和生态文化五个层面的系统管理和能力建设。

综合以往对城市生态管理概念的理解，笔者认为生态城市的全面建设需要有完善和健全的生态管理制度，要制定相应的资源利用政策与生态环境保护措施和标准，要有合理的城市空间规划和产业结构布局，要有广泛的社会和群众参与，尽可能地促进城市资源的适度及高效利用和减少城市的代谢产物，实现城市的可持续发展。

2.2.2　城市生态管理模式

当前，城市生态管理模式还没有比较完整、权威的定义。通过对城市生态管理概念的梳理，从城市规划、产业结构、资源政策、生态环境保护及社会与公众参与形式五个方面对城市生态管理模式进行解析，体现了生态城市建设中的生态景观、生态产业、生态卫生、生态安全和生态文化五个基本目标。同时，兼顾落实生态管理模式到具体可循的层面和构建城市生态综合管理体系的现实需求。

1. 生态景观

从某种意义上说,生态景观是基于生态环境承载力的规划先行。城市规划服务于一定时期内城市的经济和社会发展、土地利用、空间布局及各项建设的综合部署、具体安排和实施管理(王祥荣,2001)。生态城市规划包括自然生态和社会心理两个方面,其目的是创造一种能充分融合技术和自然的最佳人类活动环境,以激发人的创造性和生产力,提供高物质和文化水平(谢汉忠,2010)。国外一些城市生态环境比较良好,得益于这些国家城市规划中城市结构和城市功能的前瞻性科学规划和精心设计,以及对规划权威性的维护和执行。

生态城市概念提出之后,世界各国陆续涌现出一批生态城市规划建设的实践。我国在生态城市规划方面已经有一些案例(张泉和叶兴平,2009)。但是相关的研究尚处于探索阶段,虽然生态城市规划正逐步形成比较科学的理论和方法体系,但并不完善,在实践方面更是缺乏比较成熟的经验。目前暴露出不少问题,例如城市规划建设中对建筑节能要求的忽视导致我国建筑业能耗占总能耗的27%~45%,北方地区采暖能耗甚至高达 80%。同时,建成的城市难以应对不断增长的交通负荷、城市水资源需求、垃圾处理、能源需求等现实问题的挑战,以上种种迹象与规划目标相差甚远,甚至在某些环节上背道而驰。

城市规划中所存在的问题总结起来主要包括以下几个方面:一是偏重城市外延式发展而轻内涵式发展,不利于资源节约;二是城市规模过大,城市人口和生产集聚导致资源消耗增多,增加了城市的碳排放;三是城市基础设施建设的部门协调不够,浪费较多且效率不高(余猛和吕斌,2010);四是生态城市规划与现有城市规划体系之间缺乏有机的融合,缺乏反映城市实际的具有可操作性的生态型城市规划标准。针对相关问题,有些研究提出应该调整规划思路,改变以人口决定用地的做法,改为由生态环境承载能力决定城市发展空间和规模(沈清基和汪鸣鸣,2011)。另外,很早就有学者尝试将生态适宜度、生态敏感性分析评价等生态规划方法应用于城市规划中,探讨我国城市规划与生态规划相结合的问题和可能的实现途径(黄光宇等,1999)。在标准制定方面,相关研究探索国内外有关城市规划标准方面的研究成果,提出了建立生态型城市规划标准的典型路径,并且初步构建了生态型城市规划标准矩阵的案例。

2. 生态产业

在大多数情况下,生态产业堪称是基于资源环境禀赋的产业首选。现代城市承载着诸多经济功能,联结着复杂的经济关系,从而构成了复杂的城市经济系统和城市经济结构。其中,城市产业结构是城市经济结构的核心组成部分,在一定程度上决定了经济增长方式。从生产角度讲，城市产业结构是资源配置器；从环境保护角度讲，城市产业结构是环境资源消耗和污染物产出的控制体。

城市产业结构反映了国民经济中产业的构成及相互关系，城市产业结构偏离最优状态所导致的资源配置效率低下是制约经济增长的核心因素。城市产业结构的构成和变动往往决定或影响着投资结构、就业结构、金融结构和消费结构等其他城市经济结构的状况和变化。对于城市产业结构变迁及其与经济增长之间的关系的研究有很多。有研究对中国经济结构变迁(结构性冲击和结构转型)的模式、原因和影响及对中国地区经济增长和地区间收入的差距进行了总结(Chen et al.,2011)。还有学者就城市产业结构与技术进步对经济增长的影响做了实证研究，认为改革开放以来，城市产业结构变迁对中国经济增长的影响曾经十分显著，但是，随着我国市场化程度的提高，城市产业结构变迁对经济增长的推动作用正在不断减弱，逐渐让位于技术进步。

基于可持续发展理念的生态城市概念的提出为城市发展，特别是城市经济发展提供了一种全新的生态化模式。生态城市发展模式的基本要求是，城市产业结构优化必须着力于协调产业结构比例，培育具有较高经济生态效益的主导产业结构(Chen, 2015)，实现各层次产业共生网络的搭建，完成产业结构的升级和生态转型。

我国正处于快速工业化阶段，主要特征是以大规模基础设施投入推动快速城市化、产业结构由劳动密集型向资本密集型和知识密集型转化的过程。但同时高污染、高耗能的重工业和资源开发产业仍然是一些城市的核心产业并畸形发展，导致资源集聚越来越多，环境破坏越来越严重。中国工业化的出路在于产业转型，清洁生产、生态产业园区建设和基于生产与消费系统耦合的循环型社会建设方法。一个区域的产业结构对区域经济发展与资源环境具有决定性影响，区域产业结构调整的生态效益非常明显，产业结构的优化升级是减少资源消耗和环境损害的主要手段。

在生态城市建设和管理中，产业结构的变迁与优化会受到资源环境政策、经济体的要素禀赋约束和全要素生产率增长的影响。因此，如何在资源环境约束下形成最优产业结构，如何实现环境规制与产业结构优化升级协同双赢，以及如何发挥三次产业全要素生产率增长的内在创新驱动机制是我国城市产业结构优化和升级需要研究和解决的问题。

3. 生态卫生

抓好生态卫生是一种服务高效、节约利用资源的政策调控。我国资源节约和环境保护方面的法律法规主要涉及土地资源、水资源、农业畜牧业资源、矿业资源、海洋资源 5 个领域，现有《中华人民共和国环境保护法》《中华人民共和国水土保持法》《中华人民共和国矿产资源法》等 17 部法律，以及《生态环境标准管理办法》《新能源基本建设项目管理的暂行规定》《渤海生物资源养护规定》等一系列规章制度。近年来,以全面落实科学发展观和加速转变经济发展方式为契机,相关部门系统整理并调整了现行资源政策,重点强化资源节约利用和优化配置的政策力度。

在水资源保护方面,水资源政策的主要目标是保障"三生"用水,即保障生活、生产、生态用水。在土地政策方面,国家通过编制土地利用总体规划对农业、林业、牧业、工业、城市和居民住宅建设等各类用地进行统筹规划。我国还实行土地集约利用政策,实现从粗放型向集约型转变,提高土地利用率和单位土地面积的产出率(Jiang et al., 2013),充分发挥土地使用效益和土地使用功能,减少土地的闲置和浪费。在能源方面,《中国的能源政策》指出,中国将通过坚持"节约优先"等八项能源发展方针,推进能源生产和利用方式变革,构建安全、稳定、经济、清洁的现代能源产业体系,努力以能源的可持续发展支撑经济社会的可持续发展。

我国资源政策已由20世纪90年代的滞后于经济发展逐步进步为现阶段的主导经济的发展,尽管其科学性、严谨性、权威性得到了充分体现,但仍存在诸多问题,例如资源政策在部门间的不协调,缺乏统一的规范政策文件,没有建立部门间的协商制度(Zhang et al., 2014);解决问题时政策之间发生冲突,无法形成合力,造成资源政策权威性受损;资源政务信息化建设相对于其他政务信息化建设较为薄弱,致使资源政策宣传力度和广度不够,人们普遍对资源政策认知度不高(阎一峰和张秀荣,2013)。另外,受制于不同的自然禀赋和社会经济发展水平,制定区域差异化和针对性的资源政策是下一步努力的方向。在以后的生态城市建设过程中,应注重水、土、气、生、人各生态要素之间的联系,坚持"山水林田湖草是一个生命共同体"。

4. 生态安全

生态安全目标的实现依赖于面向生态环境保护的措施与标准的完善。各国在长期的实践过程中逐步形成了各自的环境保护法律和规章制度,例如美国的《污染预防法》、德国的《循环经济和废弃物法》、中国的《中华人民共和国环境保护法》《"十二五"全国环境保护法规和环境经济政策建设规划》《"十二五"节能减排综合性工作方案》《重点区域大气污染防治"十二五"规划》等。针对生态城市建设,各级地方政府也将环境保护作为生态城市建设和管理的核心内容,制定了一系列地方性政策和法规。然而,目前中国尚未存在一套完整的标准体系及具体措施指南。

与城市总体规划和土地利用总体规划相比,城市生态环境保护总体规划尚处于起步阶段,相关法律法规明显缺失和不足,这在很大程度上影响了城市生态环境保护总体规划的编制和实施。另外，对于城市生态环境规划中的环境容量、生态资源承载力和生态环境阈值、生态红线等关键领域，基础理论研究还有待加强。对城市生态环境问题进行深入、系统的研究，以及如何针对不同区域和不同发展阶段的城市(何璇等，2013)，制定并实施区域有别的环境标准和政策也是需要注意的。

5. 生态文化

生态文化建设需要依靠具有广泛参与的多元组织模式。主要组织模式是实现城市生态管理的重要保障，目前城市生态管理过程中的主要组织模式可以划分为政府主导式、社会参与式及社会推进式。

政府主导式是指政府以市场化的财政手段及非市场的行政力量，通过制定法律法规，组织和管理生态城市建设，典型实践形式包括公交引导型、城乡结合型、循环经济型、碳中性型、城市乡村型等几种，例如丹麦的哥本哈根采用的就是公交引导型模式；新加坡采用的是典型的城乡结合型模式；日本采用循环经济型模式建立了循环型生态城市(马交国等，2006；李海峰和李江华，2003)。

社会参与式是指在生态城市建设过程中，公民个人通过一定的程序或途径参与一切与生态城市相关的决策活动，也可以组成社会组织并通过组织化的形式表达个人意愿、参加建设活动，使最后的决策符合广大群众的自身利益，例如 20世纪 90 年代，澳大利亚怀阿拉市在生态城市的公众参与方面就可作为典范(黄瑛和龙国英，2003)；巴西的库里蒂巴市则通过儿童在学校的环境教育及市民在免费的环境大学接受教育的形式开展公众参与；丹麦的生态城市项目包括建立绿色账户、设立生态市场交易日、吸引学生参与等内容(黄肇义和杨东援，2001)，这些项目的开展加深了公众对生态城市的了解，使生态城市建设拥有了良好的公众基础。

社会推进式是指社会内部由于各种条件成熟而首先形成一种力量，然后自发地、自下而上地推动生态城市建设，美国生态城市伯克利市的建设最能体现这一点。伯克利市生态城市建设取得了巨大成功，被人们视为全球生态城市建设的样板城市。

2.2.3　城市生态管理的方法

1. 城市生态管理框架

在城市生态系统管理中，人们认识的城市的结构、功能、生态系统各变量之间的关系及系统恢复力往往是不全面的，从而导致从科学、管理角度来调控人类主导的城市生态系统是可持续发展的关键。城市生态管理过程中应该以管理目标的界定为基础，树立生态管理的各项原则，并充分考虑城市生态管理的范围、可能存在的抗性、城市生态系统的不稳定性及系统空间尺度特征等不确定性因素，根据这些因素制定与管理目标相符的具体目标，在此基础上才能确定城市生态管理的方法，才能实现对生态管理动态性的分析与评价。

在城市生态管理体系构建中，首先要坚持绿色低碳。生态文明不代表不发展经济，要将生态文明和经济建设、城镇化进程高效融合起来，在城市大力推进绿色经济、循环经济、低碳经济，要坚持集约利用能源、水等资源，不断提升经济发展的科学性、有效性。其次要坚持因地制宜。要严格按照城市的国土空间实际情况，加大生态保护和恢复力度，在不同城市、地区，依据当地生态本底特色和经济发展水平、模式，采取相应的生态保护举措，提高城市生态适应性管理的效率。最后要坚持突出特色。要紧密结合城市区域自身的区位优势，专门针对目标城市绿色发展中出现的关键问题开展研究，加快探索适合城市特点的生态城市管理模式与框架，并提出各项具体的构建策略，使得城市的生态建设步伐进一步加快、成效更为突出。

同时，城市生态管理体系的构建必须要符合一定的流程。首先管理城市生态这一复杂的系统，管理者必须要充分理解并明确该系统的组成、结构、功能，然后制订相应的生态管理方案，最终达到维持城市生态的完整性和可持续性的目的。城市生态管理体本质上是由系统识别、问题界定、方法设计、方案执行、监管评价、再定义、再完善等要素构成的循环体系。从城市生态管理实施流程(图 2-1)可以看出，城市生态管理可以分解为不同的阶段，必须通过各个阶段与管理方法

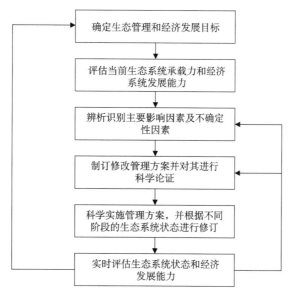

图 2-1 城市生态管理实施流程

根据杨荣金等(2004)、张泽阳等(2017)，有删改

的分步实施、调整，保证城市生态系统的可持续发展。在管理方法落实的过程中，应该加强政策制定的支持，通过相关配套条件为其提供保障，更要强调公众的参与，只有这样才能贯彻落实适应性管理的目标。

2. 城市生态管理基本原则

1) 以保护为核心的自然生态原则

以自然生态系统的承载力和环境容量作为社会经济发展的基准；最大限度地保护和修复自然生态，减少人类活动对自然环境的消极影响；提高资源的再生和综合利用水平，实现资源的节约、集约利用。

2) 以宜人为核心的社会生态原则

以人为本、公众参与，满足人的各种物质和精神需求；推崇生态价值观、生态哲学、生态伦理和自觉的生态意识，形成资源节约型的社会生产和消费模式；建立自觉保护环境、促进人类自身发展的机制，以及公正、平等、安全、舒适的社会环境。

3) 以高效为核心的经济生态原则

采用高效、可持续的生产、消费、交通和住区发展模式；发展循环经济和生态环保产业，增强创新能力；积极开发和推广生态环保的先进适用技术。

4) 以和谐为核心的复合生态原则

城市系统包括以水-土-气-生等要素构成的生态子系统、以人类行为为主体的社会子系统，以及以物质代谢和资源流动为特征的经济子系统（王如松等，2014）。三个子系统中的组成要素之间紧密联系且相互影响。随着社会系统和经济系统的不断发展，生态子系统被深深地烙上了人类的印记，生态质量不断下降。生态城市追求的是三个系统的和谐、可持续发展。因此，在城市生态管理过程中，注重各要素间的相互联系，将生态-社会-经济子系统有机结合起来，实现三者之间的平衡、协调发展。

3. 城市生态管理方法

生态系统管理方法的目的是使城市适宜居住，并通过管理的灵活性和政策发展方面的进一步一体化，促进城市对其他生态系统影响的内在化。具体来说，生态系统方法将通过对时间和空间的管理，集成自然生态系统和社会经济系统，并适应和有效地处理未来的不确定性，创建灵活的机构管理，通过合适的工具和方法识别和预测规划问题。在确定分析流程的基础上，城市复合生态适应性管理需要引入科学的管理方法，以应对城市复合生态管理过程中的不确定因素，为管理提供正确的方向，保障适应性管理方向与城市发展目标的紧密结合。城市复合生态适应性管理的主要方法包括可持续性的管理方法、适应性的管理方法、反馈调节的管理方法、科学化的管理方法、价值链的管理方法和协同的管理方法六个方面。①可持续性的管理方法注重各生态要素之间的联系,遵循整体优化、区域分异、协调共生和趋势开拓等原理,确保人口、资源和环境之间的协调发展,包括维持城市化与工业化的可持续发展,实现经济社会与生态环境保护效益的最大化;另外,还需要维持城市生态环境系统的可持续性,维持生物资源、土地资源等多样性的可持续性原则。②适应性的管理方法是指城市生态系统中各生态要素之间相互影响、错综复杂,造就了系统认知、管理目标、依据和决策的不确定性及系统行为的不可预测性。必须因地制宜、因时制宜地根据城市生态系统的发展状态和生态系统目标,实时调整管理措施,以便能动地适应快速变化的社会经济状况及气候变化等,主要包括对生态系统动态变化的保护、对气候及人类活动等外部影响变化的考虑、对先进生态管理理念与模式的吸收。③反馈调节的管理方法指城市生态基础设施是一类集多种生态要素(光、热、水、气候、土壤和生物)于一体的综合基础支撑体系,涵盖山、水、林、田、湖、草等自然要素,以及交通、市政设施等人工要素。某一生态要素的变化通过信息流、物质流和能流等方式影响其他要素状态的变化。因此,需要充分发挥数据信息的作用,根据城市的实际情况灵活、准确、及时、高效地调整并修订管理目标与措施,从而实现城市的良性循环管理。④科学化的管理方法指城市生态管理目标、措施的修订需要根据当地的实际情况及科学准确的评价结果,不能照搬其他城市的目标与措施,并且需要对城市复合生态系统中的生态要素进行充分调查分析,确保评价数据信息的准确性、可靠性,保证评价方法的适用性、准确性,以及评价工作者的专业合理性。⑤价值链的管理方法指价值链管理,将管理看成一个多维立体的体系,基于时间、空间两个维度,从不同尺度对城市生态进行监控与管理。从时间的尺度来看,价值链的管理方法,强调在管理上覆盖整个城市的生命周期;而从空间的尺度来看,价值链的管理方法,涵盖了城市复合生态管理中所涉及的所有行为(招商引资、工程建造),包括城市生态管理中对所有单位、组织的管理、调整与反馈。这种管理方法能够避免生态城市建设过于流水线化,逐步揭示城市生态管理所涉及的管理活动之间的联系,从根本上改变管理体系的工作方式,以批判的眼光看待全生命周期的管理活动。⑥协同的管理方法是指在城市复合生态适应性管理的过程中,仅依靠政府发挥公共职能是不够的,而应该通过政府引导、科技催化、企业兴办和社会参与,加强不同主体之间的协调与同步管理,有效规避在生态资源利用与管理中发生分歧与冲突。另外,为了加强政府对企业、社会、民众行为的规范与引导,政府不能通过单一的集权或地方自治,而应该实施从政府到地方、自上而下的政策引导,以及从市场到政策、自下而上的反馈修正。这种注重双向过程的适应性管理方法,有利于政府在宏观上把握对复合生态管理的控制水平。

2.2.4　城市生态管理的进展

1. 国际生态城市建设概况

从 20 世纪 70 年代"生态城市"的概念提出至今，世界各国不断地对生态城市的理论进行了探索和实践。目前，美国、巴西、新西兰、澳大利亚、日本等一些国家都已经成功地进行了生态城市建设。这些生态城市，从土地利用模式、交通运输方式、社区管理模式、城市空间绿化等方面，为世界其他国家的生态城市建设提供了范例，研究这些生态城市的规划和管理经验，无疑会对我国的生态城市建设产生积极的指导意义。

美国伯克利市根据城市的自然基底，疏通区域内原有的大量溪流，极大地改善了城市原有的生态系统；推行"慢行街"，建设了多个城市中心区，通过调整城市空间结构规避了大量人员的长距离流动；在此基础上，建立了完善的交通系统，通过公交将整个城市连为一体，减少了私家车的使用量和需求量；发展清洁能源，改善能源利用结构，并从法律层面保障了能源节约；政府引导民众积极参与。经过 30 多年的生态建设，伯克利市成了全球生态城市建设的最佳样板。

巴西库里蒂巴政府在生态城市建设过程中发挥了重要的引导作用，制定了公交导向式的城市开发规划；以发展公共交通为主，建立了一体化的交通网络和道路网络；沿主要结构轴线向外进行走廊式的城市开发；鼓励混合土地利用开发方式；设立多项社会公益项目，改善了穷人的生活水平；实行"垃圾不是废物"的垃圾回收项目，缓解了生态环境压力；对市民进行环境教育。该城市在 1990 年被联合国命名为"巴西生态之都"和"城市生态规划样板"。

新西兰怀塔克雷市通过建设城市绿网来保护自然资源和改善环境。鼓励恢复生态被破坏的区域，在规划中划分了一般区域、限制区域、保护控制区域及生态恢复区域，并通过生态廊道的建设改善生物多样性，提高生态环境质量；在居民的日常生活中推行可持续理念，提供生态区指南，通过城市信息化系统告知居民不同居住地点的生态特点。

澳大利亚阿德莱德市坚持将以人为本作为城市规划的指导思想，城市功能结构布局清晰，结构合理；道路网密集程度高，通达性好，施行"行人优先、公车优先"策略；沿河道布置成片绿地和自然护坡，实行"城市零碳排放"计划。

日本北九州市提出了"从某种产业产生的废弃物为别的产业所利用，地区整体的废弃物排放为零"的生态城市建设构想，政府积极开展各种层次的环境教育活动，市民积极参与，共同努力减少垃圾、实现循环型社会。

世界各城市根据自己的自然基础、社会、经济和交通状况，结合公众的生态意识和政府的宏观领导，注重因地制宜，有针对性地解决城市建设的一个或几个问题，使得城市朝着生态城市的目标发展。纵观各国的生态城市案例，其为我国生态城市建设提供了以下成功经验：一是注重政府在生态城市建设过程中的引领作用，制定明确的城市规划，调整优化城市结构与功能；二是各个城市要依据当地的自然环境本底、社会经济发展情况和城市发展规律，以可持续发展思想为指导，建设和谐的人居环境，实现自然生态和人文生态的有机结合；三是鼓励全民参与，对居民进行环境教育，拓宽公众参与生态城市建设渠道；四是以强大的科技做后盾，开发多样的新能源类型，推动能源利用技术创新；五是重视城市废弃物和水资源的处理和循环利用，推行垃圾分类，鼓励废物回收；六是健全公共交通体系，减少私家车的使用等。总之，生态城市建设没有固定的模式和方法，要结合我国的各个城市实际发展情况，制定因地制宜的发展规划、目标体系和保障体系，注重交通、绿地、建设用地的合理布局，优化能源结构，加强废弃物的循环利用，引导居民健康的生活方式和消费行为，鼓励公众参与。

2. 国内生态城市发展概况

我国的生态城市研究起源于 20 世纪 80 年代。1978 年城市生态环境问题研究被正式列入国家科技长远发展计划中，许多学科开始从不同领域研究城市生态学，在理论方面进行了有益的探索。1982 年 8 月 28 日第一次城市发展战略会提出了"重视城市问题，发展城市科学"的主张，并把北京和天津的城市生态系统研究列入 1983～1985 年的国家"六五"计划重点科技攻关项目中。1984 年 12 月上海举行的"首届全国城市生态科学研讨会"，是中国城市生态学研究、城市规划和建设领域的一个里程碑。1986 年江西省宜春市提出了建设生态城市的发展目标，并于 1988 年初进行试点工作，这是我国生态城市建设的第一次具体实践。1988 年国务院环境保护委员会发布《关于城市环境综合整治定量考核的决定》，指出当前我国城市的环境污染仍很严重，已经影响到了国民经济发展和人民生活。1997 年国家环境保护局决定创建国家环境保护模范城市。2000 年国务院颁发了《全国生态环境保护纲要》。2003 年国家环境保护总局发布了《生态县、生态市、生态省建设指标(试行)》，从经济发展、生态环境保护、社会进步三个方面制定了生态省、生态市和生态县建设指标体系,对生态城市建设的评价标准做出了比较明确的规定。此后，国家不同部门发起过国家卫生城市、宜居城市、园林城市、森林城市、绿色城市、生态城市、低碳城市、海绵城市等一系列生态城市相关的建设项目。绿色、低碳、弹性等只是生态城市的一个维度，而可持续发展是生态城市的目标，这些都可以囊括在生态城市的概念之下。2004 年前后，在国际生态城市建设热潮中，上海崇明东滩生态城、唐山曹妃甸国际生态城、中新天津生态城等先后开始规划建设。2013 年，住房和城乡建设部发布《"十二五"绿色建筑和绿色生态城区发展规划》，明确要实施 100 个绿色生态城区示范建设(包括规划新区、经济技术开发区、高新技术产业开发区、生态工业示范园区等)。2017 年住房和城乡建设部出台《绿色生态城区评价标准》(GB/T 51255—2017),包含土地利用、生态环境、绿色建筑、资源与碳排放、绿色交通、信息化管理、产业与经济、人文 8 类指标,对规划和运营两个阶段进行评价,对国内生态城市的建设提供明确的指导。

2.3　城镇化生态转型理论及途径

2.3.1　城镇化生态转型概念

"转型"一词最初多用于社会学研究,指从一种社会形态向另一种社会形态的转变。"生态"是一个具有多重含义的词语,可能是合理的,也可能是不合理的,但目前一般取其褒义。"生态转型"被认为是一个不可避免的社会转型过程,是从工业现代性向生态现代性、从工业社会向生态社会的转变过程。当前我国城镇化生态转型是相对于传统城镇化而言的转变,意味着传统城镇化进程中引发问题的因素性质要发生变化。部分学者认为在当前新型城镇化的改革要求下,城镇化生态转型代表了我国城市发展的生态现代化过程。其中的"生态"通过目标主体——城市这个"社会-经济-自然"复合系统而体现出多层价值,并且在不断演进的城市系统中逐步形成一个结构合理、功能高效、关系协调的系统,进而能够实现社会和谐、经济循环、生态安全的"顶级状态"(金云峰等,2015)。也有学者认为城镇化生态转型主要是指城市转变过去以牺牲环境为代价的发展方式,形成以提高城市环境质量、保护自然景观、保持生态平衡、增强城市居住适宜度为重点的可持续性发展方式(李玲等,2012)。

城镇化生态转型是一个过程,涉及生态流量、存量、风险、利用、保护、功能变化和经济成本,这些利益通过网络、联系及自然和社会进化的相互依存关系实现不同规模和等级的可持续发展。这些联系在定性研究和定量研究中都被称为"生态相互关系"(Wang et al., 2017)。城镇化生态转型强调了城市化的生态和环境方面的重要性,尤其强调了城乡社区经济活动与当地生态系统和环境之间的协同作用,以及冲突之间复杂的互动作用。城市扩张会影响城市周边地区,而且很可能为了获得经济利益而牺牲当地环境(Deng et al., 2008, 2010)。城镇化生态转型旨在发展一个能在动态互动过程中实现城乡发展的可持续性社会,从而能使用有效的资源消耗,并将环境影响降至最低。为了实现这一目标,先进的城镇化生态转型战略旨在以可持续的生态方式减轻影响,适应和重塑城镇化形态。基于历史经验和国际惯例,城镇化生态转型旨在改善居住环境,强调"生态"观点,不同于传统的"城市化"概念从需求增长的角度看经济增长和规模效应。城镇化生态转型与其他政策概念不同,包括"可持续城市""绿色城市""数字城市""智能城

市""智能城市""信息城市""知识型城市""弹性城市""生态城市""低碳城市"
"宜居城市"等(Roseland, 1997; De Jong et al., 2015)。

城镇化生态转型的本质是建立一个健康的城市生态系统。这个动态过程不仅
可以平衡多种资源使用量的增长,以维持可持续消费的资源量,还可以最大限度
地实现多资源分配的效率和高效的经济利用,以实现各个社区的社会平等公正
(Zaman and Lehmann, 2013)。由于城镇化生态转型中复杂的相互作用,城市中的
废弃物循环经历了自然环境和社会生产系统的混合转变。因为城镇化生态转型还
需要生态系统的功能,所以仅强调人类在工业生产中的努力和先进技术很难实现
零污染。在不断扩展的城镇化进程中,为了维持健康的城市生态系统,其生态相
互关系不容忽视。

2.3.2 城镇化生态转型理论

生态转型可以理解为事物、系统向着复合生态学原理和生态学规律的转变与
转化。从具体的角度而言,生态转型可以指事物、系统在结构形态、运转模式等
方面向着生态系统更为高效的方向发生根本性转变的过程。城镇化生态转型指的
是城镇化向绿色、低碳发展的方向及过程,一般可认为该城镇化过程的发展目标、
发展战略、发展模式等向着更符合生态学原理,更加绿色、低碳发展的方向转变。
城镇化生态转型的基本原理是生态学基本原理和法则,主要包括生态位原理、多
样性原理、限制因子原理、生态环境承载力原理、食物链(网)原理、共生原理等(沈
清基,2011)。城镇化生态转型原理可以分成两种基本类型。一种是对城镇化生态
转型的内在机理(规律)的概括和描述,即对城镇化生态转型发生和发展的动因、
城市生态-社会-经济要素组合和分布的规律(特征)、城市结构和功能关系、城市
调节和控制机理的概括和描述。城镇化生态转型的基本释义如下。①生态位原理:
城镇化发展和扩张是一系列具有特定功能的因素综合作用的结果;②多样性原理:
城市稳定、富有活力和生命力是因为各个层级和系统有较高的多样性水平;③限
制因子原理:某些自然、社会、经济等"门槛"对城镇化发展具有时空意义方面
的阶段性的制约作用;④生态环境承载力原理:生态环境是各种主客观因素相互
作用下的结果,具有特定的容纳量和承载量;⑤食物链(网)原理:城镇活动的能
量流、物质流的理想状况是成链和成网;⑥共生原理:城镇内部各系统之间及城
镇与外部系统的关系的理想状态是协同、协调、共荣。另一种是对城镇化的生态
化发展目标的阐释。基于城镇化生态学基本原理的城镇化生态转型要义如下。①生
态位原理:提高"城镇占有率""城镇宜居性""城镇影响力""城镇辐射力"水平;
②多样性原理:通过提高城镇多样性水平,使城镇具有强健的生命力;③限制因
子原理:主动识别城镇发展的生态性制约因子,在识别的基础上加以克服,提升
城镇的发展层级;④生态环境承载力原理:通过提升城镇生态环境质量和可持续

性提升城镇生态环境承载力；⑤食物链(网)原理：提高城镇的物质循环利用率，减少资源消耗，提升环境质量，提高竞争力；⑥共生原理：改善城镇系统的共生环境，优化城镇共生模式，选择合理的共生机制。

对城镇化生态转型理论的认知和理解，也可以从"关系"的角度审视。"生态关系"是"生态"内涵最集中的体现。城镇化生态转型的生态关系理论是指以人为中心的城镇生态系统与周边环境的相互影响和相互作用，以及城镇生态系统各组成部分之间的相互影响和作用的总和。城镇化生态转型的生态关系理论对城镇化的发展具有特殊的意义，城镇生态系统中重要、关键因子之间的相互影响及作用决定了城镇生态环境质量状况及演化趋势。通过对城镇生态关系理想状态的把握，以及对城镇的生态关系组成内容的具体分析，可以对城镇化生态转型的目标进行合理、准确地定位。

城镇化生态转型也可以认为是一种城市规划方法，其理论也涉及城市规划的相关理论方法。从城市规划的角度来说，城镇化生态转型将自然置于设计过程的中心，以便创造更好的场所，并为城市面临的多种社会、经济和环境挑战提供解决方案。其体现的主要是人进行经济社会建设活动与自然环境或人工生态环境之间的相互作用关系。城镇化生态转型与生态文明理念联系紧密，需要以生态文明观为指导，以保持自然生态良性持续发展为基础，倡导在各种人类活动中都要节约资源、保护环境，实现实现人与自然、人与人、人与社会、人与自身的全面和谐、协调发展(王芳，2013；刘思华，2013)，主要体现的是以城市系统可持续发展为目标的在需求与内容上寻求的转向与转变；其特征是从环境保护到可持续发展，从关注城市活动的物理过程到重视生态过程，实践活动从规划学科主导到多学科合作，城市生态服务与自然生态效益从即时性到持久性。此外，城镇化生态转型也需要依靠生态化发展观理论，也即在城镇化建设中要以生态系统及其承载力为中心和依据，以自然、社会、经济等各子系统的相互协调共生为基础，以城镇社会的持续发展与繁荣为目标。

2.3.3　城镇化生态转型途径

1. 我国城镇化生态转型发展阶段

我国城市化进程起步较晚，但是我国政府及学者很早就开始对城镇化生态转型的理论和实践进行研究，大致可以分为三个阶段：实践探索萌芽阶段(1971～2000年)、实践迅速发展阶段(2000～2008年)和实践提升反思阶段(2009年至今)。

第一个阶段，实践探索萌芽阶段(1971～2000年)。1971年，中国政府参与了人与生物圈计划，并成为该计划的国际协调理事会的理事国。1984年我国生态学者马世骏提出了社会-经济-自然复合生态系统理论，并明确指出城市是典型的社会-经济-自然复合生态系统。他认为生态城市是自然系统合理、经济系统有利、社会系统有效的城市复合生态系统。1986 年宜春市就提出建设生态城市的发展目标，并于 1988 年开展了生态市规划与建设的试点工作。1987 年黄光宇等学者对四川省乐山市进行了生态城市的规划实践；同年，长沙市首次制定了《城市生态建设总体规划》，以及 10 月在北京召开了"城市与城市生态研究及在城市规划和发展中的应用国际讨论会"，推动了我国生态城市建设实践的发展。至 1990 年，我国已经形成一套以社会-经济-自然复合生态系统为指导的建设理论与方法体系。1997 年大连、深圳、厦门、威海、珠海、张家港 6 个城市，1998 年昆山、烟台、莱州、荣城、中山 5 个城市被命名为国家环保模范城市。1999 年海南省人民代表大会颁布《海南省人民代表大会关于建立生态省的决定》，通过了《海南生态省建设规划纲要》，同年国家环境保护总局批准海南省为全国生态省建设试点；琼山市①也已制订完成生态市建设规划。自此以后，随着我国城市化进程的加快，中央和地方各级政府逐步认识到建设生态城市对于城市健康发展的重要性，无论是在政策供给层面，还是实际推进层面都积极推动建设生态城市。

　　第二个阶段，实践迅速发展阶段（2000～2008 年）。在国家政策的推动下，各省市开展生态城市的工作稳步提升，大量生态城市开始涌现。2000 年大庆被评为全国内陆首家环保模范城市，并于 2005 年起实施了"东移北扩"的城市发展战略，采用了依托自然设计、依湖建城的规划思想，加紧了五湖生态城的建设，2006年入选了中国十大魅力城市。2002 年贵州省贵阳市被国家环境保护总局批准为全国循环经济型生态城市建设试点，为资源型城市生态转型做出了积极探索。2003年，国家环境保护总局发布《生态县、生态市、生态省建设指标（试行）》。2005～2007 年《全国生态县、生态市创建工作考核方案》《国家生态县、生态市考核验收程序》《国家环保总局关于加强生态示范创建工作的指导意见》先后被发布，2002年中国科学院编制、国家环境保护总局颁发了《生态功能区划暂行规程》。住房和城乡建设部发布的《绿色建筑评价标准》（GB/T 50378—2019）使得绿色建筑方面具有了导向性的体系。2007 年国家环境保护总局颁布了《生态县、生态市、生态省建设指标（修订稿）》，其中生态市建设指标包括经济发展、环境保护和社会进步三类 19 项指标，修订了试行中的多项指标，使其具有指导性和可操作性，为生态示范区的创建工作打下坚实基础。2008 年 1 月，世界自然基金会（World Wide Fund for Nature or World Wildlife Fund, WWF）启动中国低碳城市发展项目，上海市和保定市入选首批试点城市。

　　第三个阶段，实践提升反思阶段（2009 年至今）。2009 年中国城市科学研究会的《中国低碳生态城市发展战略》出版。2010 年国家发展和改革委员会发布了

---

　　① 2002 年，琼山市改为琼山区

《关于开展低碳省区和低碳城市试点工作的通知》，以低碳为主要目标建设城市，明确将在广东、辽宁、湖北、陕西、云南 5 省，以及天津、重庆、深圳、厦门、杭州、南昌、贵阳、保定 8 市开展试点工作。国家能源局发布的《关于申报新能源示范城市和产业园区的通知》，鼓励创新城市新能源发展模式，提高城市清洁能源比例，促进资源节约型和环境友好型社会的建设。2011 年 10 月第 12 届中国西部国际博览会"生态城市与绿色建筑高峰论坛"在成都召开，提出以低碳发展方式推动生态城市建设的发展模式。同年，住房和城乡建设部发布了《住房和城乡建设部低碳生态试点城（镇）申报管理暂行办法》，并于同年成立了低碳生态城市建设领导小组，组织研究低碳生态城市的发展规划、政策建议、指标体系、示范技术等工作，引导国内低碳生态城市的发展。

住房和城乡建设部于 2013 年制定发布了《"十二五"绿色建筑和绿色生态城区发展规划》，提出要选择 100 个城市新建区域（规划新区、经济技术开发区、高新技术产业开发区、生态工业示范园区等）按照绿色生态城区标准进行规划、建设和运行。2014 年中共中央、国务院印发《国家新型城镇化规划（2014—2020 年）》，提出走"以人为本、四化同步、优化同步、生态文明、文化传承"的中国特色新型城镇化道路，明确将智慧城市建设作为提高城市可持续发展能力的重要手段和途径，强调要继续推进创新城市、智慧城市、低碳城镇试点。同年 8 月，经国务院同意，国家发展和改革委员会、工业和信息化部、科学技术部、公安部、国土资源部、住房和城乡建设部、交通运输部印发《关于促进智慧城市健康发展的指导意见》，明确了智慧城市 2.0 时代的顶层设计方案；全国首部《智慧城市系列标准》于 2014 年正式发布，并于 2015 年 1 月 1 日开始试行。2012 年启动国家智慧城市建设试点工作，先后公布了两批共 193 个试点；科学技术部与国家标准化管理委员会选择了 20 个城市开展智慧城市技术与标准试点示范工作，2014 年住房和城乡建设部与科学技术部共同启动第三批国家智慧城市试点，已有超过 100 个城市政府表达出明确的申报意向。我国自 2012 年启动首批智慧城市试点以来，截至 2019 年，已分 3 批共批准了约 500 个智慧城市试点项目，覆盖了我国 95%的副省级城市、76%的地级城市，呈现由点到面的扩散态势。这一切证明我国的智慧城市建设正在进入一个高速成长的时期。

2014 年发展和改革委员会、财政部、水利部等部门联合印发了《关于开展生态文明先行示范区建设（第一批）的通知》，明确将江西省等 57 个地区纳入第一批生态文明现行示范区。同年 9 月，加拿大自然资源部与中国天津滨海新区在北京宣布共同签署谅解备忘录，开发实施中加共建低碳生态区。2014 年住房和城乡建设部发布了《海绵城市建设技术指南——低影响开发雨水系统构建（试行）》，明确了海绵城市的概念和建设路径。12 月，中德全方位战略伙伴关系中的重要组成部分——中德低碳生态城市试点示范工作在京启动（该项目于 2014 年 10 月签订）。

2015 年 3 月,住房和城乡建设部发布了中欧低碳生态城市合作项目试点城市名单,包括珠海、洛阳等 10 个试点城市;同年 4 月,财政部、住房和城乡建设部、水利部公示了 2015 年海绵城市建设试点城市。截至 2020 年底,全国城市共建成各类落实海绵城市建设的项目约有 4 万个。

截至 2012 年,中国 287 个地级以上城市中已经有 280 个明确提出以生态城市为建设目标(图 2-2)。2000 年之前进行生态城市建设的地市较少,2000 年之后呈现逐步加快的趋势,尤其是 2004~2010 年,每年新增 30 个左右的地市加入到生态城市建设行列。但是生态城市建设中出现了不同的问题。尽管目前并没有真正建成的生态城市范例,但生态城市已成为我国现阶段提升更新和新城规划建设的主流模式。

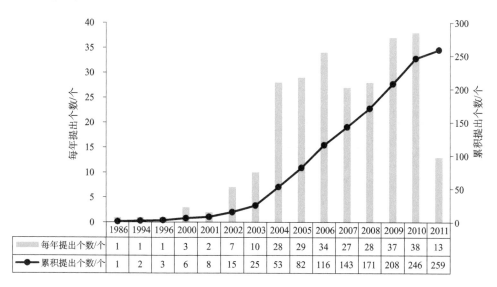

年份	1986	1994	1996	2000	2001	2002	2003	2004	2005	2006	2007	2008	2009	2010	2011
每年提出个数/个	1	1	1	3	2	7	10	28	29	34	27	28	37	38	13
累积提出个数/个	1	2	3	6	8	15	25	53	82	116	143	171	208	246	259

图 2-2　1986~2011 年我国低碳生态城市有关建设目标的地级市城市数量

图中横轴为年份

2. 我国城镇化生态转型的类型

我国城镇化生态转型的类型主要包括生态村、生态镇、生态区(县)、生态市及其组合等,建设规模由小到大依次递增。生态村、生态镇、生态区(县)等城镇化生态转型类型的本质是相同的,在当地的发展中因地制宜,注重生态要素与社会、经济要素的协调发展,在发展中注重生态环境指标的提升。不同城镇化生态转型类型的评估基本条件也从侧面反映了城镇化生态转型的评价指标。

1)生态村

生态村是运用生态经济学原理和系统工程的方法,从当地自然环境和资源条件实际出发，按生态规律进行生态农业的总体设计，合理安排农、林、牧、副、渔及工、商、服务等各业的比例，促进社会、经济、环境效益协调发展而建设和形成的一种具有高产、优质、低耗，结构合理，综合效益最佳的村级社会、经济和自然环境的复合生态系统或新型农村居民点。生态村的基本条件包括：制定服务区域环境规划总体要求的生态村建设规划，规划科学，布局合理，村容整洁，宅边路旁绿化，水清气洁；村民自觉遵守环保法律法规，具有自觉保护环境的意识，近三年没有发生环境污染事故和生态破坏事件；经济发展符合国家的产业政策和环保政策；有村规民约和环保宣传设施，倡导生态文明。

济南艾家村是国家首批公布的国家级生态村之一，同时是山东省"生态家园富民计划"的试点村，也是国家级生态旅游村。该村位于济南市南部山区，是一个以生态、度假、休闲为主题的民俗旅游村。艾家村农家乐，每家都有太阳能、沼气社、空调、彩电，各户按不同标准划分为三个星级，由区旅游局挂牌管理，能够容纳近百人就餐、住宿。游客可以亲自下地干农家活、到农家菜园里采摘新鲜的蔬菜。没有城市喧嚣，游客在这里可真正体验吃农家饭、干农家活、住农家院、享农家乐的乐趣。艾家村人利用依山傍水的自然条件和地理优势，打生态牌走上了富民路，形成了独具特色的竞争优势，在发掘环境经济含金量的同时，又促进了生态环境的进一步改善，形成了良性循环。对照社会主义新农村建设"生产发展、生活宽裕、乡风文明、村容整洁、管理民主"的要求，无论是在循环农业还是生态经济方面，艾家村的发展都自觉地契合了这一要求，这在一定程度上为建设社会主义新农村提供了有益的借鉴。

2）生态镇

生态镇是指以生态学和生态经济学原理为指导，以镇域可持续发展为目标，以生态规划、生态工程和生态管理为手段，协调社会、经济与环境三大要素，实现镇域内生态良性循环及社会、经济与环境全面、健康、持续、协调发展的乡镇。生态镇的基本条件包括：建立了乡镇环境保护工作机制，成立了以乡镇政府领导为组长、相关部门负责人为成员的乡镇环境保护工作领导小组，设置了专门的环境保护机构，建立了相应的工作制度；40%以上的行政村达到实际生态村建设标准，编制或修订了乡镇环境保护规划，并经县级人大或政府批准后组织实施一年以上；完成上级政府下达的主要污染物减排任务，认真贯彻执行环境保护政策和法律法规，乡镇辖区内无滥垦、滥伐、滥采、滥挖现象，近三年内未发生较大级别(III级以上)环境污染事件；基本农田得到有效保护；乡镇建成区布局合理，公共设施完善，环境状况良好；公众对环境状况的满意率≥95%。

十渡镇地处北京市房山区西南，属于全山区镇，其海拔落差较大，最高点大洼尖海拔为1210.8m，次高点牛角山海拔为1176.94m。最低点五渡(西关上村)海拔为135m。由于远离城市，没有任何工矿企业的污染，空气、水源质量良好，地理位置极佳。在北京西南部形成了一道靓丽的风景线——山清水秀的十渡风景名胜区，是华北地区唯一以岩溶峰林、峰丛、河谷地貌为特色的自然风景区。景区内生物资源丰富，植被的覆盖率达82%，是一个修身养性的好地方。十渡镇属于暖温带半湿润大陆性气候，冬暖夏凉，年平均气温为11.2℃，年平均降水量为687.5mm。这里气候宜人，水质状况良好，由于拒马河穿境而过，空气相对湿度大，大气质量优良，空气质量为一级标准。空气中负氧离子含量高，有"天然氧仓、自然空调"之称。十渡风景区2006年已经被确定为世界地质公园。

3) 生态区(县)

生态区(县)是经济社会和生态环境协调发展，各个领域基本符合可持续发展要求的县级行政区域，建立在生态得到有效建设、环境得到有效保护基础上的发展，是充分体现"以发展为第一要务、以人为本"的发展，是一种全面协调可持续的发展。生态区基本条件包括：县人民政府做出《关于建设生态县的决定》；制定《生态县建设规划》，并通过县人大审议颁布；成立生态县建设领导小组，下设办公室负责日常工作，环境保护执法机构健全；全县的乡镇达到国家或省级环境优美乡镇考核标准并获命名；完成上级政府下达的节能减排任务；生态环境质量评价优良，且连续三年不下降。

上海崇明区地处长江入海口，三面环江，一面临海，由崇明岛、长兴岛、横沙区岛三岛组成，具有独特的地理位置和自然资源。经过十几年的生态岛建设，崇明区重点聚焦环境保护、民生改善等领域，逐步弥补环境基础设施、公共服务配套、民生保障等一些领域的历史欠账，生态发展的基础日益坚实，"生态立岛"的理念深入人心。"生态+"战略即通过划定生态保护红线，提升林、水、湿地等生态资源比重，强化生态网络、生态节点建设及系统性生态修复工程等措施，不断厚植生态基础，在自然生态意义上做到世界级的水准。"生态+"战略即致力于提升人口活力，培育创新产业体系，提升全域风景品质等，在城乡发展、人居品质、资源利用等方面探索生态文明发展新路径，彰显生态价值。

4) 生态市

生态市是指建立在人类对人与自然关系更深刻认识的基础上的新的发展模式，是按照生态学原则建立起来的社会、经济、自然协调发展的新型社会关系，是有效地利用环境资源实现可持续发展的新的生产和生活方式。生态市的基本条件包括：制订《生态市建设规划》，并通过市人大审议、颁布实施；国家有关环境保护法律、法规、制度及地方颁布的各项环保规定、制度得到有效的贯彻执行；全市县级(含县级)以上政府(包括各类经济开发区)有独立的环保机构，将环境保护工作纳入县(含县级市)党委、政府领导班子实绩考核内容，并建立相应的考核机制；完成上级政府下达的节能减排任务；三年内无较大环境事件，群众反映的各类环境问题得到有效解决；外来入侵物种对生态环境未造成明显影响；生态环境质量评价指数在全省名列前茅；全市 80% 的县（含县级市）达到国家生态县建设指标并获命名；中心城市通过国家环保模范城市考核并获命名。

苏州市牢固树立"绿水青山就是金山银山"的发展理念，大力推进保护生态空间、发展绿色经济、改善环境质量、倡导生态生活、传播生态文化、推广绿色科技、健全生态制度"七大行动"，推动生态文明建设并取得了可喜成绩。苏州市实现了省生态文明建设工程年度考核"四连冠"，成为全国首个国家生态城市群，同时建成了首批国家生态园林城市。苏州采取的措施主要包括：构建了城镇化、农业、生态三大空间格局，确定优化开发、限制开发、禁止开发三类功能分区，建立了生态补偿机制；综合治理大气污染，整治燃煤锅炉，实施节能技改；加快植树造林，推动美丽乡镇、村庄建设；加大产业结构调整，坚持低碳、循环发展。

我国的城镇化生态转型的手段主要是政府驱动，群众参与度较低；主要转型途径包括建设生态村、生态区（县）、生态市及其几种形式的组合。在城镇化生态转型过程中，要注重各种不同景观的合理布局、生态环境的保护、社会的进步、经济的可持续发展及生态-社会-经济子系统的一体化发展。

2.3.4　城镇化生态转型趋势

本小节将通过梳理洛杉矶河生态系统修复等国外典型的比较成功的城镇化生态转型项目，归纳总结其主要建设内容，提炼城镇化生态转型的趋势。

1. 洛杉矶河生态系统修复项目

洛杉矶河从洛杉矶市的圣费尔南多河谷地区流入长滩港和太平洋，源流约 51 英里①。这条河向东、东南流经洛杉矶，北端沿线有伯班克和格伦代尔等城市，然后向南分别流经弗农、梅伍德、贝尔、南门、林伍德、康普顿、派拉蒙、卡森和长滩等城市。这条河的前 32 英里流经洛杉矶城，横穿 10 个区、20 个社区委员会和 10 个社区规划区。19 世纪和 20 世纪洛杉矶河为城市工业提供动力，并且扮演着交通要道的角色，持续创造着经济价值并保持经济增长。然而，大规模城市建设侵入了河流的洪泛区，最终不可避免地导致了洪水泛滥。20 世纪上半叶，许多家庭和企业被淹没；1914 年、1934 年和 1938 年爆发的灾难性洪水，促使美国陆军工程兵部队和洛杉矶县防洪区修建了用混凝土衬砌的河道，直到今天，这条长达 51 英里的河流绝大部分都是在混凝土河道里流淌的。

洛杉矶河流修复总体规划旨在将混凝土衬砌的水道恢复到自然状态，恢复河流的生态功能，绿化沿途居住区，抓住社区发展机遇，创造价值，制定基于洛杉矶河的社区规划体系制度，建立洛杉矶河管理体系。

---

① 1 英里=1609.344m。

在恢复河流生态功能方面采取的措施主要包括：增强蓄洪能力，从而降低洪水流速(12 英尺①/秒以内)，为植被的引入和定植创造条件；通过溪流汇入点的暴雨径流治理和暴雨排水口的"雨水处理台地"严控水质；通过台地、坡道、袖珍公园和池塘区等强化河道的可达性；恢复滨水生态系统。这些暴雨管理方针连同可持续建筑计划将有助于洛杉矶市提前实现其"绿色日程"。

绿化沿途居住区的主要措施包括：沿洛杉矶河建成连续的绿色走廊，作为整个城市的绿色骨架；通过"绿色街道"系统在居住区与洛杉矶河之间重新建立便捷的联系；在公园绿地不足的地区，征收未充分利用的土地或污染废弃地建设社区公共绿地，并在所有公共绿地推行暴雨管理措施；通过具有鲜明特征的桥和门及开展活动等强化洛杉矶河的整体统一性；沿河布置公共艺术作品。

在规划体系和管理方面采取的措施包括：制定基于洛杉矶河的社区规划体系制度，建立洛杉矶河流管理体系；建立一个新的洛杉矶河管理机构来取代原有的条块分割各自为政的管理体系；成立一个公司来指导与洛杉矶河相关的及居住区复兴项目的融资问题；成立一个慈善性的非营利的基金会，负责与洛杉矶河复兴相关的财产赠予、捐款、合作等事务。

在公众参与方面，总体规划的制定过程向全体洛杉矶人敞开，共举行了 18 次公开会议，以寻求公众对项目的理解和意见，并检验规划设想的公众支持度。

2. 德国汉堡港口新城开发

港口新城覆盖面积约为 157 万 hm^2，以稳定为持续的总体规划统领，渐进式规划编制与开发项目紧密衔接。建造规划是德国城市规划体系的核心要素，对城市空间生成、建设和管理具有很强的调控能力，在当代德国城市建设和管理实践中起着关键作用。港口新城总体规划"稳定"，不随意变动发展思路。但是在开发过程中，结合开发分期和具体项目分批编制，并在整体上呈现从西往东、从北往南覆盖的格局。港口新城在编及编制完成的规划包括1～15 号建造规划，这些规划的面积一般只有几公顷至十几公顷，以"补丁"的形式对城市设计总图进行渐进式覆盖。

设置"规划交接期"，使规划与实际建设项目有足够时间进行对接，形成令双方(开发者和城市)都满意的最优开发方案。一个开发者被选中并通过土地管理委员会的批准，不意味着直接取得该地块，而是获得该地块的排他性期权和规划权及义务，并进入一个交接期。在这个交接期中，开发者必须和城市一起贯穿整个过程：从组织地块设计方案竞标、方案讨论、编制建造规划到最终取得建筑许可。

绿色建筑和绿色交通理念。新建筑物大量使用太阳能电池板、燃料电池、热

---

① 1 英尺=0.3048m。

电联产机组和生物能源等，大幅度提高了节能减排效率。港口新城在规划时设计了高密度的步行道和自行车道，并且70%的步行和自行车道是与机动车道相分离的，使得步行或骑行的人能够穿行在广场、水岸和绿地中；通过车位限额的方式鼓励居民乘坐公交或骑自行车出行，通过推广绿色交通减轻汽车带来的污染和拥堵问题。

3. 英国贝丁顿零碳社区

英国贝丁顿社区采用一种零耗能开发系统，综合运用多种环境策略，减少能源、水和小汽车的使用，主要表现为三个方面：一是采用以减少小汽车交通为目标的"绿色交通规划"，为社区提供就业场所和服务设施、提供良好的公共交通联系。二是采用节约水资源的策略，即通过使用节水设备和利用雨水、中水，减少居民1/3的自来水消耗，并使社区废水经小规模社区污水处理系统就地处理，变成可循环利用的中水，在建造停车场时采用多孔渗水材料，以减少地表水流失。三是建造社区综合热电厂以提供能源，利用当地的废木料为燃料，并对社区建筑进行全面的节能设计，包括正南向充分利用日光、采用绝热性极佳的三层玻璃窗等。

4. 日本建立完善的循环经济法律体系

日本是循环经济立法最全面的国家，也是国际上较早建立循环经济法律体系的发达国家之一。其所有相关的法律基本原则是发动全社会力量，通过抑制自然资源的消费来减少对环境的影响，其精神则集中体现为"三个要素、一个目标"，即资源再利用、旧物品再利用、减少废弃物，最终实现"资源循环型"的社会目标。在日本，不仅分类别制定了资源再生利用的单项法规，而且还形成了具有很强现实性和前瞻性的循环经济法律体系。如今，日本实现了对生活垃圾的分类、回收和再利用，以及再循环工程，年产垃圾逐年减少，如冰箱、洗衣机、电视机、空调等废弃物的有用物质几乎百分之百得到了再循环、再利用，循环经济效果显现，从而极大地降低了资源的消耗率，提高了产业的附加值；缓解了经济发展对环境造成的压力；优化了人与自然的和谐关系，构建了循环经济战略体系，提高了全民保护环境的意识。

通过梳理国外案例大致可以看出，生态城市总的发展目标是实现人与自然的平衡，实现最大限度地节约能源、资源，保护自然生态环境与本地文化，建立有经济活力、社会公平和谐的新型城市。为实现这些目标，主要通过物质空间规划、生态技术应用、规划建设管理、经济社会发展调控管制等途径，全面推进生态城市建设。低碳、生态、绿色和宜居是城市转型的一个主要建设理念；在建设方式上包括大众参与、城乡交融。低碳强调应尽量减少 CO_2 的排放，甚至通过植物的光合作用吸收社会经济系统排放的碳，从而实现社区或者城市的零碳排放，如英国的贝丁顿零碳社区。"生态"追求自然与人之间的共生,实现城市"社会-经济-自然"复合生态系统整体协调,从而达到稳定有序状态;"绿色"不仅强调了绿地在城市中的占地面积,还强调了绿地的可达性;"宜居"是指具有良好的居住和空间环境、人文社会环境、生态与自然环境和清洁高效的生产环境的居住地。在城市过程中比较注重公众的参与和决策,强调法律法规的约束,加强城市和郊区的交融。

2.4　城镇化生态转型研究方法与进展

城镇化生态转型城市发展中非常重要的一个阶段。一方面,从现代化角度看,生态化发展实际上正是城镇化建设的重要理念,全面推进城镇化的生态发展可以为推进高质量、可持续城镇化提供强大的动力和保障;另一方面,城镇化生态转型符合生态文明发展规律,能给城镇化的建设过程带来更多的经济价值和社会价值。当前,城镇化生态转型的研究方法有自上而下和自下而上相结合的方法、宏观微观相综合的方法、总量管控与阈值调控相统筹的方法等。

2.4.1　城镇化生态转型研究方法

1. 投入-产出分析方法

投入-产出分析方法最早由美国经济学家里昂惕夫于 1936 年提出,通过编制投入-产出表及建立相应的数学模型刻画了经济系统中产品部门间的所有投入与产出关系,是一种自上而下的核算方法(Leontief, 1986)。投入产出分析以整个经济系统为边界,具有综合性和鲁棒性,且核算碳足迹所需的人力、物力资源较少(Wiedmann and Minx, 2008),适用于宏观系统的分析。投入-产出模型借助于简单的模型扩展,可简便地应用于环境问题分析。城市投入-产出效率的高低在很大程度上决定了该城市生态环境开发利用和保护成本,生态账户的自上而下投入-产出分析常被应用于城镇化的生态转型研究。

2. 环境效应评估的方法

生命周期评价(LCA)指分析一项产品在生产、使用、废弃及回收再利用等各阶段造成的环境影响,包括能源使用、资源消耗、污染物排放等(ISO, 2006)。生命周期评价是一种自下而上计算碳足迹的方法,分析结果具有针对性,适用于微观系统的碳足迹核算(Schmidt, 2009)。采用生命周期评价法核算碳足迹时需要考虑方法和数据两方面的不确定性。一方面,应选择合适的核算方法,包括建模方法的选择、资本商品的处理及土地利用变化的处理等,它们会对最终结果产生显著影响。另一方面,应确保数据质量达到 ISO 14044(ISO, 2006)和 PAS 2050(BSI,

2008)标准,包括准确性、代表性、一致性、可再现性、数据源及信息不确定性等。

3. 宏观与微观综合的方法

在宏观层面上,可计算的一般均衡(computable general equilibrium model, CGE)模型被广泛应用于城市层面的绿色发展研究。CGE 模型将国民经济体中商品的数量和价格用数字表示,并通过相应的均衡模型将不同部门内的所有商品、生产要素及价格联系起来,从而可被用来分析国民经济体从一个均衡过渡到另一个均衡时对各变量的影响情况。CGE 模型在城镇生态转型研究中得到了广泛应用,例如曲力力(2015)将混合型投入-产出模型(mixed-unit input-output, MUIO)与 CGE 模型有机结合,用于评估废物循环对城市物质代谢系统产生的资源环境效应,以及相关政策对此代谢效应产生的影响。

在微观层面上,居民消费活动和环境的关系经常被探讨(刘晶茹等,2003),核算消费活动引起的温室气体排放更是其中的热点。碳足迹核算结果具有重要意义:一是可以使消费者明确意识到自身的消费选择到底造成了多大的环境影响,促进居民的消费行为向可持续方向演变;二是可以用来辨识重要性高、对环境不友好的消费模式(Duarte et al., 2010),以帮助决策者有的放矢地制订措施来促进可持续消费和生产。

4. 总量管控与阈值调控相统筹的方法

1)重视碳减排总量控制

中国经济已进入高质量发展阶段,约束力较弱的碳强度目标是当前主要的碳排放控制指标,相比较而言,国家碳排放总量目标具有更强的约束力(卞勇和曾雪兰,2019)。按照效率性和公平性两大基本原则,可将国家碳排放下降目标分解到各省、自治区和直辖市,形成地区性碳排放总量控制目标(王荧,2015)。在此基础上,袁永娜等(2012)进一步利用可计算一般均衡模型评估了分解方案对地区经济发展的影响。

2)建筑环境标准、景观规划设计标准等相统筹

城市景观生态规划的意义在于营造良好的城市空间环境,以及建设高效、协调的城市生态系统,以实现城市的可持续发展。依据城市街区的空气环境和污染物扩散规律对城市建筑进行合理布局对改善街区空气环境、提高城市居民的生活品质至关重要(高政,2019)。将自然廊道体系纳入城市发展规划、开展城市绿地系统规划,可有效地阻止建成区摊大饼式发展所造成的生态恶化。

5. 社区生态管制的方法

国内部分城市借鉴了精明增长、增长管理、新城市主义等理论的思想,以强

化生态用地管制为核心，开展了大量规划研究与实践工作，例如深圳划定"基本生态控制线"、杭州市编制《杭州城市非建设用地控制规划研究》、北京市编制《北京市第二道绿化隔离地区规划》等（王峰，2009）。从具体的实施效果来看，生态管制较好地实现了城市经济社会快速发展与生态环境建设的协调统一。"管制社区"大多属于已建村落且位于城市建成区边缘，在快速城市化进程中，这种源于农村居民点的城市化，起始状态就是遍地开花，其内空间形态，特别是开发强度并不具有距离衰减等区位性差异特征（仝德等，2011）。"协调发展论"是关于管制地区发展模式的主流观点，持该种观点的学者认为社区已建立起一套与当地环境相适应的生活模式，其中一些传统的保护意识和行为对生物多样性的长远保护具有不可估量的作用，倡导采取小规模整治模式（Berkes et al.，2000；刘静等，2010），可建立社区发展和生态保护良性互动、协调发展的新模式。

2.4.2　城镇化生态转型分析模型

投入-产出体系中的多区域投入-产出（multiregional input-output, MRIO）模型能够对部门间及区域间的供应链进行定量刻画，这为研究污染性排放的地区分布与转移提供了可能。已有研究工作证明，基于环境扩展的 MRIO 方法是针对宏观尺度的理论上最合适的间接碳排放和足迹核算方法（Hertwich and Peters, 2009）。

DEA 法被广泛应用于测算区域发展效率。宁爱凤和刘友兆（2013）利用 DEA 法对城市农业生产效率进行定量比较分析，强调了耕地保护财政转移支付的必要性，提出农用地可持续利用的区别对策。王兵和侯冰清（2017）基于 DEA-全局生产边界-Malmquist 指数模型的测算结果提出中国的绿色发展要想取得新突破，应着重环境效应的提升，同时在技术进步的驱动模式下，加强效率改善力度。

CGE 模型常被应用于政策分析，孙文博（2014）应用该模型对中国绿色增长的政策情境进行模拟，为中国绿色增长政策的制定提供借鉴与参考；张楠（2018）则围绕生态文明建设，运用静态 CGE 模型进行模拟分析，提议对超出生态承载能力的价值进行核算和补偿，促进增长动能转换和绿色经济发展，进而为实现生态文明奠定基础。

针对城镇化进程的生态风险，方创琳和乔标（2005）以干旱区河西走廊为例，分析了未来 30 年水资源约束下的城市经济发展总量及其对应的城市化阈值；刘珍环等（2013）则基于截面数据进行统计分析，构建阈值判定方法，选择深圳市为案例研究区，研究快速城市化地区的河流水质退化的景观阈值水平。

对于区域的绿色发展评估，屈小娥和曹珂（2013）首次将民生指标纳入，并用居民收入和恩格尔系数来表征，构建了以低碳产出、低碳排放、低碳消费、低碳资源、人民生活水平为一级指标的多层次指标体系，应用于陕西省低碳经济发展水平评价；孙瑞玲等（2019）则从经济发展、资源消耗、环境损害、生态效益四个方面，建立小尺度空间绿色发展评价指标体系，对城市小尺度空间的绿色发展水平进行合理测度及特征分析。

对于绩效评估模型的使用，彭乾等(2016)根据 PSR 模型、系统动力学模型和情景仿真模拟情景分析，评估了天津不同发展情景下的环境绩效水平；郑能达(2019)以闽、赣、粤 41 个设区市为例，对地方政府绿色发展绩效评估的体系、方法和应用进行研究。

2.4.3　城镇化生态转型评价指标

可将生态转型指标作为度量标准，评价、监测区域城镇化过程中的生态化及生态转型水平。初期城市发展着眼于经济，传统粗放的经济发展会使资源利用效率较低、不可持续等，从而导致资源数量进展、人与自然矛盾等突出问题。这就要求我们在关注城镇化进程的同时，也要注重区域的生态环境质量，生态转型是区域发展的必然阶段。生态转型指标可用来表征城市生态转型的演化过程，可用来进行评估、监测、管理，为城市管理决策提供科学依据。

目前，关于生态转型指标的研究有很多，城市是个复杂的"社会-经济-生态"系统，表征城镇化生态转型的指标涉及经济建设、社会发展、人为发展、生态环境、资源资产等方面。用决策单元的投入-产出关系表征的生产效率来表示城镇化生态转型过程。根据投入、产出指标的数量，可以大体将其归结为三类：单投入单产出类型、多投入单产出类型和多投入多产出类型。①单投入单产出类型：直接用商的形式表示生产过程的投入-产出关系。这是最直接的生态转型指标。例如"单位能源的 GDP"表示单位能源消耗的产值，其值越高表示能源利用效率越高。再如"单位污染排放物的 GDP"表示单位污染排放物可创造的经济产出，其值越大表示效率越高；相反地，"单位 GDP 的污染排放物"表示单位经济产出需要的污染排放物成本，其值越高表示效率越低。②多投入单产出类型：利用多种投入-产出指标和某一个产出指标，基于计量经济学、数学等方法计算效率值。当前研究中该类生态转型指标中多考虑单一的经济期望指标为产出指标测算效率。例如，以能源、土地、劳动力、资本等基本生产要素作为投入指标，区域经济产出作为产出指标，可构成"全要素投入-产出效率"的投入-产出指标，其值越高表示效率越高。③多投入多产出类型：利用多种投入-产出指标和多种产出指标，基于计量经济学、数学等方法计算效率值。该类效率指标的产出指标包括多个期望产出和非期望产出，例如引进二氧化碳等温室气体排放量、二氧化硫及污水等环境污染物排放量等非期望产出指标，相应的生态转型指标为"碳排放效率"及"环境效率"。

关于对生态转型指标的测算，目前主要包括两种代表性方法：DEA 法和 SFA 法。DEA 法是一种效率测算的非参数方法。DEA 模型是数理学科中运筹学和经济管理学交互作用、相互促进而成的。其最早于 20 世纪 70 年代由美国数学家构建而成(Charnes et al., 1979)，其原理是通过优化思想产生最优的投入-产出组合，即用最小的投入产生最大的产出，这些最优的投入-产出决策单元会组成 DEA 最优生产前沿面。每组投入-产出指标都会形成决策单元(decision making units, DUM)，当这些决策单元进入 DEA 模型中进行运算时，会投影到最优的生产前沿面上，通过测算该决策单元到最优生产前沿面的距离来评价其效率值，即当决策单元与最优决策单元面距离较近时，其效率值相对较高；当决策单元偏离 DEA 最优生产前沿面越远时，其效率值就越低。CCR 模型是 DEA 模型的一种，可以用来判定决策单元是否同时达到技术有效和规模有效，也是衡量区域整体效率的有效方法(Charnes et al., 1979)。但当技术投入或者规模因素引起决策单元 DEA 无效时，CCR 模型就不适合用来评估综合效率，此时对 CCR 模型进行改进，就得到 DEA 模型的另一种 BCC 模型。BBC 模型可评价决策单元的技术效率，即当决策单元技术效率有效时，其规模效率和综合效率却不一定有效；反之，若决策单元规模效率有效时，其技术效率也不一定有效(Banker et al., 1984)。故需要综合考虑 CCR 模型和 BCC 模型来评估决策单元的综合效率、规模效率和技术效率。SFA 法是利用前沿生产函数(frontier production function)进行效率估计的一种方法。前沿生产函数反映了在具体的技术条件和给定的生产要素的组合下，决策单元各种投入组合与最大产出量之间的函数关系，通多比较各决策单元实际产出与理想最优产出之间的差距可以反映决策单元的效率。传统的生产函数只反映样本各种投入因素与平均产出之间的关系，称为平均生产函数。1957 年法瑞尔在研究生产有效性问题时开创性地提出了"前沿生产函数"的概念。对既定的投入因素进行最佳组合，计算所能达到的最优产出，类似经济学中的"帕累托最优"，将其称为前沿面。但是这样的前沿面是理想状态下的生产关系，现实中很难达到这一状态。随机前沿生产函数是参数化方法，主要考虑随机扰动项。通常，随机扰动项可以分为随机误差项和技术损失误差项。其中，随机误差项指的是决策单元不能控制的影响因素，具有随机性，用以表示决策单元的系统无效率；技术损失误差项是决策单元可以控制的影响因素，可以表示决策单元的技术无效率。

综上，关于生态转型指标的研究诸多，转型指标多样，方法较完善，可以采用科学的生态指标测算方法评价城镇化生态转型过程，从而为城市生态转型、城市生态管理提供科学的决策支撑。

2.4.4　城镇化生态转型研究进展

为了总结城市转型的研究进展，本书利用 CiteSpace 软件分析了国内外 1985~2020 年的关于城市转型的关键词的变化情况(图 2-3，图 2-4)。首先，基于 Web of Science 数据库，以"urban transformation"和"urban transition"为主题词，检索到了 972 篇 SCI/SSCI 文章；与外文文章搜索策略不同的是，基于中国知网（CNKI）数据库，以"城市转型"为主题词，下载了以 5 年为周期引用率最高的 200 篇文章建立了城市转型中文数据库。为了确保文献的有效性和被认可性，本节设置了

(a) 2000年之前　　　　(b) 2001~2005年　　　　(c) 2006~2010年

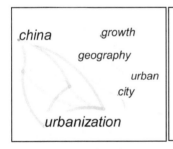 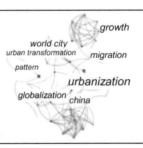

(d) 2011~2015年　　　　(e) 2016~2020年

图 2-3　基于 CNKI 提取的 1990～2020 年城市转型相关文献的主要关键词

(a) 2000年之前　　　　(b) 2001~2005年　　　　(c) 2006~2010年

(d) 2011~2015年　　　　(e) 2016~2020年

图 2-4　基于 Web of Science 提取的 1990～2020 年城市转型相关文献的主要关键词

每 5 年被引用率排在前 50 的有效文献作为分析阈值,利用 CiteSpace 软件,以关键词为索引生成关键词共现图谱,并对其中的主要研究内容和方法进行总结,提炼城市转型研究领域各个时期的研究重点。

2000 年之前,提取出来的关于城市转型研究的核心关键词较少,主要包括"城市转型""经济转型""社会转型""中国",这一阶段主要关注:城市形态的转型,如土地利用、交通和城市天际线等由于城市发展而发生的变化;国际事件(奥林匹克运动会)、国家政策和自由经济对城市转型的影响及城市转型理论和发展模式。2001~2005 年出现了城市化转型这一核心关键词,并且随着城市、经济的快速发展及人们环保意识的逐步增强,人们对城市的研究开始关注"全球化""人口迁移"等对城市转型的作用、资源型城市的产业转型,以及如何实现城市的可持续发展等内容;2006~2010 年土耳其和中国的城市是主要研究对象,研究的关键词未发生大的变化,但较以前更加系统、条理;2011~2015 年新增了"管理""城市规划""政策"等关键词;2016~2020 年"政策""经济转型""管理"等仍是城市转型主要关注的方面。从关于城市化转型研究的学术论文的关键词演变来看,有以下几个特点:中国和土耳其等发展中国家的城市是城市化转型的主要研究对象,主要由于发展中国家城市化进程较快,城市问题突出;如何实现资源型城市的转型是热点议题;开始阶段,学者主要关注城市的经济转型、社会转型等方面,随着城市环境问题的加重,城市的生态环境及可持续发展(生态转型)越来越受到学者的关注;城市规划和政府管理成了城市转型的主要调控手段之一。

参 考 文 献

卞勇, 曾雪兰. 2019. 基于三部门划分的能源碳排放总量目标地区分解. 中国人口·资源与环境, 29(10): 106-114.

曹瑾, 唐志强. 2015. 国外生态城市理论与实践研究进展及启示. 经济研究导刊, (11): 104-107.

陈勇. 2001. 哈利法克斯生态城开发模式及规划. 国外城市规划, (3): 1, 39-42.

丛澜, 徐威. 2003. 创建省级绿色社区的思路及评价指标体系研究. 福建环境, 20(5): 43-47.

方创琳, 乔标. 2005. 水资源约束下西北干旱区城市经济发展与城市化阈值. 生态学报, 25(9): 2413-2422.

付琳, 杨秀, 狄洲. 2020. 我国低碳社区试点建设的做法、经验、挑战与建议. 环境保护, 48(22): 62-66.

付琳, 张东雨, 杨秀. 2019. 低碳社区评价指标体系研究. 环境保护, 47(15): 39-46.

高喜红, 梁伟仪. 2012. 国外生态社区能源及技术开发对我国的启示. 城市发展研究, 19(3): 66-70.

高政. 2019. 三维城市建筑布局下街谷风环境与污染物扩散的研究. 长春: 吉林建筑大学.

顾朝林. 2009. 气候变化与低碳城市规划. 南京: 东南大学出版社.

郭永龙, 武强. 2002. 绿色社区的理念及其创建. 环境保护, (9): 37-38.

何璇, 毛惠萍, 牛冬杰, 等. 2013. 生态规划及其相关概念演变和关系辨析. 应用生态学报, 24(8): 2360-2368.

何媛. 2011. 节能双城记之瑞典哈马碧全球生态社区的典范. 房地产导刊, (3): 78-79.

黄辞海, 白光润. 2003. 居住生态社区的内涵及其指标体系初探. 人文地理, 18(1): 53-56.

黄光宇, 陈勇, 田玲, 等. 1999. 生态规划方法在城市规划中的应用: 以广州科学城为例. 城市规划, (6): 47-50, 63.

黄光宇, 陈勇. 1999. 论生态城市化与生态城市. 城市环境与城市生态, 12(6): 28-31.

黄瑛, 龙国英. 2003. 建构公众参与城市规划机制. 规划师, (3): 56-59.

黄肇义, 杨东援. 2001. 国内外生态城市理论研究综述. 城市规划, 25(1): 59-66.

金云峰, 杜伊, 陈光. 2015. 新型城镇化进程中新区规划建设"生态转型"研究. 中国城市林业, 13(3): 1-5.

李锋, 王如松. 2004. 城市绿色空间生态服务功能研究进展. 应用生态学报, 15(3): 527-531.

李海峰, 李江华. 2003. 日本在循环社会和生态城市建设上的实践. 自然资源学报, 18(2): 252-256.

李玲, 仇方道, 朱传耿, 等. 2012. 城市发展转型研究进展及展望. 地域研究与开发, 31(2): 45-48, 72.

李亚男. 2014. 低碳社区建设评价体系研究. 北京: 北京交通大学.

梁志秋. 2012. 中国的生态社区建设如何吸取哈默比湖城垃圾分类收运的经验. 房地产导刊, (11): 112-113.

刘耕源, 杨志峰, 陈彬. 2013. 基于能值分析方法的城市代谢过程——案例研究. 生态学报, 33(16): 5078-5089.

刘晶茹, 如松, 杨建新. 2003. 可持续发展研究新方向: 家庭可持续消费研究. 中国人口·资源与环境, 13(1): 8-10.

刘静, 欧阳志云, 苗鸿, 等. 2010. 自然保护区与周边社区的可持续发展. 中国人口·资源与环境, 20(8): 109-114.

刘龙志, 吴昊, 马宏伟, 等. 2019. 润玉园生态社区中的雨洪管理策略和设计. 中国给水排水, 35(12): 65-70.

刘思华. 2013. 论新型工业化、城镇化道路的生态化转型发展. 毛泽东邓小平理论研究, (7): 8-13, 91.

刘珍环, 李正国, 杨鹏, 等. 2013. 城市景观组分影响水质退化的阈值研究. 生态学报, 33(2): 586-594.

马交国, 杨永春, 刘峰. 2006. 国外生态城市建设经验及其对中国的启示. 国外城市规划, 21(2): 61-66.

马世骏, 王如松. 1984. 社会-经济-自然复合生态系统. 生态学报, 4(1): 3-11.

宁爱凤, 刘友兆. 2013. 城市化进程中农业生产效率研究——基于粮食生产的视角. 资源科学, 35(6): 1174-1183.

宁艳, 胡广林. 2006. 城市居民行为模式与城市绿地结构. 中国园林, (10): 51-53.

宁艳杰. 2006. 城市生态住区基本理论构建及评价指标体系研究. 北京: 北京林业大学.

彭乾, 邵超峰, 鞠美庭. 2016. 基于 PSR 模型和系统动力学的城市环境绩效动态评估研究. 地理与地理信息科学, 32(3): 121-126.

曲力力. 2015. 城市典型废物循环利用的资源环境效应分析模型及应用. 北京: 清华大学.

屈小娥, 曹珂. 2013. 陕西省低碳经济发展水平评价研究. 干旱区资源与环境, 27(2): 30-35.

沈清基, 汪鸣鸣. 2011. 生态环境承载力视角下的低碳生态城市规划. 北京规划建设, (2): 11-13.

沈清基. 1998. 城市生态与城市环境. 上海: 同济大学出版社: 52-55.

沈清基. 2003. 生态住区社会生态关系思考. 城市规划汇刊, (3): 11-15.

沈清基. 2011. 城市生态环境: 原理、方法与优化. 北京: 中国建筑工业出版社.

孙瑞玲, 吴杰, 秦洁琼, 等. 2019. 小尺度空间绿色发展分布特征研究——以南京市辖区为例. 生态经济, 35(8): 97-103.

孙文博. 2014. 基于 CGE 模型的中国绿色增长政策模拟研究. 大连: 大连理工大学.

唐孝炎, 王如松, 宋豫秦. 2005. 我国典型城市生态问题的现状与对策. 国土资源, (5): 3, 4-9.

仝德, 冯长春, 邓金杰. 2011. 城中村空间形态的演化特征及原因——以深圳特区为例. 地理研究, 30(3): 437-446.

王兵, 侯冰清. 2017. 中国区域绿色发展绩效实证研究: 1998—2013——基于全局非径向方向性距离函数. 中国地质大学学报(社会科学版), 17(6): 24-40.

王芳. 2013. 以全面生态化转型推进新型城镇化. 环境保护, 41(23): 29-31.

王峰. 2009. 我国城市空间增长边界(UGB)研究初探. 西安: 西安建筑科技大学.

王如松. 2003. 资源、环境与产业转型的复合生态管理. 系统工程理论与实践, (2): 125-132, 138.

王如松, 李锋, 韩宝龙, 等. 2014. 城市复合生态及生态空间管理. 生态学报, 34(1): 1-11.

王如松, 李锋. 2006. 论城市生态管理. 中国城市林业, 4(2): 8-13.

王如松, 欧阳志云. 1996. 天城合一: 山水城建设的人类生态学原理. 现代城市研究, (1): 13-17.

王祥荣. 2001. 论生态城市建设的理论、途径与措施: 以上海为例. 复旦学报: 自然科学版, 40(4): 349-354.

王荧. 2015. 兼顾效率与公平的碳排放额分配的 DEA 建模与运用. 资源科学, 37(7): 1434-1443.

吴良镛. 2001. 人居环境科学导论. 北京: 中国建筑工业出版社.

吴琼, 王如松, 李宏卿, 等. 2005. 生态城市指标体系与评价方法. 生态学报, 25(8): 2090-2095.

吴晓林. 2012. 中国城市社区建设研究述评(2000—2010 年)——以 CSSCI 检索论文为主要研究对象. 公共管理学报, 9(1): 111-120, 128.

肖林. 2011. "'社区'研究"与"社区研究"——近年来我国城市社区研究述评. 社会学研究, 26(4): 185-208, 246.

谢汉忠. 2010. 珠海市城市生态环境管理模式分析. 长春: 吉林大学.

阎一峰, 张秀荣. 2013. 中国资源开发利用政策的若干问题思考. 中国人口·资源与环境, 23(S1): 38-41.

杨荣金, 傅伯杰, 刘国华, 等. 2004. 生态系统可持续管理的原理和方法. 生态学杂志, 23(3): 103-108.

杨芸, 祝龙彪. 1999. 建设生态社区的若干思考. 重庆环境科学, (5): 18-21.

余猛, 吕斌. 2010. 低碳经济与城市规划变革. 中国人口·资源与环境, 20(7): 20-24.

袁永娜, 石敏俊, 李娜, 等. 2012. 碳排放许可的强度分配标准与中国区域经济协调发展——基于 30 省区 CGE 模型的分析. 气候变化研究进展, 8(1): 60-67.

张楠. 2018. 基于 CGE 模型的生态赤字税政策效应研究——以江苏省为例. 上海: 上海师范大学.

张泉, 叶兴平. 2009. 城市生态规划研究动态与展望. 城市规划, 33(7): 51-58.

张涛. 2008. 生态社区及社区生态文化建设初探. 甘肃科技纵横, (5): 6.

张莹. 2010. 关于我国生态社区构建的研究. 内蒙古农业大学学报: 社会科学版, 12(2): 272-273, 282.

张泽阳, 李锋, 徐翀崎, 等. 2017. 城市复合生态适应性管理方法研究——以广州市增城区为例. 环境保护科学, 43(1): 105-110.

赵清, 张珞平, 陈宗团, 等. 2007. 生态城市理论研究述评. 生态经济, (5): 155-159.

赵清. 2013. 生态社区理论研究综述. 生态经济, (7): 29-32.

赵永宏, 邓祥征, 战金艳, 等. 2010. 我国湖泊富营养化防治与控制策略研究进展. 环境科学与技术, 33(3): 92-98.

郑俊敏. 2012. 生态社区建设思路、模式及对策研究: 以广州市为例. 生态环境学报, 21(12): 2050-2056.

郑能达. 2019. 地方政府绿色发展绩效评估研究——以闽赣粤 41 个设区市为例. 福州: 福建农林大学.

周传斌, 戴欣, 王如松. 2010. 城市生态社区的评价指标体系及建设策略. 现代城市研究, 25(12): 11-15.

Ali H H, Al Nsairat S F. 2009. Developing a green building assessment tool for developing countries-case of Jordan. Building and Environment, 44(5): 1053-1064.

Banker R D, Charnes A, Cooper W W. 1984. Some models for estimating technical and scale inefficiencies in data envelopment analysis. Management Science, 30(9): 1078-1092.

Berkes F, Colding J, Folke C. 2000. Rediscovery of traditional ecological knowledge as adaptive management. Ecological Applications, 10(5): 1251-1262.

BSI. 2008. Specification for the Assessment of the Life Cycle Greenhouse Gas Emissions of Goods and Service (PAS 2050). London: British Standards Institution.

Cervero R. 2007. Transit oriented development's ridership bonus: a product of self selection and public policies. Environment and Planning A, 39(9): 2068-2085.

Chan S L, Huang S L. 2004. A systems approach for the development of a sustainable community-the application of the sensitivity model (SM). Journal of Environmental Management, 72(3): 133-147.

Charnes A, Cooper W W, Rhodes E. 1979. Measuring the efficiency of decision making units. European Journal of Operational Research, 3(4): 339.

Chen S, Jefferson G H, Zhang J. 2011. Structural change, productivity growth and industrial transformation in China. China Economic Review, 22(1): 133-150.

Chen S. 2015. The evaluation indicator of ecological development transition in China's regional economy. Ecological Indicators, 51: 42-52.

De Jong M, Joss S, Schraven D, et al. 2015. Sustainable–smart–resilient–low carbon–eco–knowledge cities; making sense of a multitude of concepts promoting sustainable urbanization. Journal of Cleaner Production, 109: 25-38.

Deng X, Bai X. 2014. Sustainable urbanization in western China. Environment, 56(3): 12-24.

Deng X, Huang J, Rozelle S, et al. 2008. Growth, population and industrialization, and urban land expansion of China. Journal of Urban Economics, 63(1): 96-115.

Deng X, Huang J, Rozelle S, et al. 2010. Economic growth and the expansion of urban land in China. Urban Studies, 47(4): 813-843.

Duarte R, Mainar A, Sánchez-Chóliz J. 2010. The impact of household consumption patterns on emissions in Spain. Energy Economics, 32(1): 176-185.

Forkes J. 2007. Nitrogen balance for the urban food metabolism of Toronto, Canada. Resources Conservation and Recycling, 52(1): 74-94.

Han Y, Dai L M, Zhao X F, et al. 2008. Construction and application of an assessment index system for evaluating the eco-community's sustainability. Journal of Forestry Research, 19(2): 154-158.

Hertwich E G, Peters G P. 2009. Carbon footprint of nations: a global, trade-linked analysis. Environmental Science and Technology, 43(16): 6414-6420.

ISO. 2006. Environmental Management-Life Cycle Assessment: Principles and Framework(ISO 14040). Geneva: International Organization for Standardization.

Jiang L, Deng X, Seto K. 2013. The impact of urban expansion on agricultural land use intensity in China. Land Use Policy, 35: 33-39.

Leontief W. 1986. Input-Output Economic. New York: Oxford University Press.

Liu J, Wang R, Yang J. 2009. Environment consumption patterns of Chinese urban households and their policy implications. International Journal of Sustainable Development and World Ecology, 16(1): 9-14.

Maliene V, Howe J, Malys N. 2008. Sustainable communities: affordable housing and socio-economic relations. Local Economy, 23(4): 267-276.

McDonald S, Malys N, Maliene V. 2009. Urban regeneration for sustainable communities: a case study. Technologic and Economic Development of Economy, 15(1): 49-59.

Roseland M. 1997. Dimensions of the eco-city. Cities, 14(4): 197-202.

Schmidt H. 2009. Carbon footprinting, labelling and life cycle assessment. The International Journal of Life Cycle Assessment, 14(1): 6-9.

Su M R, Chen L, Chen B, et al. 2012. Low-carbon development patterns: observations of typical Chinese cities. Energies, 5(2): 291-304.

Teng Y, Li X. 2007. Preliminary research on sustainable developmental assessment index system for urban eco-communities. Environmental Science and Management, 32(3): 185-188.

Walmsley A. 1995. Greenways and the making of urban form. Landscape and Urban Planning,

33 (1-3): 81-127.

Wang Z, Deng X, Wang P, et al. 2017. Ecological intercorrelation in urban-rural development: an eco-city of China. Journal of Cleaner Production, 163: S28-S41.

White R. 2002. Building the Ecological City. Cambridge, UK: Woodhead.

Wiedmann T, Minx J. 2008. A definition of "carbon footprint"// Pertsova C C. Ecological Economics Research Trends. New York: Nova Science Publishers.

Yanitsky O. 1987. Social problem of Man's environment. The City and Ecology, (1): 174.

Yuan W, James P, Hodgson K, et al. 2003. Development of sustainability indicators by communities in China: a case study of Chongming County, Shanghai. Journal of Environmental Management, 68 (3): 253-261.

Zaman A U, Lehmann S. 2013. The zero waste index: a performance measurement tool for waste management systems in a 'zero waste city'. Journal of Cleaner Production, 50: 123-132.

Zhang Q, Wallace J, Deng X, et al. 2014. Central versus local states: which matters more in affecting China's urban growth? Land Use Policy, 38: 487-496.

Zhou J F, Zeng G M, Jiao S, et al. 2005. On uncertainties of indicating system for eco-environmental evaluation of residential communities. Journal of Safety and Environment, 5 (2): 24-27.

第3章 京津冀地区城镇化生态转型

3.1 京津冀地区城镇化生态转型现状及趋势

京津冀地区位于东北亚环渤海心脏地带——华北平原（36°05′～42°37′N，113°11′～119°45′E），是中国北方地区经济规模最大和最具有活力的地区，在京津冀协同发展过程中，亟须推进城镇化生态转型，走一条与生态环境保护需求相适应的可持续的新型城镇化发展模式。该地区由"首都经济圈"的概念发展而来，共包括北京市、天津市和河北省的 11 个城市。总面积 21.8 万 km²，其中北京市占 7.6%，天津市占 5.5%，河北省占 86.9%。2009 年人口已超过 1 亿(Chu et al., 2017)。京津冀地区属于温带大陆性季风气候，年日照时数约 2303 小时，全年无霜期为 81～204 天，年平均降水量为 484.5mm。区内地势西北高、东南低，自然资源品种多、储量大，水、土地、矿产、生物、湿地、地热等资源均相对丰富。仅北京市已发现 67 种矿，476 处矿床、矿点产地。河北省煤炭、石油、天然气、地热资源比较丰富，已探明煤储量 150 亿 t 以上、石油 27 亿 t 以上、天然气 1800 亿 m³，已探明的地热资源总量相当于 418.91 亿 t 标准煤。天津市除矿产资源外，海洋资源也相当丰富。

十八大以来，以习近平同志为核心的党中央提出了京津冀协同发展战略，主要目的是有序疏解北京的非首都功能、加强顶层设计。从 1988 年开始，北京市就有意识地开始了与河北省的区域经济合作：1996 年建立了以京津为核心区的"首都经济圈"；2005 年京津冀地区的经济合作大面积展开；2011 年"十二五"强调"打造首都经济圈"；2013 年习近平总书记在发表讲话时，多次提出鼓励京津冀协同发展。2015 年国家发布了《京津冀协同发展规划纲要》；2017 年 4 月中共中央、国务院印发通知，决定设立河北雄安新区，雄安新区地处北京、天津、保定腹地，旨在集中疏解北京非首都功能，调整优化京津冀地区的城市布局和空间结构，促进京津冀协同一体化发展，助力城镇化生态转型。

京津冀地区作为我国经济发展的重要区域，经济发展既快速又稳定，综合实力不断提升，人民生活的各方面都发生了巨大变化，城市生态转型工作推进明显。2020 年京津冀地区的 GDP 总量已达 86393.17 亿元,同比增长 2.14%,增速较 2019 年上升了 2.8%，占全国 GDP 总量的 8.5%，该区的综合实力仍处于不断增强的趋势。2020 年北京市、天津市、河北省的 GDP 总量分别为 36102.55 亿元、14083.73 亿元和 36206.89 亿元，分别约占京津冀地区 GDP 总量的 41.79%、16.30%和

41.91%。长期以来，经济增长方式的转变明显提高了京津冀地区经济增长的质量和效益。2020 年京津冀地区社会消费品零售总额为 30004.3 亿元，虽然比 2019 年下降了 7.01%，但仍占全国的 7.65%。在外贸进出口方面，2020 年该区经营单位所在地进出口总额达 5072.70 亿美元。

近年来京津冀地区城镇化水平不断提高，但是在城镇化快速发展过程中，出现了一系列区域性的生态环境问题，这也是京津冀协同发展面临的最大瓶颈和制约因素。以往粗放型的城镇化发展模式对生态环境造成了严重的破坏。在推动京津冀新型城镇化过程中，应将生态发展理念融入城镇化建设的各个方面。因此，有必要对京津冀地区城镇化的生态环境影响进行测度研究，识别其环境影响因素，进而提出推动京津冀地区城镇化生态转型的对策建议，这对于优化京津冀空间发展策略、推进京津冀协同发展具有一定的现实意义和理论支持。

本章以京津冀地区的碳排放作为城镇化转型过程的主要表征指标，从消费的角度探究居民消费的碳排放量变化及影响因素，可为消费端的碳减排工作提供政策依据；同时，从生产的角度测算产业部门的碳排放效率及碳减排空间，可为产业转型及碳减排策略提供重要参考。

3.2　居民消费碳排放测算及影响分析

近几十年来，关于环境与经济发展之间关系的研究成为探索气候变化解决方案和解决一系列环境问题的焦点。随着现代化的发展，城市化对碳排放产生了重大影响。2020 年，我国常住人口城镇化率达 63.89%，城市数量达 687 个，已成为全球最大的能源消费和二氧化碳排放国。2012 年中国的国家能源消耗标准煤当量达到 36.2 亿 t，约占全球能源消耗的 20%。2020 年能源消费总量为 49.8 亿 t 标准煤，比 2019 年增长 2.2%。目前，中国承受着解决环境污染和碳排放问题的巨大压力。政府正在积极探索减少中国污染和碳排放的战略和措施，"十二五"和"十三五"规划都强调了节能减碳的重要性。迄今为止，学者主要关注工业部门在生产过程中的碳排放评估及分析。同样地，中国的能源消费政策主要针对供应方的工业流程。事实上，居民消费是大部分生产活动的原始驱动力。城镇化进程日益加速，人民生活水平不断提升，自 20 世纪 90 年代以来，一些发达国家的居民能源消耗已经超过了工业部门，城乡居民消费逐渐成为区域碳排放的重要来源（汪臻，2012）。随着中国刺激消费和拉动内需政策的进一步实施，我国未来居民消费模式变化引起的能源消耗数量和结构变化必将对碳排放产生越来越重要的影响（范建双，2018）。因此，核算居民消费的碳排放并分析其影响因素，对协助制定减少碳排放政策至关重要。

在京津冀协同发展与城镇化进程背景下，城镇化生态转型对地区发展提出了新的要求。农村人口城镇化对提高居民消费具有重要推动作用，进而可能引致居民生活能源消费碳排放的增长(曹翔，2021)。城市居民的生活消费与农村居民消费存在很大差距，研究城乡居民消费的间接碳排放问题势在必行(范建双，2018)。目前，关于研究居民消费碳排放的方法已初步进入成熟阶段，基于投入-产出模型的混合生命周期法和结构分解分析法已经得到验证。研究京津冀地区城乡居民消费的碳排放问题，有利于进一步挖掘地区的碳减排潜力，提升区域碳减排绩效，应对京津冀协同发展过程中的生态环境问题，并为政府部门在居民消费领域制定碳减排政策提供科学依据(邓荣荣，2016)。

基于实地调查和地区投入-产出数据，本节运用 HLCA 法对京津冀地区2002～2012 年城乡居民消费的完全碳排放开展实证分析，解析了城乡居民消费间接碳排放特征；利用 SDA 法探究了居民消费间接碳排放变化的主要影响因素，辨析了产业生产技术水平、经济内在结构、消费结构、消费水平和人口规模五项影响因素对城乡居民消费间接碳排放影响的作用机制。

3.2.1　居民消费碳排放测算模型

居民消费导致的碳排放包括直接碳排放和间接碳排放。直接碳排放是城市和农村在日常生活中因直接消耗能源商品等产生的，例如居民生活中炊事、烧水、取暖等直接消耗化石燃料产生的碳排放。相应地，间接碳排放是由居民消费非能源商品或服务间接导致的，碳排放会发生在这些产品的生产过程中(Tukker and Jansen，2009)，也就是本节计算的居民消费间接碳排放(朱勤，2011)。另外，本节计算的碳排放量指的是二氧化碳的排放量。

1. 基于投入-产出的混合生命周期法

20 世纪 30 年代，美国经济学家里昂惕夫提出投入-产出分析方法。该方法最开始是为了解决经济系统中各要素之间投入与产出的依存关系。20 世纪 60 年代，投入-产出分析方法广泛应用于经济发展、环境影响及能源等领域。

基于投入-产出模型编制的投入-产出表，是国民经济核算中的重要工具，主要通过矩阵的形式来揭示国民经济各部门在一定时期内的投入-产出关系及复杂的经济技术联系(王文秀，2010)。投入-产出表作为投入-产出分析的重要部分，其基本表式都包括 I、II、III 象限(表 3-1)。表中的投入是指各部门在生产物品和服务过程中的各种投入，包括中间投入和最初投入，两者之和就是总投入。中间投入又称中间消耗，是指国民经济各部门在生产经营过程中所耗用的各种原材料、燃料、动力及各种服务的价值。最初投入是指增加值各要素的投入，包括固定资产折旧、劳动者报酬、生产税净值和营业盈余。投入-产出表中的产出是指各部门的产出及使用去向，包括中间使用和最终使用，两者之和为总产出。中间使用是指国民经济各部门所生产的产品被用于中间消耗的部分。最终使用是指国民经济各部门所生产的产品被用于最终消费、投资和出口的部分。

表 3-1　投入-产出表基本表式

		中间使用				最终使用、总产出
		部门 1	部门 2	部门 3	…… 部门 n	
中间投入	部门 1 部门 2 部门 3 …… 部门 n			I		II
增加值	固定资产折旧 劳动者报酬 生产税净额 营业盈余			III		
总投入						

LCA 法是一种评价产品、工艺或服务从原材料的采集、生产、运输、使用甚至最后处理等生命周期全过程中的能源消耗及环境影响的工具。该方法经过多年的发展，根据系统边界及方法学原理的不同其可被分为三种，分别为 PLCA 法、IOLCA 法及 HLCA 法。PLCA 法是自上而下的评价方法，针对性较好，但评价过程需要设定主观边界，导致核算结果存在无法避免的截断误差；IOLCA 法采用投入-产出表进行评价，核算边界为整个国民经济系统，但存在部门聚合、数据滞后等问题(叶震，2011)。HLCA 法是 PLCA 法和 IOLCA 法的结合，其既可以消除PLCA 法产生的截断误差，又可以加强对具体评价对象的针对性，同时还能将产品的使用和报废阶段纳入评价范围(王长波等，2015)，HLCA 法在一定程度上实现了评价范围的完整化，完成了对完全生态影响的测算(姚亮等，2011)。

采用 HLCA 法计算居民消费间接碳排放量，采用公式：

$$Q = Fx = F(1-A)^{-1}y \qquad (3\text{-}1)$$

式中，Q 是居民消费间接碳排放总量(万 t)；F 是产品部门的碳排放强度(万 t/万元)，即每个部门单位产值的碳排放量；$(1-A)^{-1}$ 是里昂惕夫逆矩阵；y 为居民终端消费量(万元)，包括城市居民消费和农村居民消费。

其中，根据公式计算直接消耗系数 $a_{ij}(i, j = 1, 2, \cdots, 28)$，将计算结果组合成直接消耗系数矩阵，用 "$A$" 表示。$x_{ij}$ 表示第 j 产品部门一段时期内生产经营过程中对第 i 产品部门的产品或服务的直接消耗的价值量。x_j 表示第 j 产品部门的总投入。

$$a_{ij} = \frac{x_{ij}}{x_j} \qquad (i, j = 1, 2, 3, \cdots, n) \qquad (3\text{-}2)$$

根据公式计算里昂惕夫逆矩阵，可用 B 表示。B 的元素 b_{ij} 称为里昂惕夫逆系数，表示第 j 产品部门增加一个单位最终产出时对第 i 产品部门的完全需要量。

$$B = (1-A)^{-1} \tag{3-3}$$

2. 结构分解分析方法

结构分解分析方法常被用来分析经济增长、结构变迁和技术进步等因素对经济或环境指标变化的影响(Zhang et al.，2009)。该方法一般会以投入-产出模型为基础，通过因素分解定量测算能源消耗及生态环境影响的贡献率，目前应用比较广泛(朱勤和魏涛远，2013)。当前，公认为影响居民消费间接碳排放量变化的因素主要有五个，包括产业生产技术水平的发展、经济内在结构的变迁、消费结构、消费水平和人口数量的变化(韩旭，2010)。其中，产业部门的碳排放强度可表征生产技术水平，里昂惕夫逆矩阵可表征经济的内在结构(姚亮等，2011)。

通过下式可探究以上五种因素对居民消费间接碳排放变化的影响：

$$Q = FBS(T/P)P \tag{3-4}$$

式中，F 是产品部门的碳排放强度(万 t/万元)；$B=(1-A)^{-1}$ 是里昂惕夫逆矩阵；S 是消费结构向量；T/P 是人均消费水平(元)；P 是人口数量(万人)。

假设在时段 $t_0 \sim t_1$ 各项影响因素共同影响碳排放的变化为 ΔQ、ΔF、ΔB、ΔS、$\Delta (T/P)$、ΔP，也分别表示五项影响因子在 $t_0 \sim t_1$ 期间的变化值。

$$
\begin{aligned}
\Delta Q = Q^1 - Q^0 &= F^1 B^1 S^1 (T/P)^1 P^1 - F^0 B^0 S^0 (T/P)^0 P^0 \\
&= (F^0 + \Delta F)(B^0 + \Delta B)(S^0 + \Delta S)[(T/P)^0 + \Delta(T/P)](P^0 + \Delta P) \\
&\quad - F^0 B^0 S^0 (T/P)^0 P^0
\end{aligned} \tag{3-5}
$$

因素分解过程中对自变量交叉项的分解方法会直接影响计算结果。目前，两极分解法相对成熟，应用比较广泛，而且表达直观、方法操作简便(吴开亚等，2013)。所以采用两极分解法计算影响因素对间接碳排放变化的贡献值。

$$
\begin{aligned}
\Delta Q = &\frac{1}{2}[(\Delta F)B^0 S^0 (T/P)^0 P^0 + (\Delta F)B^1 S^1 (T/P)^1 P^1] \\
&+ \frac{1}{2}[F^1 (\Delta B)S^0 (T/P)^0 P^0 + F^0 (\Delta B)S^1 (T/P)^1 P^1] \\
&+ \frac{1}{2}[F^1 B^1 (\Delta S)(T/P)^0 P^0 + F^0 B^0 (\Delta S)(T/P)^1 P^1] \\
&+ \frac{1}{2}[F^1 B^1 S^1 (\Delta(T/P))P^0 + F^0 B^0 S^0 (\Delta(T/P))P^1] \\
&+ \frac{1}{2}[F^1 B^1 S^1 (T/P)^1 (\Delta P) + F^0 B^0 S^0 (T/P)^0 (\Delta P)]
\end{aligned} \tag{3-6}
$$

根据两极分解法进行交叉项的合并，得到每个影响因素贡献值的计算公式。碳排放强度效应：

$$E[\Delta F] = \frac{1}{2}[(\Delta F)B^0 S^0 (T/P)^0 P^0 + (\Delta F)B^1 S^1 (T/P)^1 P^1] \qquad (3\text{-}7)$$

里昂惕夫逆矩阵效应：

$$E[\Delta B] = \frac{1}{2}[F^1(\Delta B)S^0 (T/P)^0 P^0 + F^0(\Delta B)S^1 (T/P)^1 P^1] \qquad (3\text{-}8)$$

消费结构效应：

$$E[\Delta S] = \frac{1}{2}[F^1 B^1(\Delta S)(T/P)^0 P^0 + F^0 B^0(\Delta S)(T/P)^1 P^1] \qquad (3\text{-}9)$$

消费水平效应：

$$E[\Delta(T/P)] = \frac{1}{2}[F^1 B^1 S^1(\Delta(T/P))P^0 + F^0 B^0 S^0(\Delta(T/P))P^1] \qquad (3\text{-}10)$$

人口规模效应：

$$E[\Delta P] = \frac{1}{2}[F^1 B^1 S^1 (T/P)^1(\Delta P) + F^0 B^0 S^0 (T/P)^0(\Delta P)] \qquad (3\text{-}11)$$

3. 数据来源及部门分类

碳排放核算涉及 9 种主要能源，包括煤炭、焦炭、原油、汽油、煤油、柴油、燃料油、天然气及电力。各类能源碳排放系数的计算方法参考《2006 年 IPCC 国家温室气体清单指南》，计算公式为

$$T_i = NCV_i \times CEF_i \times COF_i \times 44/12 \qquad (3\text{-}12)$$

式中，T_i 是第 i 种能源的二氧化碳排放系数；NCV_i 是 i 种能源的平均低位发热量（kJ/kg 或 kJ/m^3），NCV 的值参考《中国能源统计年鉴 2007》；CEF_i 是 i 类能源的缺省排放因子（kg/10^6kJ）；COF 是碳氧化因子，取值为 1。由于最终结果为了计算二氧化碳的质量，转化系数即 44/12。需要说明的是，本节煤炭的缺省排放因子用各种具体煤种的平均值近似代替。电力的二氧化碳采用《2005 年我国区域电网单位供电平均二氧化碳排放》中华北区域的数据（表 3-2）。

表 3-2　京津冀地区主要能源种类及碳排放系数

能源种类	碳排放系数
煤炭/（万 t CO$_2$/万 t）	2.0316
焦炭/（万 t CO$_2$/万 t）	3.0444
原油/（万 t CO$_2$/万 t）	3.0665
汽油/（万 t CO$_2$/万 t）	3.1901

续表

能源种类	碳排放系数
煤油/(万 t CO_2/万 t)	3.0795
柴油/(万 t CO_2/万 t)	3.1591
燃料油/(万 t CO_2/万 t)	3.2352
天然气/($kg\ CO_2/m^3$)	2.1840
电力/[$kg\ CO_2/(kW·h)$]	1.2460

核算过程中主要采用的投入-产出表来自国家统计局编制的 2002 年、2007 年、2012 年《中国地区投入产出表》。相关能源、生产价格、人口情况、居民消费水平等数据来自《北京统计年鉴》(2003 年、2008 年、2013 年),《天津统计年鉴》(2003 年、2008 年、2013 年),《河北经济年鉴》(2003 年、2008 年、2013 年)。碳排放系数的计算主要依据 IPCC 发布的数据及换算方法进行。另外,对所有经济数据均以 1990 年为基年,采用生产价格指数进行修正。我国地区投入-产出表采用的是 42 个行业部门的分类标准,与各地区统计年鉴中能源消费资料的行业部门分类体系并不统一。为计算方便,本节采用统一的 14 个行业编码方法(表 3-3)。

表 3-3　京津冀地区 14 个行业编码

行业编码	行业名称
1	农业
2	采矿和采石
3	食品
4	纺织、缝纫、皮革、毛皮制品
5	木制品和文化活动用品的制造
6	炼焦、天然气和石油炼制
7	化工
8	建筑、建材、非金属矿产
9	金属制品
10	机械和设备
11	电力、热力、水的生产和供应
12	交通、邮政、电信服务
13	批发与零售业、酒店及餐饮服务
14	商业、公共及其他服务

3.2.2 居民消费碳排放评估结果

1. 居民消费碳排放量变化

京津冀地区碳排放总量从 2002 年的 257.49 百万 t CO_2(MtC)增加到 2012 年的 673.35MtC。此外，2012 年河北的碳排放量是北京的 3.86 倍，是天津的 10.58 倍。显然，城市地区的碳排放量远高于农村地区，2002 年城市碳排放量是农村地区的 1.51 倍，2007 年为 2.66 倍，2012 年为 2.79 倍。此外，居民消费的间接碳排放量高于直接碳排放量，在北京和天津，间接碳排放量占总碳排放量的比例超过 60%；在河北超过了 70%(表 3-4)。

表 3-4 京津冀地区居民消费碳排放量

地区	年份		直接碳排放量/MtC	直接碳排放率/%	间接碳排放量/MtC	间接碳排放率/%	碳排放总量/MtC
北京	2002	农村	2.21	22.46	7.63	77.54	9.84
		城市	3.66	6.30	54.39	93.70	58.05
	2007	农村	4.66	45.73	5.53	54.27	10.19
		城市	7.70	10.30	67.04	89.70	74.74
	2012	农村	4.85	39.21	7.52	60.79	12.37
		城市	11.27	9.66	105.35	90.34	116.62
天津	2002	农村	1.76	25.43	5.16	74.57	6.92
		城市	5.92	23.92	18.83	76.08	24.75
	2007	农村	1.20	32.97	2.44	67.03	3.64
		城市	9.65	30.47	22.02	69.53	31.67
	2012	农村	1.71	38.34	2.75	61.66	4.46
		城市	15.61	36.69	26.93	63.31	42.54
河北	2002	农村	18.45	21.51	67.31	78.49	85.76
		城市	15.13	20.96	57.04	79.04	72.17
	2007	农村	22.30	21.37	82.07	78.63	104.37
		城市	43.47	20.91	164.41	79.09	207.88
	2012	农村	25.95	16.15	134.68	83.84	160.63
		城市	63.96	18.99	272.77	81.01	336.73

京津冀地区居民消费的人均直接和间接碳排放情况如图 3-1 所示。三个地区人均间接碳排放量明显高于人均直接碳排放量。2002~2012 年北京和河北的居民消费人均碳排放量稳步增长，但天津则有所波动。2012 年河北省人均碳排放量(14.01tC)是北京(10.87tC)的 1.29 倍，是天津(5.40tC)的 2.59 倍。

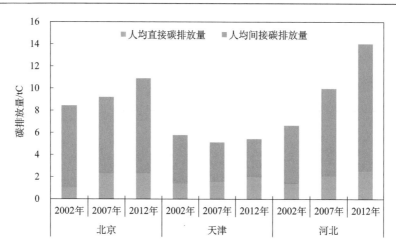

图 3-1　2002 年、2007 年与 2012 年京津冀地区居民消费碳排放量

2. 居民消费碳排放量影响因素分析

如表 3-5 和图 3-2 所示，从结构分解结果来看，中间需求、消费水平和人口规模三个影响因子对三个地区的间接碳排放量增长均表现出正向作用。碳排放强度和消费结构的作用方向不确定。显然，消费水平在居民消费碳排放的变化中发挥了主导作用，北京的消费水平在 2002～2012 年促进碳排放量为 79.93MtC（157.20%），天津为 31.92MtC（560.82%），河北为 155.51MtC（54.93%）。同时，次主导影响因子为碳排放强度，北京在 2002～2012 年间的减少碳排放量为 37.19MtC（−73.13%），天津减少碳排放量为−55.37MtC（−973.25%），但河北增加碳排放量为 92.90MtC（32.81%）。由于这 5 个影响因素的正面影响远大于负面影响，所以总体上其对间接碳排放量增长的影响是正向的。居民消费间接碳排放量的增长主要表现在"商业、公共和其他服务"行业（行业 14）。

碳排放强度反映了生产系统的技术水平。所有行业对天津市居民消费间接碳排放均有负面影响，而 9 个行业对北京产生负面影响（图 3-3），不包括"农业"（0.55MtC），"化学工业"（3.01MtC），"建筑、建材、非金属矿产"（1.68MtC），"电力、热力、水的生产和供应"（20.01MtC），以及"运输、邮政、电信服务"（13.97MtC）行业。同时，在河北，"采矿和采石"（−0.68MtC），"炼焦化、天然气和石油炼制"（−3.83MtC），"金属产品"（−4.25MtC），"机械和设备"（−18.29MtC），以及"交通、邮政、电信服务"（−4.75MtC）行业产生减少间接碳排放的作用，而其他 9 个部门对间接碳排放增长产生了强烈的促进作用。

表3-5 京津冀地区2002~2012年居民消费间接碳排放影响因素分解表

（单位：%）

行业编号	碳排放强度作用			中间需求作用			消费结构作用			消费水平作用			人口规模作用			影响因素总变化		
	北京	天津	河北	北京	天津	河北	北京	天津	河北	北京	天津	河北	北京	天津	河北	北京	天津	河北
1	0.55	-3.66	10.86	-2.92	0.93	-11.81	1.06	0.57	-6.00	4.46	2.28	11.93	2.28	0.91	3.70	5.43	1.03	8.69
2	-0.57	-0.03	-0.68	0.41	0.02	-1.40	0.21	0.02	-0.98	0.10	0	1.54	0	0	-0.35	0.16	0.02	-1.86
3	-4.96	-8.96	8.17	-1.14	0.67	-8.37	-4.21	-0.72	-7.78	12.61	5.73	13.33	5.39	2.01	7.87	7.69	-1.28	13.23
4	-3.03	-3.98	5.42	0.85	1.23	-4.90	1.31	1.81	-5.67	4.68	2.24	6.99	2.44	1.15	4.72	6.25	2.46	6.56
5	-3.44	-1.93	19.04	2.61	0.34	5.27	-0.47	-0.57	4.56	2.96	1.57	16.44	1.46	0.64	1.01	3.12	0.05	46.31
6	-7.70	-1.85	-3.83	-1.20	0.63	0.54	10.13	1.57	1.29	0.85	0.20	3.20	0.60	0.16	2.43	2.68	0.71	3.64
7	3.01	-3.90	8.58	-6.85	0.87	-0.15	-4.76	-0.62	-2.95	5.87	2.65	9.40	2.11	1.02	6.02	-0.63	0.01	20.89
8	1.68	-1.08	5.85	-3.07	0	-2.54	-4.29	0.44	-2.68	3.23	0.84	5.53	1.05	0.31	0.53	-1.40	0.51	6.69
9	-2.32	-0.25	-4.25	1.54	0.10	0.87	0.36	-0.03	-0.49	0.82	0.15	5.22	0.40	0.06	2.19	0.79	0.03	3.54
10	-9.77	-6.44	-18.29	5.11	1.64	19.20	-12.47	-0.10	17.36	13.5	3.65	15.98	5.32	1.40	13.25	1.68	0.15	47.49
11	20.01	-2.69	32.32	-0.23	0.75	24.36	-31.95	-0.70	-76.66	5.78	1.61	10.98	1.66	0.60	5.95	-4.72	-0.44	-3.04
12	-13.97	-5.84	-4.75	14.18	3.53	6.48	-0.10	0.71	-3.47	5.92	1.92	8.24	3.22	0.89	5.77	9.24	1.21	12.27
13	-6.77	-5.32	5.06	4.01	1.46	-0.11	1.75	-1.05	-4.32	4.58	3.45	7.37	2.42	1.33	5.51	5.99	-0.14	13.50
14	-9.92	-9.44	29.40	-4.30	3.44	-12.06	7.21	-0.29	22.70	14.57	5.63	39.36	7.00	2.03	25.78	14.57	1.37	105.18
合计	-37.19	-55.37	92.90	9.00	15.61	15.38	-36.22	1.04	-65.09	79.93	31.92	155.51	35.35	12.51	84.38	50.85	5.69	283.09

注：部门编码见表3-3。

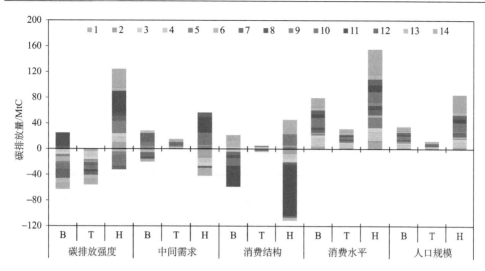

图 3-2 京津冀地区 2002～2012 年居民消费间接碳排放影响因素分解图

行业编号同表 3-5；B、T 与 H 分别代表北京、天津与河北

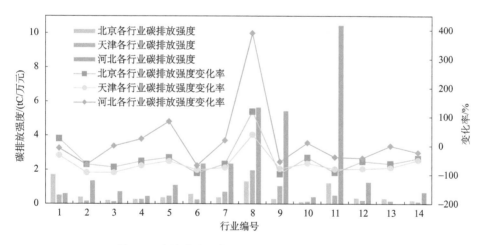

图 3-3 京津冀地区各行业的碳排放强度及变化率

行业编号同表 3-5

中间需求对 2002～2012 年居民消费间接排放增长具有促进作用。中间需求作用影响程度最大的为天津(15.61MtC)，相对天津总碳排放量变化(5.69MtC)来讲，中间需求的贡献率为 274.24%。相比之下，在五个因素的总体效果中，中间需求在河北省碳排放量变化作用中的相对贡献率最小，为 5.43%。显然，天津各部门在此期间均表现出与中间需求相关的积极影响。北京 7 个行业和河北 8 个行业对间接碳排放的抑制作用较弱，其中北京"化工"的抑制作用最大，为 6.85MtC；河北"商业、公共及其他服务"的抑制作用最大，为 12.06MtC。一般来说，促进

作用的贡献之和大于抑制作用的贡献之和，导致北京、河北在研究期间的总贡献
为促进作用。

2002～2012 年消费结构对间接碳排放的影响在不同的区域有所不同（图
3-4）。消费结构对北京（–36.22MtC，–71.23%）、天津（1.04MtC，18.15%）和河北
（–65.09MtC，–22.98%）间接碳排放产生了不同方向的作用；对各个行业的影响程
度和方向也各不相同（图 3-5）。"机械和设备"（行业 10）和"电力、热力、水的生
产和供应"（行业 11）抑制了北京的居民消费间接排放量增加，同时"炼焦、天然
气和石油炼制"（行业 6）和"商业、公共及其他服务"（行业 14）起到了促进作用。
河北"机械和设备"（行业 10）和"商业、公共及其他服务"（行业 14）促进了间接
碳排放增加，而"电力、热力、水的生产和供应"（行业 11）起到了抑制作用。与
此同时，天津消费结果变化对碳排放的影响作用相对较弱，其中"纺织、缝纫、
皮革和毛皮制品"（行业 4）促进作用最强，为 1.81MtC。

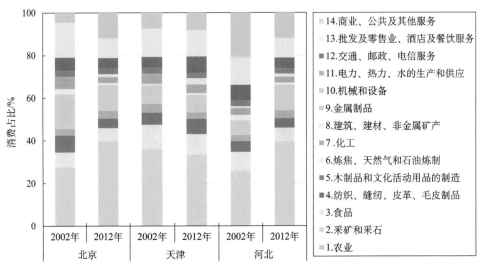

图 3-4　京津冀地区 2002 年与 2012 年各行业的居民消费结构

消费水平在间接碳排放增长中起主导作用，居民消费水平代表居民生活标准
（图 3-6）。随着经济的快速发展，消费水平可能会不断提高。因此，更应该进一
步挖掘其他四个影响因素的碳排放减排潜力。

人口规模的增长增加了京津冀地区的间接碳排放。2002～2012 年京津冀地区
的常住人口及其变化率如图 3-7 所示。人口规模在北京和天津分别促进碳排放量
增加 35.35 万 t（69.52%）和 12.5 万 t（220.04%）。研究期间京津冀常住人口从 9165
万人增长到 1.077 亿人，增长了 17.51%。虽然河北的人口基数最大，但其人口增
长率低于北京或天津。由于大量的人口流动，北京、天津的人口增长较快。因此，

深入研究城市人口增长的触发因素与其对居民碳排放的影响之间的联系可以帮助政府制定碳减排的政策。

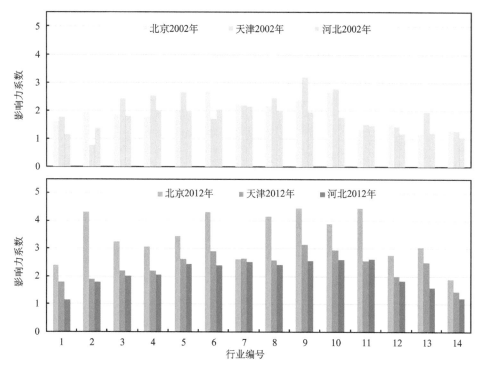

图 3-5　京津冀地区 2002 年与 2012 年各行业间影响力系数

行业编号同表 3-5

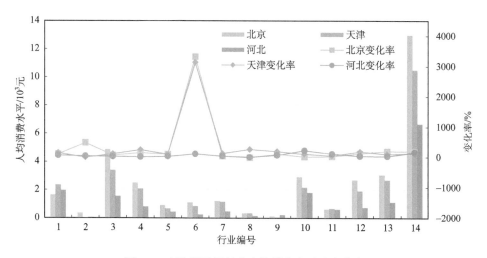

图 3-6　京津冀地区行业人均消费水平及变化率

行业编号同表 3-5

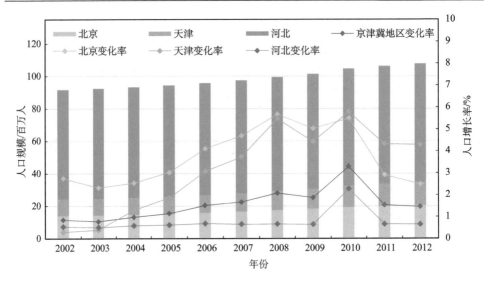

图 3-7　京津冀地区 2002 年与 2012 年人口规模及人口增长率

3.2.3　基于消费端的碳减排政策建议

基于投入-产出模型，本节计算了 2002～2012 年京津冀地区居民消费的直接和间接碳排放，并分析了间接碳排放量变化的影响因素。结果表明，京津冀地区居民消费的直接和间接碳排放呈快速增长趋势，间接碳排放远高于直接碳排放；居民消费水平和碳排放强度的变化在决定这些贡献的绝对值中起主导作用。此外，中间需求、消费水平和人口规模等因子促进了间接碳排放的增长。另外，河北的碳排放强度对于减少碳排放至关重要。"建筑、建材、非金属矿产""金属产品""电力、热力、水的生产和供应"行业的碳排放强度较高，"建筑、建材、非金属矿产"行业发展快速，促进碳排放增加作用显著。

居民消费是区域碳排放的重要来源，居民消费碳排放可分为直接和间接碳排放。研究期间内，京津冀地区产业间的内在结构变迁引起间接碳排放增加，消费水平也不断提高，且有明显地促进碳排放增加的作用。京津冀地区的碳减排工作可以从加强各行业部门之间的联系及优化消费架构两方面入手。各部门之间的技术差距需要通过持续的产业结构调整来解决，优化消费结构可能是减少碳排放的潜在方法之一。另外，京津冀地区的协同发展将导致区域内工业部门进行重组，将为减少整个地区的碳减排工作提供机遇。同时，提高技术以降低整个地区的碳排放强度至关重要、倡导"绿色消费"和"低碳消费"的理念、引导公众"可持续消费"是未来减排工作的重点内容。

3.3　碳排放效率及减排空间评价

2020 年 9 月，习近平主席在第七十五届联合国大会一般性辩论上的讲话指出，中国将提高国家自主贡献力度，采取更加有力的政策和措施，二氧化碳排放力争于 2030 年前达到峰值，努力争取 2060 年前实现碳中和。为实现这些目标，中国出台了许多碳减排政策，并且已经实施了一些具体的战略，如绿色发展和经济循环。此外，在城市转型与"新常态经济"背景下，目前是经济转型和产业结构调整和更新的关键时期，资源、能源和经济环境的制约因素已成为工业可持续发展的障碍。因此，进一步权衡社会经济与生态环境效益之间的关系，控制和减少工业部门的碳排放是一个重要的优先事项。碳排放效率作为一种特定的环境绩效，可以衡量考虑投入和产出的决策单位的效率，可在一定程度上表征技术效率及碳排放产生的经济效率。关于碳排放效率的评估与分析已引起学者的广泛关注。

本节将使用 SFA 法测算京津冀地区 39 个工业部门的碳排放效率和碳减排潜力。利用投入-产出数据，结合定向距离函数和超越对数生产函数测算 2010～2016 年三个子地区（北京市、天津市和河北省）39 个工业部门的全要素碳排放效率（total factor carbon performance, TFCP）和碳减排空间。然后将工业部门的全要素碳排放效率和碳减排空间分为四类，确定每个部门的碳减排特征，为制定工业碳减排策略提供科学依据。

3.3.1　碳排放效率及减排空间评价模型

1. 随机前沿分析模型

随机前沿分析模型是一种常用的参数化效率评估方法，用来研究生产单元的效率问题，若 y 表示单产出，x 表示投入向量，那么随机前沿生产函数的基本模型为

$$y_i = f(x_i, \beta)\exp(v_i - u_i) \tag{3-13}$$

式中，y_i 表示来自第 i 个样本的单一产出，是被解释变量；x_i 表示第 i 个样本的投入要素，是解释变量；$f(*)$ 是生产函数，表示生产者技术的前沿；β 为模型中待估计的参数向量；v_i 为观测误差和其他随机因素，是独立分布的随机变量，服从标准正态分布；u_i 是一个非负变量，假设服从半正态分布或者截断正态分布；v_i 与 u_i 是相互独立的。

在实际的生产活动中，由于随机扰动项和技术非效率项这两个因素的影响，确定性的生产函数前沿难以达到。随机扰动项与技术非效率项均不可观测，但是恰当定义的随机扰动项是一个白噪声序列，多次观测的均值为零，所以实际生产

的技术效率(technical efficiency)可以用样本的期望与随机前沿的期望的比值来确定，用 TE 表示技术效率。

$$TE_i = \frac{E(y_i|u_i,x_i)}{E(y_i|u_i=0,x_i)} = \exp(u_i) \tag{3-14}$$

式中，$E(y_i|u_i,x_i)$ 是存在技术非效率项 u_i 和已知投入 x_i 时产出 y_i 的期望，代表实际产出的均值；$E(y_i|u_i=0,x_i)$ 是已知投入 x_i 并假设技术非效率项 u_i 不存在时产出 y_i 的期望，代表理论最大产出的均值。换言之，生产者的技术效率等于实际产出均值与理论最大产出均值的比值。

Debreu(1951)和 Farrell(1957)在生产效率的研究方面取得了重大进展，被称为德布鲁-法瑞尔(Debreu-Farrell)效率，两人指出对技术效率的衡量应基于产出和投入方向。Debreu-Farrell 效率作为生产效率分析的基本框架，便于对碳排放效率(carbon emission performance)进行估算，这是将非期望产出囊括入传统生产函数的关键。鉴于对传统生产要素的实证研究，本节做出利润极大化或成本最小化假设(Kumbhakar et al.，2000；Lin and Wang，2015)。将碳排量视为非期望产出，纳入生产函数(Bai et al.，2016)。参考 Färe 等(1989，2005)的研究，我们将传统生产技术的定义拓展到一个经济系统内，定义投入向量 $x=(K,L,E)\in R_N^+$，其中每个变量可产生 $Y=R_M^+$ (期望产出)和 $C=R_L^+$ (非期望产出)两个向量，对生产技术进行衡量。

$$P(K,L,E) = \{(K,L,E,Y,C):(K,L,E) \text{ can produce } (Y,C)\} \tag{3-15}$$

借助距离函数，在增加期望产出 Y 的同时减少非期望产出 C。方向向量 $g=(g_y,g_c)$ 表示工业产出沿 g_y 方向增加，碳排量沿 g_c 方向减少。该距离函数表示为

$$D(K,L,E,Y,C) = \sup\{\beta:(Y+\beta g_y,C-\beta g_c)\in P(K,L,E)\} \tag{3-16}$$

式中，$D(K,L,E,Y,C)$ 表示工业产出的最高增长率和减排率。最终，将碳排放效率(TFCP)表示为

$$TFCP = 1 - D(K,L,E,Y,C) \tag{3-17}$$

碳排放空间(CMP)可以表示为

$$CMP = (1-TFCP)\times CO_2 \tag{3-18}$$

TFCP 采用随机前沿分析法估计方向距离函数。由于 Translog 函数在使用时具有较高的简易性，能将不同变量之间的交互作用考虑在内，故基于该函数假设将方向距离函数进行如下表示：

$$\ln D(K_{it}, L_{it}, E_{it}, Y_{it}, C_{it})$$
$$= \beta_0 + \beta_k \ln K_{it} + \beta_l \ln L_{it} + \beta_e \ln E_{it} + \beta_y \ln Y_{it} + \beta_c \ln C_{it}$$
$$+ \beta_{kl} \ln K_{it} \ln L_{it} + \beta_{ke} \ln K_{it} \ln E_{it} + \beta_{ky} \ln K_{it} \ln Y_{it} + \beta_{kc} \ln K_{it} \ln C_{it} + \beta_{le} \ln L_{it} \ln E_{it}$$
$$+ \beta_{ly} \ln L_{it} \ln Y_{it} + \beta_{lc} \ln L_{it} \ln C_{it} + \beta_{ey} \ln E_{it} \ln Y_{it} + \beta_{ec} \ln E_{it} \ln C_{it} + \beta_{yc} \ln Y_{it} \ln C_{it}$$
$$+ \frac{1}{2}\beta_{kk}(K_{it})^2 + \frac{1}{2}\beta_{ll}(\ln L_{it})^2 + \frac{1}{2}\beta_{ee}(\ln E_{it})^2 + \frac{1}{2}\beta_{yy}(\ln Y_{it})^2 + \frac{1}{2}\beta_{cc}(\ln C_{it})^2 + v_{it}$$

$$(3\text{-}19)$$

式中，$D(K_{it}, L_{it}, E_{it}, Y_{it}, C_{it})$ 表示工业部门 i 在 t 年的距离函数。Färe 等(1989, 2005) 的研究表明距离函数具有平移性质，若工业产出在 g_y 方向的增加值为 a，相应地，碳排量在 g_c 方向的减少同样为 a。设 $a = C_{it}$，GDP 增加值和 CO_2 减排量为 C_{it}。

$$D(K_{it}, L_{it}, E_{it}, Y_{it} + ag_y, C_{it} - ag_c) = D(K_{it}, L_{it}, E_{it}, Y_{it}, C_{it}) - a \qquad (3\text{-}20)$$

$$D(K_{it}, L_{it}, E_{it}, Y_{it}, C_{it}) - C_{it} = D(K_{it}, L_{it}, E_{it}, Y_{it} + C_{it}, C_{it} - C_{it})$$
$$= D(K_{it}, L_{it}, E_{it}, Y_{it} + C_{it}, 0) \qquad (3\text{-}21)$$

将公式进一步转化：

$$D(\ln K_{it}, \ln L_{it}, \ln E_{it}, \ln Y_{it} + \ln C_{it}, 0)$$
$$= \beta_0 + \beta_k \ln K_{it} + \beta_l \ln L_{it} + \beta_e \ln E_{it} + \beta_y(\ln Y_{it} + \ln C_{it})$$
$$+ \beta_{kl} \ln K_{it} \ln L_{it} + \beta_{ke} \ln K_{it} \ln E_{it} + \beta_{ky} \ln K_{it}(\ln Y_{it} + \ln C_{it})$$
$$+ \beta_{le} \ln L_{it} \ln E_{it} + \beta_{ly} \ln L_{it}(\ln Y_{it} + \ln C_{it}) + \beta_{ey} \ln E_{it}(\ln Y_{it} + \ln C_{it})$$
$$+ \frac{1}{2}\beta_{kk}(K_{it})^2 + \frac{1}{2}\beta_{ll}(\ln L_{it})^2 + \frac{1}{2}\beta_{ee}(\ln E_{it})^2 + \frac{1}{2}\beta_{yy}(\ln Y_{it} + \ln C_{it})^2 + v_{it}$$

$$(3\text{-}22)$$

$$-\ln C_{it} = \beta_0 + \beta_k \ln K_{it} + \beta_l \ln L_{it} + \beta_e \ln E_{it} + \beta_y(\ln Y_{it} + \ln C_{it})$$
$$+ \beta_{kl} \ln K_{it} \ln L_{it} + \beta_{ke} \ln K_{it} \ln E_{it} + \beta_{ky} \ln K_{it}(\ln Y_{it} + \ln C_{it})$$
$$+ \beta_{le} \ln L_{it} \ln E_{it} + \beta_{ly} \ln L_{it}(\ln Y_{it} + \ln C_{it}) + \beta_{ey} \ln E_{it}(\ln Y_{it} + \ln C_{it})$$
$$+ \frac{1}{2}\beta_{kk}(K_{it})^2 + \frac{1}{2}\beta_{ll}(\ln L_{it})^2 + \frac{1}{2}\beta_{ee}(\ln E_{it})^2 + \frac{1}{2}\beta_{yy}(\ln Y_{it} + \ln C_{it})^2 + v_{it} - u_{it}$$

$$(3\text{-}23)$$

式中，$u_{it} = D(\ln K_{it}, \ln L_{it}, \ln E_{it}, \ln Y_{it}, \ln C_{it})$，表示工业部门 i 在 t 年的效率。

上述相关系数满足关系：

$$\beta_y - \beta_c = -1; \ \beta_{yy} = \beta_{yc} = \beta_{cc}; \ \beta_{ky} = \beta_{kc}; \ \beta_{ly} = \beta_{lc}; \ \beta_{ey} = \beta_{ec} \qquad (3\text{-}24)$$

2. 数据来源及部门分类

本节需要的数据主要包括 2010～2016 年的投入和产出数据(表 3-6)，共有 781 个评价单元，包括 3 个地区的 7 年面板数据，变量包括资本、劳动力、能源、GDP(期望产出)和 CO_2 排放(非期望产出)。我们采用了 39 个工业部门的分类(表 3-7)。原始数据来自 2011～2017 年的《北京统计年鉴》、《天津统计年鉴》、《河北经济年鉴》和《中国统计年鉴》。各部门的经济数据均需调整为 2010 年的价格水平。

表 3-6　投入-产出变量基本描述

变量	缩写	单位	平均值	方差	最小值	最大值
资本投入	K	10^4 元	260.14	578.25	0.77	5568
劳动力投入	L	10^4 人	5.73	7.61	0.02	58
能源投入	E	10^4 tce	212.92	1053.04	0.01	10939
GDP	Y	10^8 元	572.56	1129.84	0.03	10891
CO_2	C	10^4 t	553.39	2766.72	0.02	30383

注：样本数为 781。

表 3-7　京津冀地区 39 个工业部门

部门编号	部门名称
1	采煤和洗煤
2	石油和天然气的提取
3	黑色金属矿开采与加工
4	有色金属矿开采
5	非金属矿开采和加工
6	其他矿石开采
7	农产品加工
8	食品制造
9	饮料制造
10	烟草制造
11	纺织品制造
12	纺织品服装、鞋类和帽子制造
13	皮革、毛皮、羽毛及相关产品制造
14	木材加工及木材、竹子、藤条和棕榈制造
15	家具制造
16	纸和纸制品制造
17	记录媒体的印刷和复制
18	制作文化、教育和体育活动用品
19	石油加工、焦化和核燃料加工
20	原料化学品和化学品制造
21	药品制造
22	化学纤维制造
23	橡胶制造
24	塑料制造
25	非金属矿物制品制造
26	黑色金属的冶炼和压制

续表

部门编号	部门名称
27	有色金属的冶炼和压制
28	金属制品制造
29	通用机械制造
30	专用机械制造
31	运输设备制造
32	电气机械和设备制造
33	通信设备、计算机和其他设备制造
34	测量仪器和机械制造
35	艺术品和其他制造业
36	回收和处置废物
37	电力和热力的生产和分配
38	天然气的生产和分配
39	水的生产和分配

3.3.2 碳排放效率及碳减排潜力评价结果

1. 京津冀地区碳排放效率变化

京津冀地区工业部门碳排放总量略有增加，从 2010 年的 5.42×10^8t 增加到 2016 年的 6.49×10^8t（图 3-8）。河北工业部门碳排放量从 2010 年的 4.39×10^8t 增

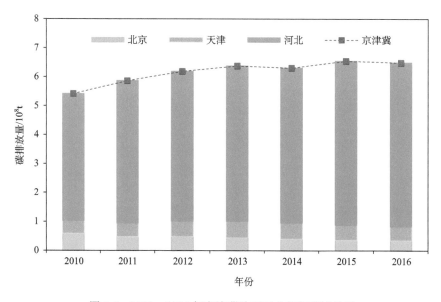

图 3-8　2010～2016 年京津冀地区工业部门碳排放量

加到 2016 年的 5.65×10^8t。河北占京津冀地区工业部门碳排放量的比例最大，2016 年贡献了 87.02%。天津工业部门碳排放量从 2010 年的 0.44×10^8t 缓慢增加到 2016 年的 0.48×10^8t，而北京从 2010 年的 0.59×10^8t 略微下降至 2016 年的 0.36×10^8t。

碳排放强度可以作为表征碳排放效率的基本指标，在很大程度上揭示了技术的创新水平，也是表示生产系统技术水平的重要指标。2010～2016 年北京的二氧化碳排放强度高于河北、天津（图 3-9）。北京的二氧化碳排放强度范围从 1.15×10^{-7}t/元（2015 年部门 6）到 2.73×10^{-3}t/元（2012 年部门 5），河北的二氧化碳排放强度范围从 4.23×10^{-6}t/元（2013 年部门 10）至 5.56×10^{-4}t/元（2016 年部门 37），天津从 2.38×10^{-9}t/元（2013 年部门 1）至 1.13×10^{-4}t/元（2010 年部门 26）。此外，工业部门二氧化碳排放强度的结构在三个子区域相似。"黑色金属矿开采与加工"（部门 3）、"非金属矿开采和加工"（部门 5）、"非金属矿物制品制造"（部门 25）、"黑

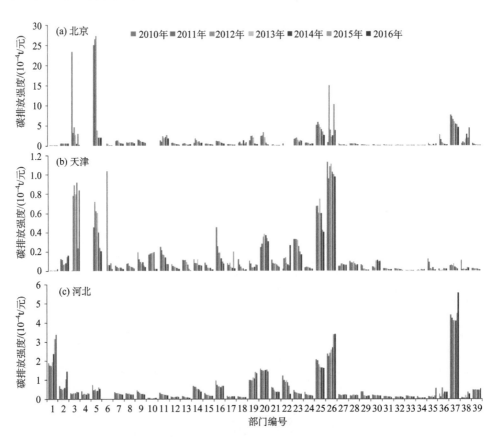

图 3-9　2010～2016 年京津冀地区 39 个工业部门碳排放强度

部门编号见表 3-7

色金属的冶炼和压制"（部门 26）、"电力和热力的生产和分配"（部门 37）在三个地区的碳排放强度较高。所以，从二氧化碳排放强度来看，这些部门的技术水平有更大的发展空间，进一步优化产业结构有利于区域碳减排工作。

基于建立的碳排放效率评估模型，表 3-8 为生产前沿参数的估计结果。估计的工业 GDP 系数（β_y）为负（-0.4840），表示工业部门的 GDP 值越大，技术效率损失越小，碳排放效率值越高。二氧化碳排放系数（β_c）为正（0.5160），表示工业部门的二氧化碳排放量越大，技术效率损失越大，碳排放效率值越低。此外，资本投入量（β_k=0.1123）和能源消耗量（β_e = 0.1671）投入对碳排放效率有负向影响，劳动力投入（β_l = -0.4803）有正向影响。并且，劳动力的作用强度高于资本和能源的作用强度。

表 3-8　碳排放效率评估 SFA 模型估计结果

系数	变量	系数估计	方差	Z 值	P 值
β_0	cons	1.3393***	0.1494	8.96	0.000
β_k	$\ln K$	0.1123**	0.0606	-1.85	0.064
β_l	$\ln L$	-0.4803***	0.0910	5.28	0.000
β_e	$\ln E$	0.1671***	0.0478	-3.50	0.000
β_y	$\ln Y$	-0.4840***	0.0435	11.11	0.000
β_c	$\ln C$	0.5160	—	—	—
β_{kl}	$\ln K \times \ln L$	-0.0458***	0.0151	3.04	0.002
β_{ke}	$\ln K \times \ln E$	0.0115	0.0094	-1.23	0.217
β_{ky}	$\ln K \times \ln Y$	0.0224***	0.0084	-2.68	0.007
β_{kc}	$\ln K \times \ln C$	0.0224	—	—	—
β_{le}	$\ln L \times \ln E$	-0.0488***	0.0141	3.45	0.001
β_{ly}	$\ln L \times \ln Y$	0.0707***	0.0113	-6.28	0.000
β_{lc}	$\ln L \times \ln C$	0.0707	—	—	—
β_{ey}	$\ln E \times \ln Y$	0.0932***	0.0096	-9.71	0.000
β_{ec}	$\ln E \times \ln C$	0.0932	—	—	—
β_{yc}	$\ln Y \times \ln C$	-0.0862	—	—	—
β_{kk}	$1/2\ln K \times \ln K$	-0.0319***	0.0040	8.00	0.000
β_{ll}	$1/2\ln L \times \ln L$	-0.0379***	0.0105	3.61	0.000
β_{ee}	$1/2\ln E \times \ln E$	-0.0313**	0.0162	1.94	0.053
β_{yy}	$1/2\ln Y \times \ln Y$	-0.0862***	0.0068	12.72	0.000
β_{cc}	$1/2\ln C \times \ln C$	-0.0862	—	—	—

**和 ***分别表示在 5%和 1%的可信度。

注：样本数=781；卡方值=22831.18；对数似然值=-257.46；卡方检验 P 值=0.000

2010～2016 年 3 个地区工业部门的全要素碳排放效率（TFCP）平均值为 0.7733（图 3-10）。北京的 39 个部门的平均碳排放效率值差异很大，而河北和天津不同部门的碳排放效率值差异相对平衡。图 3-11 显示了河北的平均碳排放效率高于天津和北京。在北京,"采煤和洗煤"(部门 1,0.9274)和"化学纤维制造"(部门 22,0.9196)的碳排放效率平均值高于 0.9;而"黑色金属矿开采与加工"(部门 3,0.3817)、"非金属矿物制品制造"(部门 25,0.3798)和"电力和热力的生产和分配"(部门 37,0.3297)低于 0.4。天津工业部门的碳排放效率在 0.5264("其

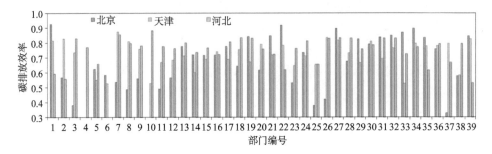

图 3-10　2010~2016 年京津冀地区工业部门碳排放效率平均值

部门编号见表 3-7

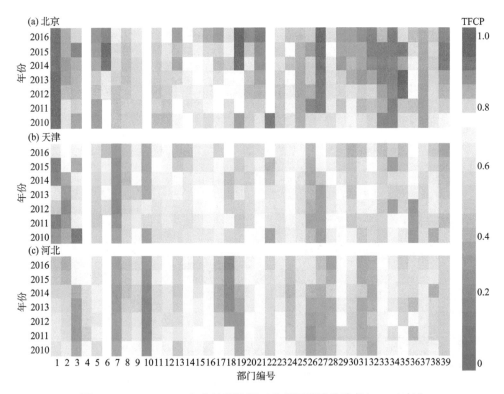

图 3-11　2010~2016 年京津冀地区工业部门碳排放效率(TFCP)变化

部门编号见表 3-7

他矿石开采", 部门 6)和 0.8749("农产品加工", 部门 7)之间。河北工业部门的平均碳排放效率在 0.5332("水的生产和分配", 部门 39)和 0.8819("烟草制造", 部门 10)之间。

2. 京津冀地区碳减排潜力变化

工业部门的碳减排潜力(carbon mitigation potential, CMP)主要是由生产过程中的低效率引起的。京津冀地区不同区域与不同部门的碳减排潜力的差距非常大(图 3-12)。在北京, 大多数工业部门的碳减排潜力从 2010~2016 年呈现降低趋势。"农产品加工"(部门 7)、"食品制造"(部门 8)、"饮料制造"(部门 9)、"非金属矿物制品制造"(部门 25)、"黑色金属的冶炼和压制"(部分 26)、"运输设备制造"(部分 31)及"电力和热力的生产和分配"(部门 37)在碳减排方面具有更大的潜力。北京和河北各产业部门的碳减排潜力值变化不大。相对来讲, 天津"原料化学品和化学品制造"(部门 20)、"非金属矿物制品制造"(部门 25)和"黑色金属的冶炼和压制"(部门 26)的碳减排潜力值较大; 河北"采煤及洗煤"(部门

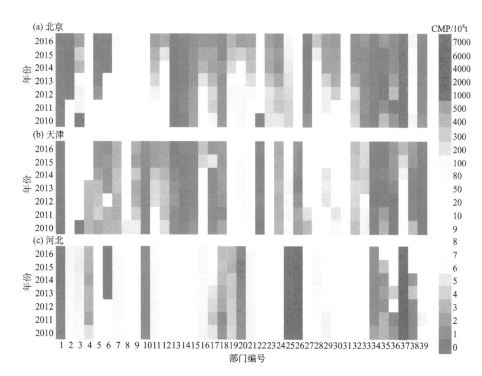

图 3-12　2010~2016 年京津冀地区工业部门碳减排潜力(CMP)的变化

部门编号见表 3-7

1)、"石油加工、焦化和核燃料加工"（部门 19）、"原料化学品和化学品制造"（部门 20）、"非金属矿物制品制造"（部门 25）、"黑色金属的冶炼和压制"（部门 26）及"电力和热力的生产和分配"（部门 37）的碳减排潜力值较大。

京津冀地区工业部门的碳减排潜力总量在 2010～2016 年呈现波动增加的趋势（图 3-13）。河北工业部门碳减排潜力总量从 2010 年的 $1.01×10^8t$ 增加到 2016 年的 $1.86×10^8t$，占京津冀地区的比例最大（超过 68%）。北京工业部门碳减排潜力总量从 2010 年的 $0.2559×10^8t$ 下降至 2016 年的 $0.1119×10^8t$；天津则从 2010 年的 $0.0854×10^8t$ 略微上升至 2016 年的 $0.0945×10^8t$，占比最小。

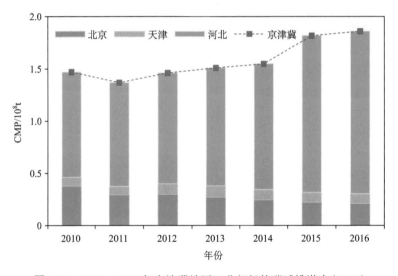

图 3-13　2010～2016 年京津冀地区工业部门的碳减排潜力（CMP）

本节进一步讨论了三个子区域和各个工业部门中碳排放效率和碳减排潜力之间的关系。如图 3-14 所示，散点图的水平轴和垂直轴分别除以 TFCP 和 CMP 的平均值，将工业部门分为四类，即处于"低 TFCP 高 CMP"、"高 TFCP 高 CMP"、"低 TFCP 低 CMP"和"高 TFCP 低 CMP"状态。根据分类结果可知，三个子地区的"非金属矿物制品制造"（部门 25）、北京和河北的"电力和热力的生产和分配"（部门 37）、北京的"黑色金属矿开采与加工"（部门 3）、河北的"采煤和洗煤"（部门 1）处于"低 TFCP 高 CMP"状态，处于高能耗和高碳排放的生产状态，碳减排潜力巨大。此外，天津和河北的"原料化学品和化学品制造"（部门 20）和"黑色金属的冶炼和压制"（部门 26），以及河北的"石油加工、焦代和核燃料加工"（部门 19）位于"高 TFCP 高 CMP"。这些行业部门虽然具有较高的碳排放效率，但碳减排潜力也存在较大潜力。

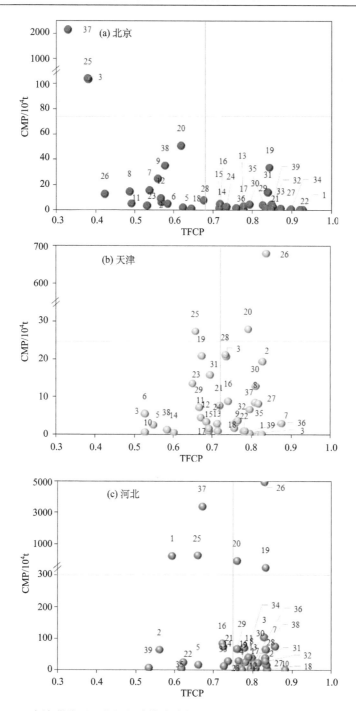

图 3-14　京津冀地区工业部门碳排放效率(TFCP)与碳减排潜力(CMP)的关系

部门编号见表 3-7

3.3.3　基于生产端的碳减排政策建议

进入"十三五"期间，中国政府为控制和减少碳排放做出了巨大努力。京津冀地区作为国际城市群，是中国经济增长最重要的两极之一。未来 GDP 和碳排放量将不可避免地增加。充分考虑碳排放效率可为京津冀地区碳减排工作提供科学参考。本节建立了一个测量碳排放效率的随机前沿模型，基于该模型，不仅分析了 2010～2016 年京津冀地区 39 个工业部门的碳排放效率和碳减排潜力，而且还通过两者的关系将这些部门分为四类，进而识别了区域碳减排工作应该重点关注的工业部门。结合测算结果，提出了京津冀地区碳减排工作的一些建议。第一，考虑产业部门的碳排放效率与碳减排潜力，根据其碳排放特征制定有针对性的减排策略，促进北京、天津与河北的区域协调发展。第二，制定和实施与碳减排相关的政策应集中于区域的技术创新和改进及产业结构调整。第三，针对"非金属矿物制品制造"和"电力和热力的生产和分配"等重点部门，应该实施针对性的碳减排策略，以碳促进行业发展的同时实现碳减排目标。

3.4　本 章 小 结

本章首先以京津冀地区城镇化生态转型现状与趋势为背景，从居民消费的角度，基于投入-产出的混合生命周期法核算了区域各产业与碳排放的变化情况，利用 SDA 法分析了其影响因素。其次，从生产的角度，利用产业投入-产出数据，通过 SFA 法构建了考虑非期望产出的碳排放效率测算模型，并进一步计算了各产业部门的碳减排潜力，结合碳排放效率与碳减排潜力两个变量识别产业转型升级及碳减排中的重点部门。最后，本章从生产和消费两个角度提出了助力于京津冀地区碳减排和城镇化生态转型的政策建议。

参 考 文 献

曹翔, 高瑀, 刘子琪. 2021. 农村人口城镇化对居民生活能源消费碳排放的影响分析. 中国农村经济, (10): 64-83.

邓荣荣. 2016. 基于投入产出模型的城乡居民消费碳排放测算与影响因素研究——以湖南为例. 湖南财政经济学院学报, 32(3): 35-43.

范建双, 周琳. 2018. 中国城乡居民生活消费碳排放变化的比较研究. 中国环境科学, 38(11): 4369-4383.

韩旭. 2010. 中国环境污染与经济增长的实证研究. 中国人口·资源与环境, 20(4): 85-89.

叶震. 2011. 中国居民消费对二氧化碳排放的影响——基于碳排放投入产出模型的分析. 统计与信息论坛, 26(11): 39-43.

汪臻. 2012. 中国居民消费碳排放的测算及影响因素研究. 合肥: 中国科学技术大学.

王长波, 张力小, 庞明月. 2015. 生命周期评价方法研究综述——兼论混合生命周期评价的发展与应用. 自然资源学报, 30(7): 1232-1242.

王文秀. 2010. 上海市居民消费对碳排放的影响研究. 合肥: 合肥工业大学.

吴开亚, 王文秀, 张浩, 等. 2013. 上海市居民消费的间接碳排放及影响因素分析. 华东经济管理, 27(1): 1-7.

姚亮, 刘晶茹, 王如松. 2011. 中国城乡居民消费隐含的碳排放对比分析. 中国人口·资源与环境, 21(4): 25-29.

朱勤. 2011. 中国人口、消费与碳排放研究. 上海: 复旦大学出版社.

朱勤, 魏涛远. 2013. 居民消费视角下人口城镇化对碳排放的影响. 中国人口·资源与环境, 23(11): 21-29.

Bai Y, Deng X, Zhang Q, et al. 2017. Measuring environmental performance of industrial sub–sectors in China: a stochastic metafrontier approach. Physics and Chemistry of the Earth, 101: 3-12.

Chu X, Deng X, Jin G, et al. 2017. Ecological security assessment based on ecological footprint approach in Beijing-Tianjin-Hebei region, China. Physics and Chemistry of the Earth, 101: 43-51.

Debreu G. 1951. The coefficient of resource utilization. Econometrica, 19(3): 273-292.

Färe R, Grosskopf S, Lovell C A K, et al. 1989. Multilateral productivity comparisons when some outputs are undesirable: a nonparametric approach. Review of Economics and Statistics, 71(1): 90-98.

Färe R, Grosskopf S, Noh D W, et al. 2005. Characteristics of a polluting technology: theory and practice. Journal of Econometrics, 126(2): 469-492.

Farrell M J. 1957. The measurement of productive efficiency. Journal of the Royal Statistical Society, 120(3): 253-290.

Kumbhakar S C, Denny M, Fuss M. 2000. Estimation and decomposition of productivity change when production is not efficient: a paneldata approach. Econometric Reviews, 19(4): 312-320.

Lin B, Wang X. 2015. Carbon emissions from energy intensive industry in China: evidence from the iron & steel industry. Renewable and Sustainable Energy Reviews, 47: 746-754.

Tukker A, Jansen B. 2009. Environmental impacts of products. Journal of Industrial Ecology, 10(3): 159-182.

Zhang M, Mu H, Ning Y, et al. 2009. Decomposition of energy-related CO_2 emission over 1991-2006 in China. Ecological Economics, 68(7): 2122-2128.

第4章　长三角地区城镇化生态转型

自 20 世纪末联合国环境与发展大会在巴西里约热内卢召开以后,可持续消费问题逐渐得到了科学界的密切关注,此后十几年来,国际社会逐步达成共识,认为居民的生活方式和消费行为正在逐步影响,甚至决定着国民各经济产业部门商品的生产、消费和服务过程,对一些产业部门的产出水平和效率产生了重要的影响(张馨等,2011;董学兵等,2012;Sanquist et al., 2012)。居民的消费行为是整个国民经济投入-产出过程中的重要组成部分,在追溯温室气体,尤其是 CO_2 排放源的科学研究中发现,居民消费产生的 CO_2 在碳排放总量中占有的份额呈现逐年递增的趋势,居民消费碳排放问题日趋严峻,甚至欧洲一些发达国家居民家庭能源商品消耗产生的碳排放已经超出了工业能源消费产生的碳排放,成为碳排放的主要源头(Balaras et al., 2007)。因此,居民消费碳排放研究就逐渐引起了国内外科学家的关注,居民消费碳排放,尤其是社区、家庭微观尺度的居民消费碳排放问题正逐步成为研究的热点和难点。

近年来,中国出现了前所未有的城市化,预计 2030 年将有 10 亿中国人居住在城市(Zhu et al., 2011)。国家统计局的数据显示,伴随着住房需求增加,城市地区人均居住面积从 2002 年的 24.5m² 增加到 2014 年的 32.9m²,私家车的数量增加了 23.5 倍。随着中国城镇化进程的不断推进,居民的收入水平有了大幅提升,生活方式随之发生改变,居民对能源消费的需求增长迅速(尹龙,2021)。家庭生活环境和生活方式的变化使得居民消费成为能源消耗和碳排放更重要的组成部分。2009 年中国已成为世界最大的温室气体排放国,CO_2 排放量为 75.27 亿万 t,占全球总排放量的 21%,中国的人均碳排放量也超过了全球平均水平(IEA, 2009)。其中,2014 年住宅部门的能源消费量高达 3.96 亿万 t 标准煤,占能源消费总量的11%。2014 年,国务院批复《国家应对气候变化规划(2014—2020 年)》(简称《规划》),明确通过《规划》实施,到 2020 年,实现单位国内生产总值二氧化碳排放比 2005 年下降 40%~45%。这种减少碳排放政策的主要负担将落在包括公司和家庭在内的能源消费者身上,而对于中国大中型城市而言,工厂和家庭可开展研究的最小单元是社区。

长江三角洲地区是我国最大的城市群,是我国综合经济实力最强的地区,其经济总量占全国的约 1/4,目前仍保持较高速度的经济增长。长江三角洲地区城镇化水平较高且保持增长,据估计,2025 年常住人口城镇化率将达到 70%,当前长江三角洲地区能源消费总量和 CO_2 排放量占全国较大比重,CO_2 排放量由 1995

年的 30389.49 万 t，增加到 2013 年的 90405.22 万 t，增长率为 6.24%。经济发展
和城镇化水平的提高必然对能源产生更多的需求，地区 CO_2 排放量有上升的趋势，
对减排目标的实现产生压力，因此，研究长三角地区生态转型具有重要意义。

上海市是长三角地区经济规模最大的城市，地处长三角前沿，其影响力辐射
整个长三角地区乃至全国。上海市的能源消费量和 CO_2 排放量均居长三角地区之
首，长三角地区能否完成生态转型，重点在于上海。作为中国的经济、金融中心，
上海市在 2015 年底常住人口城镇化率和户籍城镇化率均已超过 90%，其居民生
活水平、居民消费水平、城市产业发展水平和人均能源消费量已远超全国平均水
平，甚至与发达国家持平(王德等，2015；田旭等，2016)。本章以上海市为研究
对象，在社区尺度，开展居民消费碳排放变化以反映上海市城镇化生态转型，基
于社区碳排放核算方法，调研上海市部分社区能源消耗、交通出行、居民消费行
为、居民偏好、建筑物特征、公共绿地等重要指标，核算社区居民家庭消费和交
通出行碳排放；在城市尺度，开展城市环境绩效变化，以反映上海市城镇化生态
转型，结合环境绩效评估结果，提炼上海市生态转型的发展路径，进而辐射至整
个长三角城市群，为长三角生态社区建设、城市低碳发展和城镇化生态转型研究
提供科学依据。

4.1 长三角城镇化生态转型的现状及趋势

长三角地处长江入海前的冲积平原，是中国经济密度和人口密度最高的地
区，由于优越的地理位置和资源环境，长三角地区是长江经济带，乃至中国的经
济发展重心。长三角地区城市群最初包括 14 个地级市和 1 个直辖市，随着社会经
济的快速发展，这一地区界定范围逐渐扩大，根据国务院 2014 年的界定，将安徽
省划入长三角城市群，2016 年《长江三角洲城市群发展规划》出台，至此，长三
角城市群扩增至包括江苏省、浙江省、安徽省及上海市在内的 4 个行政区，主要
包括上海、南京、苏州、杭州等多个城市，总面积为 35.44 万 km^2，多属于亚热
带季风气候。

中华人民共和国成立以来，特别是改革开放以来，长三角地区经济社会迅猛
发展，综合实力快速提升，是我国经济重心所在、活力所在。长三角地区 GDP
由 2005 年的 4.7 万亿元增至 2020 年的 24.5 万亿元，以不到 3% 的土地面积，创
造了约占全国总量 24.1% 的 GDP，该地区在我国经济发展中的重要性不言而喻。
2020 年这一地区总人口约为 2.4 亿，约占全国的 16.67%，是世界上人口最密集的
区域之一，整体能源消费总量却一直呈增长趋势，从 2005 年的 3.8 亿 t 标准煤增
长至 2014 年的 6.6 亿 t 标准煤，增长了 74.3%；长三角地区能源消费总量约占全
国能源消费总量的 15%，全国 11% 的人口消耗了全国 15% 的能源，长三角地区对

能源依赖程度之高可见一斑。

　　鉴于长江三角洲城市群的地位与作用，推动当地发展应坚持"生态优先、绿色发展"的战略定位，这不仅是对自然规律的尊重，也是对经济规律、社会规律的尊重。当前，生态文明理念和绿色城镇化的要求为推动长三角城市群绿色转型、促进其生态环境步入良性循环轨道指明了新路径。除此之外，我国发展进入新常态，要求经济增长更多依靠科技进步、劳动者素质提升和管理创新，为长三角城市群的生态转型发展带来了新契机。2016 年习近平总书记在推动长江经济带发展座谈会上强调：当前和今后相当长一个时期，要把修复长江生态环境摆在压倒性位置，共抓大保护，不搞大开发。要把实施重大生态修复工程作为推动长江经济带发展项目的优先选项，增强水源涵养、水土保持等生态功能。城市群内部应自觉推动绿色循环低碳发展，有条件的地区率先形成节约能源资源和保护生态环境的产业结构、增长方式、消费方式，真正使黄金水道产生环境效益。

　　上海市东接东海，西临江苏、浙江两省份，南濒杭州湾，北沿长江，是长三角地区的中心城市，也是这一地区经济发展的核心，推动了周边区域的经济增长。2020 年上海的 GDP 为 3.87 万亿元，占长三角地区 GDP 的 15.81%，2020 年末上海市常住人口总数为 2488 万人，占长三角地区总人口的 10.57%。毫无疑问，上海市是长三角地区唯一的中心城市。上海市城镇化进程和经济发展水平已达到世界同类型国际化城市的发展水平，中国经济正与世界全面接轨，上海作为中国现代经济的中心与枢纽，生态社区发展具有典型性，居民生产、消费与生态环境的相互作用较其他区域更为显著，目前已经基本转型成了生态型城市，其发展经验和转型路径是值得长三角地区，乃至全国其他城市群学习和借鉴的。

　　近年来，上海经济增长的质量与效益明显提高，单位生产总值能耗在"十一五"期间下降 20%，主要污染物排放量超额完成削减目标。上海市用于环保的投入始终保持在全市 GDP 的 3%左右，并滚动实施了 5 轮"环保三年行动计划"，全面推进各项环保工作，环境保护优化发展迈出了坚实的步伐。一是污染防治能力水平得到大幅提升，环境基础设施建设逐步赶上城市化步伐。二是环境综合整治取得明显成效，涉及民生的环境问题和局部区域环境矛盾得到有效缓解。三是环境保护优化经济作用逐步显现，产业结构布局调整和生态化改造稳步推进。四是环境质量总体稳中趋好，空气中 SO_2、NO_x 和可吸入颗粒物浓度排放总量逐年下降。"四个中心"建设的顺利推进使上海的城市基础设施和服务功能不断完善、城市形象及国际影响力持续提升。自由贸易试验区的确立为上海未来发展指明了新的方向，也为生态文明建设奠定了良好的政策与规划导向基础，使上海推进生态文明建设明确了行动方向。在上海市开展社区尺度的居民消费碳排放和城市尺度的环境绩效评估，可较好地反映上海市社区和城市的城镇化生态转型，基于研究结果提炼出的生态转型发展路径具有典型性和代表性，其转型过程及路径可辐射至整个长三角城市群，为长三角生态社区建设、城市低碳发展和城镇化生态转型研究提供科学依据。

4.2 社区居民消费碳排放评估

4.2.1 社区居民消费碳排放的作用机理

社区居民消费碳排放主要由居民住宅碳排放和交通出行碳排放两方面构成（图 4-1）。其中居民住宅碳排放包括用电、用气、采暖等能源消耗，而交通出行碳排放主要包括私家车和出租车等出行方式带来的碳排放。与此同时，家庭的人口经济特征（如家庭收入、户口、是否拥有私家车、年龄构成等），居民偏好（如选择靠近商业中心、靠近交通枢纽、远离市区、选择公交出行等），社区属性（生态社区、非生态社区），社区建筑（楼层、朝向、是否靠近公园等）等指标也会对居民消费碳排放产生影响。

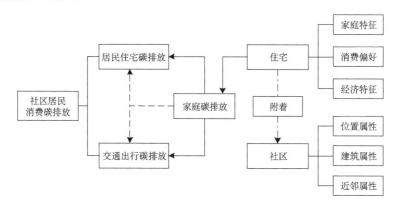

图 4-1 社区居民消费碳排放影响评价流程

4.2.2 社区居民消费碳排放的核算模型

1. 社区居民消费碳排放核算方法

参考 Barthelmie 等（2008）和 Yang 等（2016）的社区碳排放核算方法，基于 2016 年上海市社区调研数据，对社区家庭能源消费碳排放和交通出行碳排放开展研究，核算的碳排放不包括居民日常生活消费品产生的碳排放量，社区家庭碳排放量核算模型公式为

$$CE = \sum (E_i \times k_i \times \delta_i) \tag{4-1}$$

式中，CE 表示社区家庭碳排放量，t/户或 t/人；E_i 表示各碳排放源 i 的利用量；k_i 表示碳排放系数；δ_i 表示各排放源的转换因子或转换系数。社区家庭碳排放量

分为住宅碳排放量和个人交通工具碳排放量,具体计算过程如下:

住宅碳排放主要由家庭用电、家庭供暖和住宅烹饪构成,从能源消耗到碳排放的转化过程相对简单。对于每个家庭,我们首先估算每个单一的组成部分,然后将它们总计为住宅碳排放总量。对于每个组成部分,我们使用转换因子将能源转化为碳排放。为了确定不同能源的碳排放影响,我们使用每个组成部分的净热值和默认碳含量。

$$碳排放量=能源消耗×转换系数 \tag{4-2}$$

$$转换系数=净热值×默认碳含量 \tag{4-3}$$

个人交通工具碳排放主要包括私家车和出租车的汽油消耗。对于使用私人交通工具的每个家庭,我们单独估计私家车和出租车汽油消费量的碳排放量,然后将其总计为私人交通工具的碳排放总量。但关于私家车和出租车的碳排放量计算比较复杂,需要按照一定的方法根据我们的调查数据计算出能源消耗量,再计算其碳排放量,如以下方程式所示:

$$私家车碳排放量 = \frac{汽油支出}{汽油价格}×汽油转换系数 \tag{4-4}$$

$$出租车碳排放量 = \frac{出租车支出}{出租车价格}×每千米汽油消耗量×(1-空车)×汽油转换系数 \tag{4-5}$$

$$汽油转换系数=汽油净热值×汽油默认碳含量每千米汽油消耗量 \tag{4-6}$$

上海市的出租车价格是根据行驶里程分段计费的,由两部分组成:一个是3km以内收费14元;另外一个是3km以外,每增加1km,费用增加2.4元。空车是指没有乘客时,开车所产生的费用。事实上,没有乘客的时候,这辆出租车也会消耗汽油。社区家庭碳排放的计算方法如表4-1所示。

表4-1　社区家庭碳排放量计算公式

项目		计算公式	
住宅碳排放量	电力	家庭用电量(千瓦时)×CO_2排放系数	(4-7)
	家庭供暖	家庭住宅大小(平方米)×集中供暖的CO_2排放系数	(4-8)
	住宅烹饪	生活能源消费(煤气、液化石油气)×单位能量的CO_2排放系数	(4-9)
个人交通工具碳排放量	私家车	(家庭汽油支出/汽油价格)×汽油的CO_2排放系数	(4-10)
	出租车	(出租车汽油家庭开支/出租车价格)×每100千米汽油消耗量×(1-空车)×汽油的CO_2排放系数	(4-11)

注:家庭用电CO_2排放系数根据中国南方电网提供数据核算得出;集中供暖CO_2排放系数根据清华大学建筑节能研究中心提供数据核算得出;煤气、液化石油气单位能源的CO_2排放系数来源于IPCC 2006;汽油价格和每公里出租车汽油消耗量来源于国家发展和改革委员会官网;汽油的CO_2排放系数来源于IPCC 2006。其余数据均由实地调研所得。

2. 碳排放影响因素评估方法

构建回归模型，探究家庭/人口经济特征(家庭收入、户口、家庭人数、年龄构成等)，居民偏好(空调温度设置、清洁程度、汽车所有权)，建筑属性(供暖方式、房子大小、楼层、朝向等)和位置属性等指标对居民消费碳排放的影响程度。构建的计量模型如下：

家庭碳排放量=f(家庭社会经济状况，家庭偏好，建筑属性，位置属性，其他因素)

上式中，社区家庭碳排放量包括家庭碳排放总量、住宅碳排放量和个人交通工具碳排放量三个指标；家庭社会经济状况包括家庭可支配收入、是否具有本地户口、户主年龄和家庭人数四个指标；家庭偏好包括家庭空调温度、是否使用煤气和是否拥有私家车辆三个指标；建筑属性包括是否集中供暖、房屋面积、所在楼层、建筑是否朝阳；位置属性包括与周边地铁的距离、与周边学校的距离、与周边便利店的距离和与市中心的距离；其他因素包括社区绿化程度、周边是否拥有公园和对居住环境的满意度等调查信息。

3. 数据来源及处理

社区层面微观数据是通过发放调查问卷和实地调研的形式获取的。基于上海市 16 个市辖区的 43 个社区开展问卷调查，涉及的内容包括家庭社会经济特征、能源消耗、生活条件及住宅社区的邻里和空间特征等指标。

采用两阶段抽样的方法，对上海市 16 个市辖区(黄浦区、徐汇区、长宁区、静安区、普陀区、虹口区、杨浦区、闵行区、宝山区、嘉定区、浦东新区、金山区、松江区、青浦区、奉贤区、崇明区)开展空间分层抽样实地调研。

在第一阶段，根据上海市行政区划和各区人口比例，制作上海市行政区空间数据叠置底图，并对各区的人口属性和社会属性开展叠置分析，将上海市各行政区划分为中心城区、中心边缘城区、中心城外围区的城镇、中心城外围区的农村 4 种空间类型。各空间类型都有不同发展特色，中心城区多为商品房社区和传统街坊社区，商业、教育和医疗水平高，基础设施完善，交通系统便捷；中心边缘城区以工业社区和低收入社区为主，人口流动性大，与中心城区联系便捷；中心城外围区的城镇和中心城外围区的农村分别由大型居住型社区和农村社区构成，经济发展水平较低，各种基础设施相对落后(王娟和杨贵庆，2015)。

在第二阶段，在每个社区内随机选择住房单位，与户主或业主进行面谈，共收集了 780 份问卷，其中 64 份属于不完整问卷，选取 716 个家庭样本。为保证调研结果的准确性和客观性，访谈的对象尽量是户主，有关家庭消费问题尽可能详尽。同时通过比较调查结果与官方数据来评估问卷质量，如与由国家统计局开展的城市住户调查比较等。

问卷由四部分组成：第一部分是关于日常生活的消费，包括水、电、煤炭、天然气、液化石油气，天然气和加热模式包括集中供热或分散供暖，家庭日常生活的偏好包括空调温度设置、加油模式和汽车所有权问题。第二部分包括与家庭日常交通有关的问题，包括通勤、餐饮、购物和接送儿童上下学，并调查关于公共交通工具和私人车辆的选择。第三部分收集了家庭生活条件信息，包括建筑属性(住房单位的大小、结构和楼层)，邻居属性(特别是社区生态状况，即绿化率、社区周边 1.5km 内的环境状况)和位置属性(与最近地铁、学校、便利店的距离)。第四部分确定了家庭的社会经济状况，包括户主年龄、收入、户籍、教育就业状况、家庭人数和可支配收入。此外，还调查了家庭对社区的自我评估信息，包括社区周边环境和社区位置的满意度。

基于调查问卷对家庭社会经济状况、家庭偏好、建筑属性、位置属性等指标进行整理分析，见表 4-2。

表 4-2　变量描述统计及定义

种类	定义	单位	平均值	标准值
家庭社会经济状况				
收入	家庭总可支配收入	万元/人	5.600	4.230
户口	1=具有本地户口，否则为0	—	0.763	0.327
年龄	户主年龄	岁	48.640	17.730
家庭人数	家庭人数	人	3.890	1.390
家庭偏好				
温度设置	家庭空调温度	℃	29.750	6.790
清洁	1=使用煤气，否则为0	—	0.088	0.336
汽车所有权	1=拥有私家车，否则为0	—	0.643	0.354
建筑属性				
供暖方式	1=集中供暖，否则为0	—	0.079	0.378
房子面积大小	房子面积大小	m²	95.660	44.75
楼层	所在楼层	层	6.360	3.430
建筑结构	1=建筑结构为砖，否则为0	—	0.712	0.458
建筑朝向	1=朝阳，否则为0	—	0.643	0.424
周边属性				
绿化率	社区绿化率	—	0.412	0.103
环境	1=周边 1.5km 内有公园，否则为0	—	0.527	0.384

续表

种类	定义	单位	平均值	标准值
位置属性				
地铁	与周边地铁的距离	km	10.400	4.67
教育	与周边高中、初中学校的距离	km	8.680	5.07
便利店	与周边便利店的距离	km	9.490	3.13
市中心	与市中心的距离	km	56.980	33.70
家庭对社区自我评估信息				
环境满意度	对社区周边环境的满意度	—	0.644	0.53
便利程度满意度	对社区便利性的满意度	—	0.658	0.44

注：表中数据均由调查数据统计得出。

4.2.3　社区居民消费碳排放的影响因素

首先，基于社区抽样调查数据归纳了生态社区、生产型社区和普通社区在供热方式、朝向、楼层、建材和面积大小等方面的差异，总结了上海市社区居民家庭特征差异，为核算社区居民家庭碳排放提供了数据基础；然后，基于社区碳排放核算模型核算了居民家庭碳排放总量、住宅碳排放量和交通碳排放量；最后，运用碳排放影响因素分析模型估算了家庭社会/经济特征、家庭偏好、建筑属性和位置信息等变量对碳排放的影响程度和减排潜力，探讨了社区居民减少碳排放的可能性，并提出建设低碳社区的政策建议。

1. 上海市社区居民消费碳排放差异

基于调研数据总结了生态社区、生产型社区和普通社区在供热方式、朝向、楼层、建材和面积大小等方面的差异(图 4-2)。生态社区的住宅特点为分散式供热、住房面积小(小于调研样本的平均面积)、楼层较高(高于调研样本的平均值)、方位好(多数坐北朝南)、多为低耗能建材，更倾向于低碳发展；生产型社区主要特点为集中供暖、住房面积大、楼层较低且方位参差不齐，碳排放程度更高；普通社区介于两者之间，碳排放程度高于生态社区，低于生产型社区，同时在逐步向低碳社区发展。

与此同时，对调研结果进行对比后发现，年龄结构低、收入水平高的家庭拥有私家车的程度高，拥有本地户口的人群更容易拥有私家车，这类人群产生的人均交通碳排放要远大于平均值，同时发现拥有本地户口的人群年龄偏大，家庭人数更多；没有本地户口的人群更年轻，且家庭人数较少(表 4-3)。

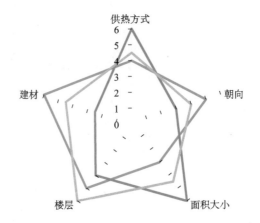

图 4-2　上海市不同类型社区家庭住宅碳排放对比

1～6 代表 3 种类型社区碳排放的强度，按照 0～6 顺序递增

表 4-3　基于汽车拥有情况及户口归属地的家庭特征统计

	没有私家车 平均值	拥有私家车 平均值	非本地户口 平均值	本地户口 平均值
收入/(万元/人)	3.46	10.67	4.75	9.64
户口	0.73	0.89		
年龄/岁	49.32	46.33	33.67	48.72
家庭人数/人	2.91	3.34	2.87	3.22

2. 上海市社区居民消费碳排放核算

在测量社区家庭碳排放量时，主要考虑住宅碳排放和交通碳排放两个方面。其中，住宅碳排放又包括家庭电力、家庭采暖和住宅烹饪三个方面；交通碳排放考虑汽油消费等能源使用，包括私家车汽油消耗和出租车使用两个方面。目前，上海市城镇化率高居全国榜首，上海市居民生活水平和消费能力也远超全国平均水平。私人交通，特别是私家车的使用率也更加频繁。考虑到衡量公共排放量机制的复杂性且缺乏统一的核算方法，因此交通造成的碳排放并不包括公共交通产生的碳排放。

住宅碳排放量占家庭碳排放总量的 66.75%，交通碳排放量占家庭碳排放总量的 33.24%（表 4-4）。其中，住宅碳排放主要来源是家庭用电和家庭取暖，分别占家庭碳排放总量的 32.02% 和 24.84%，住宅烹饪能源使用碳排放量占家庭碳排放总量的比例为 9.89%；交通碳排放主要来源是私家车耗油引起的碳排放，其量分别占家庭碳排放总量和交通碳排放量的 27.99%和 84.21%，出租车耗油引起的碳排放量占家庭碳排放总量的 5.25%。就人均碳排放来看，私家车耗油产生的人均碳排放量在五个排放源中最高，私家车产生的人均碳排放为 1.42t/人，出租车耗油和住房烹饪能源使用产生的人均碳排放较少，分别为 0.22t/人和 0.39t/人。

表 4-4　社区家庭碳排放量核算结果

类型		问卷数量/份	人数/人	碳排放量/(t/户)			碳排放量	
				平均值	最大值	最小值	占比/%	平均值/(t/人)
住宅碳排放	家庭用电	712	2637	2.84	13.89	0.09	32.02	0.77
	家庭取暖	688	2532	2.28	11.37	0.17	24.84	0.62
	住宅烹饪能源使用	702	1589	0.89	6.89	0.03	9.89	0.39
交通碳排放	私家车	399	1246	4.43	26.33	0.09	27.99	1.42
	出租车	425	1537	0.78	12.37	0.02	5.25	0.22
	总计	712	2637	8.87				2.39

　　分布在上海市城区中心(黄浦区、徐汇区、长宁区、静安区、普陀区虹口区和杨浦区等)的居民家庭用电产生的碳排放份额相对较高,这些区域私家车使用带来的碳排放量也比其他区高；分布在离市中心较远的社区居民在供暖方面产生的碳排放量相对较高，出租车使用带来的碳排放份额也较大。更进一步看，还有很多其他原因会对居民碳排放量产生影响，如家庭偏好(温度设置、清洁程度、汽车所有权)，建筑属性(供暖方式、房子大小、楼层、朝向等)和位置属性等指标，因此，我们需进一步利用计量方法评估各指标对居民碳排放的影响程度。

　　3. 上海市社区居民消费碳排放影响

　　1)家庭特征和偏好对碳排放的影响
　　家庭收入、平均年龄和本地户口等家庭特征情况会对碳排放产生影响，同时家庭偏好也可能间接影响家庭碳排放，例如居民对空调温度设定的高低、居民对用燃气或电力进行烹饪的喜好程度，以及开私家车出行等行为也会对碳排放产生影响。对家庭碳排放(包括住宅碳排放和交通碳排放)，家庭社会经济状况(包括收入、年龄、户籍和家庭人数)及家庭偏好情况等影响因素机制进行分析，研究结果见表 4-5。

表 4-5　家庭特征参数对碳排放的影响

项目	ln 家庭碳排放总量	对照组 ln 家庭碳排放总量	ln 住宅碳排放	ln 交通碳排放
家庭社会经济状况				
ln 收入	0.428***	0.027***	0.268***	0.328***
	(0.0137)	(0.0012)	(0.0382)	(0.0382)
户口	0.137**	0.079	0.125*	0.178*
	(0.0216)	(0.0089)	(0.0382)	(0.0382)
年龄	0.054	0.008*	0.0332*	0.018**
	(0.0382)	(0.0022)	(0.0382)	(0.0382)
ln 住宅面积	0.048***	0.128*	0.113***	0.032*
	(0.0182)	(0.0982)	(0.0382)	(0.0382)
家庭偏好				
温度设置		−0.188***	−0.003*	
		(0.0382)	(0.0382)	
煤气		−0.028***	−0.229**	
		(0.0382)	(0.0382)	
汽车所有权		0.728***		0.637***
		(0.0382)		(0.312)
其他控制变量				
教育	Cont	Cont	Cont	Cont
与中心城市的距离	Cont	Cont	Cont	Cont
常数项	−0.893***	0.433*	−0.083	−0.077**
	(0.007)	(0.107)	(0.122)	(0.009)
样本量	712	698	678	488
R^2	0.315	0.443	0.215	0.308

注：a.第 2、3 列中的因变量表示家庭碳排放总量的对数，第 4 列中的因变量表示住宅碳排放的对数，第 5 列中的因变量是家庭交通碳排放的对数；

b.括号数值中为 t 值，表示稳定标准误差；***表示 $p<0.01$，**表示 $p<0.05$，*表示 $p<0.1$；

c.Cont 表示其他变量的控制结果。

　　表 4-5 中第 2 列给出了家庭社会经济情况对碳排放的影响，结果显示，收入和住宅面积对家庭碳排放总量有显著的正影响，也就是说，收入越高，该家庭产生的碳排放总量也越大，同时碳排放量也随着住宅面积的增加而增加；家庭成员平均年龄对碳排放的影响作用相对较小。第 3 列给出了家庭偏好(温度设置、煤气和汽车所有权)对碳排放的影响，结果显示，家庭消费者对空调的喜好温度与碳排放呈显著负相关；清洁偏好的负系数意味着家庭偏爱绿色能源(如煤气)，相较于天然气和电力产生较少碳排放量，即选择使用煤气的家庭越多，产生的碳排放量越少；汽车所有权的正系数表示碳排放与拥有汽车的家庭数量呈现显著的正相关

关系,即拥有汽车的家庭越多,其产生的碳排放量也越多。第 4、5 列分别表示家庭特征对住宅碳排放和交通碳排放的影响,同样可以发现,偏好使用绿色能源的家庭与住宅碳排放呈负相关关系,私家车拥有量与交通碳排放呈现显著正相关关系。

2)社区特征对碳排放的影响

除家庭特征对家庭碳排放产生影响以外,社区特征(社区建筑属性、社区周边属性、社区位置属性等)也是影响家庭碳排放的重要因素。对影响家庭碳排放(包括住宅碳排放和交通碳排放)的与社区特征相关的因素展开分析,研究结果见表 4-6。

表 4-6　社区特征参数对家庭碳排放的影响

项目	ln 家庭碳排放总量	ln 家庭碳排放总量	ln 住宅碳排放	ln 交通碳排放
社区建筑属性				
中心	0.429***	0.728***	0.335***	
	(0.134)	(0.214)	(0.137)	
集中供暖	0.331*	0.337**	0.192***	
	(0.116)	(0.122)	(0.022)	
楼层	−0.014	−0.054**	−0.012**	
	(0.008)	(0.038)	(0.008)	
朝向	−0.027**	−0.096**	−0.031**	
	(0.013)	(0.036)	(0.014)	
社区周边属性				
绿化率	0.003*		−0.183*	
	(0.0137)		(0.017)	
环境	−0.014**		−0.098**	
	(0.0216)		(0.028)	
社区位置属性				
地铁	−0.039*			0.483***
	(0.0029)			(0.116)
教育	0.097**			0.394**
	(0.0013)			(0.138)
便利店	0.034			0.512*
	(0.0312)			(0.0076)
其他可控因素				
教育	Cont	Cont	Cont	Cont
社区满意程度	Cont	Cont	Cont	Cont
常数项	−1.05***	−2.29***	−1.04***	−1.98***
	(0.0382)	(0.0382)	(0.0382)	(0.0382)
样本量	680	630	606	630
R^2	0.342	0.442	0.356	0.219

注:a.第 2、3 列中的因变量表示家庭碳排放总量的对数,第 4 列中的因变量是住宅碳排放的对数,第 5 列中的因变量是家庭交通碳排放的对数;

b.括号中数值为 t 值,表示稳定标准误差; ***表示 $p<0.01$,**表示 $p<0.05$,*表示 $p<0.1$;

c.Cont 表示其他变量的控制结果。

　　表 4-6 第 2 列给出了社区特征对碳排放的影响，结果显示，社区位置对家庭碳排放总量有显著的正影响，即社区位置越靠近市中心，其产生的碳排放量就越大；集中供暖也会对家庭碳排放总量有正影响，原因是虽然集中供热的能耗相对较低，但其占地面积大，且 24 小时不断供热，实际上其能源消耗引起的碳排放量要高于分散化加热；住宅朝向和家庭碳排放总量之间存在负相关关系，面向南侧的建筑具有更好的日光条件，这会通过节省采暖消耗进而影响住宅碳排放。

　　进一步研究社区周边属性和住宅碳排放之间的关系发现(表 4-6，第 4 列)，具有高绿化率及 1.5km 内存在公园的社区，通常家庭碳排放总量会随着绿化程度而降低，这是由于绿化可以通过保持优化热交换机制控制室内温度，从而降低能耗和减少碳排放量。同时，优美的环境也可以提高公众对环境的关注，这对低碳行为意图的形成具有积极影响，从而提高了减少能量消费和碳排放量的可能性。

　　进一步研究社区位置属性和住宅碳排放之间的关系，可以发现，居住地与附近初中/高中之间的距离，以及居住地与便利店之间的距离对交通碳排放量具有显著正相关关系。除了驾车上下班和驾车接送孩子上下学产生交通碳排放以外，每天购买生活必需品也是重要的能源消费活动；居住地与附近地铁站之间的距离与交通碳排放量之间具有显著的正相关关系，即居民通过便捷的交通方式替代私家车，可降低居民交通碳排放量；住宅与地铁站距离越远，产生的碳排放量也越大。

4.2.4　社区居民消费碳排放的评估结果

　　基于 2016 年进行的上海市 43 个社区 780 户家庭特征与消费偏好的问卷调查，利用社区碳排放核算模型和碳排放影响因素分析模型，估算了社区家庭碳排放总量、住宅碳排放量和交通碳排放量，并实证研究了家庭社会经济状况、家庭偏好、建筑属性和位置属性对碳排放的影响，得出的结论如下。

　　(1)研究中估算的社区家庭碳排放主要由住宅碳排放和交通碳排放两部分组成，家庭户均碳排放量和人均碳排放量分别为 8.87t/户和 2.39t/人。住宅碳排放和交通碳排放户均碳排放量分别为 6.01t/户和 5.21t/户，其中，住宅碳排放主要来源是家庭用电和家庭取暖，分别占家庭碳排放总量的 32.02%和 24.84%，住宅烹饪碳排放量占家庭碳排放总量的比例为 9.89%；交通碳排放主要来源是私家车耗油引起的碳排放，分别占家庭碳排放总量和交通碳排放量的 27.99%和 84.21%。

　　(2)生态社区、生产型社区和普通社区中的建筑物在供暖方式、建筑朝向、楼层、建材和面积大小等方面的差异明显，三者间减少碳排放的程度也各不相同。生态社区主要特点为分散式供热、住房面积小(小于调研样本的平均面积)、楼层较高(高于调研样本的平均值)、方位好(多数坐北朝南)、多为低耗能建材，更倾向于低碳发展；生产型社区主要特点为集中供暖、住房面积大、楼层较低且方位层次不一致，碳排放程度更高；普通社区介于两者之间，碳排放程度高于生态社区，低于生产型社区，同时在逐步向低碳社区发展。

(3)区位、经济特征、居民偏好等要素影响碳排放格局，但并不总是线性关系，有异质性特征存在。家庭特征(家庭收入、平均年龄和本地户口等)和家庭偏好(空调温度设置、煤气使用和汽车所有权)对家庭碳排放影响显著且相互间差异明显。收入和住房面积与家庭碳排放总量呈现正相关关系，即家庭收入越高，该家庭产生的碳排放总量也越大，家庭碳排放量也随着住宅面积的增大而增加；家庭成员平均年龄对碳排放的影响作用相对较小。居民对空调的喜好温度与家庭碳排放呈显著负相关；清洁偏好的负系数意味着家庭偏爱绿色能源(如天然气)，相较于煤气和电力产生较少碳排放，即选择使用天然气的家庭越多，产生的碳排放量越少；汽车所有权的正系数表示碳排放与拥有汽车的家庭数量呈现显著的正相关关系，即拥有汽车的家庭越多，其产生的碳排放量也越大。

(4)社区建筑属性(集中供暖、楼层和朝向等)对家庭碳排放影响显著且相互间差异明显。集中供热与家庭碳排放总量存在显著的正相关关系，集中供热因其占地面积大，且 24 小时不断供热，实际上其能源消耗引起的碳排放量要高于分散式供热；住宅朝向和家庭碳排放总量之间存在着负相关关系，面向南侧的建筑具有更好的日光条件，这会通过节省采暖消耗进而影响住宅碳排放。

(5)社区位置/周边属性(地铁、教育、便利店/绿化、环境等)对家庭碳排放的影响显著且相互间差异明显。居住地与附近初中/高中之间的距离，以及居住地与便利店之间的距离与交通碳排放量具有显著正相关关系。居住地与附近地铁站之间的距离与交通碳排放量之间具有显著的正相关关系，即居民通过便捷的交通方式替代私家车，可降低居民交通碳排放量，住宅与地铁站距离越远，产生的碳排放量也越大；高绿化率及 1.5 km 内存在公园的社区通常家庭碳排放总量会随着绿化程度的提高而降低，社区环境也与家庭碳排放总量呈现较显著的负相关关系，这是由于绿化可以通过保持优化热交换机制控制室内温度，从而降低能耗和碳排放量，同时优美的环境也可以提高公众对环境的关注，这对低碳行为的形成具有积极影响，从而降低了提高能量消费和碳排放量的可能性。

4.3 城市环境绩效及转型发展评估

城市可持续发展模式是城镇化进程的最终归宿。城市/区域可持续发展是城市发展现阶段，乃至今后更长一段时间全球追求和推崇的城市发展模式(Deng and Bai, 2014)。可持续发展模式要求坚持低能耗、低排放和高效率的发展路径，要求降低商品生产过程中的能源消耗，提升资源利用效率，注重再生能源利用，减少环境污染和碳排放。纵观全球来看，城市可持续发展模式的研究越发引起国内外学者的关注。

城市的可持续发展离不开环境污染和资源损耗，如何科学地判定城市可持续发展和生态环境污染间的关系也是科学家关注的热点议题。从国际范围来看，联合国可持续发展委员会和世界银行在不同国家开展实证研究分析时提出了环境绩效评估一词，它能较好地表征城市生态环境的发展状况和投入-产出绩效，从而判定投入资金和科技后城市环境的改善效果，以制定行之有效的保护政策。世界银行、亚洲开发银行等机构在一些国家/城市的实践工作，已使得城市环境绩效评估体系和方法发展较为成熟(Papadopoulos and Giama, 2007)。但我国环境绩效评估方面的研究工作起步较晚，绩效评估多数先应用于公司或企业层面，也有部分科学家探究和尝试政府业绩绩效评估(郭晓东, 2019)，但针对城市或区域尺度的环境绩效评估鲜有涉及，因此基于城市和区域尺度的环境绩效评估方法及投入-产出函数并未形成标准和统一，传统的生产率测算方法也难以精准刻画和表达区域复杂的环境绩效状况。

鉴于此，此处引入资源效率、环境效率和环境绩效三个刻画城市或区域环境绩效的关键因子，从资源利用、环境污染治理和生态治理效率三个方面来评估城市的环境绩效，并基于生态效率的城市发展度量模型判定城市管理模式的优劣，同时诊断其影响机制。

4.3.1　城市环境绩效及转型发展的作用机理

城市发展模式的判定离不开城市环境绩效的评估，环境绩效的高低或者生态效率的高低直接决定了城市的发展水平和模式。城市的可持续发展即强调城市经济水平和生态环境协调发展，在发展经济的同时降低资源能耗、减少环境污染，实现生态效率的最优化。用生态效率评估城市发展状态是由世界可持续发展工商理事会最早提出的，之后，经济合作与发展组织(Organization for Economic Co-operation and Development, OECD)提出了环境绩效评估模型，得到了进一步的发展。基于 OECD 提出的环境绩效评估模型和韩瑞玲等的研究(韩瑞玲等, 2011)，构建了基于环境绩效的城市发展评估模型，评估城市的发展模式。模型公式如下：

$$E = \frac{S}{I} \tag{4-12}$$

式中，E 表示城市的环境绩效；S 表示城市经济发展状况，一般用地区生产总值、城市常住人口和工业地区生产总值等变量表示；I 表示生态承载力，用来测度城市资源利用程度与环境污染现状，常用资源损耗或能源消耗表征。而生态承载力这个概念比较宽泛，通常用资源承载力和环境承载力两个子系统来测度和表达，因此，环境绩效就由资源效率和环境效率两个部分组成，分别用 R 和 P 来表示，其中

$$R = \frac{\theta}{\sigma} \tag{4-13}$$

$$P = \frac{\varphi}{\omega} \tag{4-14}$$

式中，R 表示资源效率，是从源头控制的角度表征城市绩效评估的环境绩效，代表源头控制；P 表示环境效率，是从末端治理的角度来表征城市绩效评估的环境绩效，代表末端治理；θ 表示地区生产总值、城市常住人口和工业地区生产总值；σ 表示资源损耗或能源消耗；φ 表示地区生产总值或工业生产总值；ω 表示污染物排放量。

资源效率和环境效率计算得到：当 σ 表示资源消耗总量时，R 表示产生单位地区生产总值时所产生的资源消耗，当 ω 表示污染物排放量时，P 表示产生单位地区生产总值时所产生的污染物排放，前提是 θ 和 φ 均表示地区生产总值；同理，当 θ 和 φ 均表示工业生产总值时，R 和 P 分别对应产生单位工业生产总值时所产生的资源消耗和产生单位工业生产总值时所产生的污染物排放；同样地，当 θ 表示常住人口时，R 表示消耗单位资源所能承载的人数。

在测算出城市资源效率和环境效率的基础上，利用基于环境绩效的城市发展评估模型，判定上海市 2001～2015 年的城市发展模式，基于环境绩效的城市发展评估模型如图 4-3 所示。基于环境绩效的城市发展评估模型建立在资源效率 R 和环境效率 P 的基础上，构成了包含 4 个象限的评估模型，其中每个象限代表一种不同的城市发展模式。评估模型的图形由曲线 $E = \sqrt{R^2 + P^2}$ 和直线 $R=0.5$、$P=0.5$ 组成，其中四分之一圆形曲线 $E = \sqrt{R^2 + P^2}$ 表示的是环境绩效的趋势，曲线上距

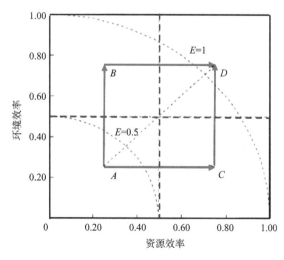

图 4-3　基于环境绩效的城市发展评估模型

离原点越远的点，其环境绩效值就越高（张妍和杨志峰，2007；刘益民和刘书俊，2013）。其中，$R \in [0,1]$，$P \in [0,1]$，故环境绩效值 E 的值就介于$[0,\sqrt{2}]$之间。在生成环境绩效值弧形曲线的基础上，使其与直线 R=0.5 和 P=0.5 进行叠置，得到了四个正方形区域，分别由 A、B、C、D 代替，且 A、B、C、D 正处于 4 个不同正方形区域的中心处，而这 4 个区域也正好代表了城镇化发展的不同阶段。

位于左下方的 A 区域表示传统的粗放式经济发展模式，即在经济发展和城镇化建设过程中，没有考虑资源的消耗和环境污染，属于资源浪费型发展模式；位于左上方的 B 区域表示末端治理型经济发展模式，即在经济发展和城镇化建设过程中，考虑了环境效率的提升，注意了控制污染物排放和环境污染治理，但并未考虑资源的高效利用，同样造成了资源的浪费和能源损耗严重，属于重治理、轻节能的发展模式，虽然控制了污染，但造成了资源浪费，同样不可取；位于右下方的 C 区域表示源头削减型发展模式，即在经济发展和城镇化建设过程中，考虑了资源的有效利用，注意了减少能源消费，但忽略了污染治理，造成了环境污染，与 B 区域恰好相反，属于重节能、轻污染的发展模式，虽然减少了资源消耗，但造成了环境污染，同样不可持续；相比较而言，D 区域是发展程度最高的可持续、可循环的发展模式，即在经济发展和城镇化建设过程中，考虑了资源的有效利用，又注意了控制污染物排放和环境污染治理，节能的同时又治理了污染，属于可持续发展模式。

从粗放式发展模式到可持续发展模式，正是全球各国家城镇化进程中所面临的路径，而可持续发展模式正是最终的归宿。从 A 区域到 D 区域共有三条路径，分别代表着不同的探索思路，我国的基本国情决定了我们正在走 A—B—D 的发展路径，即在资源较为充足的前提下，先控制环境污染，再提升资源利用效率，最终实现可持续发展；而日本等一些发达国家，其本土资源缺乏，这就决定了他们走 A—C—D 的发展路径，他们通过提升资源利用效率、提升科技水平来实现减少污染排放的目的，最终达到可持续发展模式；而 A—D 发展模式无疑是最快捷、最高效的发展模式，这就要求该地区城镇化水平、科技水平空前发达，达到了使用最少的资源、排放最少的污染而获得单位产值的水平，相信这种少消耗、少污染、稳产值的最优模式必定是未来城市发展的走向。

4.3.2　城市环境绩效及转型发展的评估模型

1. 数据来源及处理

在选取指标对上海市环境绩效进行核算的过程中，考虑到资源效率和环境效率核算数据的可获取性和时间连续性，收集了总用水效率、工业用水效率、生活用水效率、总用电效率、工业用电效率、生活用电效率、总能源效率及工业能源效率等指标来计算上海市的资源效率，整理了总废水排放效率、工业废水排放效率、工业废水 COD 排放效率、工业废气总排放效率、工业烟尘排放效率、工业废气 SO₂ 排放效率等指标来计算上海市环境效率，构建的指标体系见表 4-7。相关数据从《上海统计年鉴》《中国统计年鉴》《上海市环境状况公报》收集而来。

表 4-7　上海市 2000～2015 年环境绩效核算指标体系

目标层	准则层	指标层	单位
环境绩效	资源效率	总用水效率	元/m³
		工业用水效率	元/m³
		生活用水效率	人/万 m³
		总用电效率	元/(kW·h)
		工业用电效率	元/(kW·h)
		生活用电效率	人/(万 kW·h)
		总能源效率	万元/t 标准煤
		工业能源效率	万元/t 标准煤
	环境效率	总废水排放效率	元/t
		工业废水排放效率	元/t
		工业废气总排放效率	元/标准 m³
		工业烟尘排放效率	万元/t
		工业废气 SO₂ 排放效率	万元/t
		工业废水 COD 排放效率	万元/t

2. 熵权 TOPSIS 法

熵权 TOPSIS 法是多目标决策分析中的一种常见方法(洪惠坤等，2015)。在给指定的多个决策单元进行优化决策时，首先计算出该决策目标的最优值和最劣值，再根据各决策单元距离最优值/最劣值的距离，判定该决策单元所处的状态，并对所有指定的决策单元进行优劣评价和排序。

基于熵权 TOPSIS 法核算了上海市 2000～2015 年的资源效率和环境效率，然后基于环境绩效城市发展评估模型对上海市的环境绩效进行评估和动态分析，最后评估出上海市在不同年份所处的城市发展阶段和模式。

熵权 TOPSIS 法的实现步骤如下。

1)构建评估矩阵

构建资源效率评估矩阵，记为 $X = \{X_{ij}\}_{m \times n}$，其中 X_{ij} 表示第 i 个时间内的第 j 个决策单元的资源效率，$i=1,2,\cdots,m$；$j=1,2,\cdots,n$；共有 m 个时间序列(2000～2015 年)，与时间序列对应的决策单元有 n 个，最后构成了拥有 m 个时间序列和 n 个决策单元的评估矩阵。

2）对评估矩阵开展标准化处理

为了保证资源效率的值介于 0～1 之间，需要对评估矩阵进行标准化处理，标准化公式如下：

$$X_{ij}^{*} = \frac{X_{ij} - X_{j\min}}{X_{j\max} - X_{j\min}} \tag{4-15}$$

式中，X_{ij}^{*} 为标准处理后的值，其标准化矩阵 $X^{*} = \left\{X_{ij}^{*}\right\}_{m \times n}$。其中，第 j 个决策单元的最优解为 $X_j^{*+} = 1$，第 $j+1$ 个决策单元的最劣解为 $X_j^{*-} = 0$。

3）确定各决策单元的权重 W_j

基于熵的定义，核算出第 j 个决策单元的熵值 H_j：

$$H_j = -k\sum_{i=1}^{m} P_{ij}\ln P_{ij} \tag{4-16}$$

$$P_{ij} = \frac{X_{ij}^{*}}{\sum_{i=1}^{m} X_{ij}^{*}} \tag{4-17}$$

$$K = \frac{1}{\ln m} \tag{4-18}$$

考虑到 $P_{ij}\ln P_{ij}$ 要与实际符合，则 P_{ij} 的值不能为 0 和 1，所以需要对 P_{ij} 的值加以约束，约束公式如下：

$$P_{ij} = \frac{(1 + X_{ij}^{*})}{\sum_{i=1}^{m}(1 + X_{ij}^{*})} \tag{4-19}$$

再根据熵值求得各决策单元的权重 w_j，其公式如下：

$$w_j = \frac{1 - H_j}{n - \sum_{j=1}^{n} H_j} \tag{4-20}$$

4）计算各资源效率中决策单元实际值到最优值和最劣值之间的欧式距离

$$r_i^{+} = \sqrt{\sum_{j=1}^{n} w_j (X_{ij}^{*} - X_j^{*+})^2} \tag{4-21}$$

$$r_i^{-} = \sqrt{\sum_{j=1}^{n} w_j (X_{ij}^{*} - X_j^{*-})^2} \tag{4-22}$$

根据最劣值 r_i^{-} 和最优值 r_i^{+}，求得上海市 2000～2015 年的资源效率中各决策

单元的评价值 R_i：

$$R_i = \frac{r_i^-}{r_i^- + r_i^+} \tag{4-23}$$

按照上述相同的计算过程，求得上海市 2000～2015 年的环境效率中各决策单元的综合评价值 P_i。基于环境绩效城市发展评估模型原理，R_i 和 P_i 的值越大，E_i 的值也越大，其也越接近城市可持续发展的模式。

3. 障碍度模型

在基于环境绩效城市发展评估模型核算环境绩效、探究城市发展模式的基础上，还进一步探究了影响城市环境绩效提高的制约因素。所以本章采用障碍度分析模型(黎孔清和陈银蓉，2013)对影响上海市环境绩效提升的制约因子和影响程度进行了评估，具体模型如下：

$$q_j = w_i \times w_{ij} \tag{4-24}$$

$$V_{ij} = 1 - X_{ij}^* \tag{4-25}$$

$$S_{ij} = \frac{q_j \times V_{ij}}{\sum_{j=1}^{n} q_j \times V_{ij}} \times 100\% \tag{4-26}$$

$$S_j = \frac{\sum_{i=1}^{m} S_{ij}}{m} \tag{4-27}$$

式中，q_j 表示影响因子贡献率，表征各单个影响因子对总目标的影响程度；w_i 为准则层对总目标层的权重；w_{ij} 为各单个影响因子对准则层的权重系数；V_{ij} 为影响因子偏离程度，表征各单个影响因子的实际值与目标最优值间的距离；S_{ij} 表示第 j 个影响因子在第 i 年的障碍度，即该影响因子在 i 年对总目标环境绩效的影响程度；S_j 表示第 j 个影响因子的年均障碍度。在计算出各影响因子的年均障碍度的基础上，对年均障碍度进行排序，找出主要影响因子和次要影响因子，并对其加以控制和改善。

4.3.3　城市环境绩效及转型发展的评估结果

1. 上海市资源效率评估

依据模型公式核算了上海市2000～2015 年的资源利用效率，由于数据所限，资源利用效率主要由水资源效率、电力资源效率和能源效率三个指标组成。

上海市总用水效率呈现稳步上升趋势；生活用水效率略有波动，但变化不大；

工业用水效率呈现"S"形增长趋势，2012 年前工业用水效率呈现缓慢而稳定的增长态势，从 2012 年起，增长速率大幅度提升，到 2015 年才有所减缓(图 4-4)。具体而言，总用水效率由 2001 年的 44.29 元/m³ 上升到 2015 年的 247.13 元/m³，年均增长率约为 30.7%，2015 年的总用水效率约是 2001 年的 5.6 倍；工业用水效率由 2001 年的 39.12 元/m³ 上升到 2015 年的 250.82 元/m³，年均增长率约为 14.19%，增长了约 5.41 倍；与总用水效率和工业用水效率相比，生活用水效率增幅较缓，15 年来一直稳定在 90～101.67 人/万 m³ 之间，其中 2001 年生活用水效率为 91.32 人/万 m³，2015 年生活用水效率为 101.67 人/万 m³，增长了约 11 个百分点。从极值来讲，总用水效率连年持续增长，在 2015 年出现极大值，其值为 247.13 元/m³，表明上海市 2015 年每消耗 1m³ 的水资源，其产生的地区生产总值达到最大；总用水效率在 2001 年呈现极小值，其值为 44.29 元/m³，表明上海市 2001 年每消耗 1m³ 的水资源，其产生的地区生产总值最小，效率最低。工业用水效率也呈现连年持续增长的态势，在 2015 年出现极大值，其值为 250.82 元/m³，表明上海市 2015 年每消耗 1m³ 的水资源，其产生的工业生产总值达到最大；工业用水效率在 2000 年呈现极小值，其值为 37.59 元/m³，表明上海市 2000 年每消耗 1m³ 的水资源，其产生的地区生产总值最小，效率最低。生活用水效率呈现波动增长趋势，在 2015 年出现极大值，其值为 101.67 元/m³，表明上海市 2015 年每消耗 1m³ 的水资源，其承载的人口数量最多；生活用水效率在 2000 年呈现极小值，其值为 89.02 元/m³，表明上海市 2000 年每消耗 1m³ 的水资源，其承载人口能力最低。

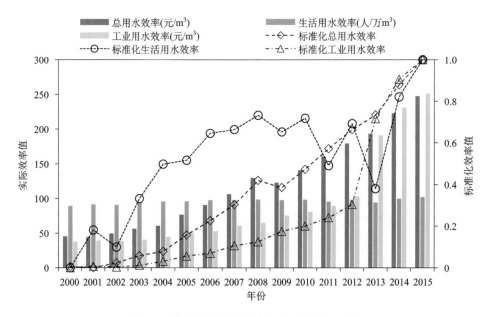

图 4-4　上海市水资源效率相关指标变化趋势

横向比较发现，2000 年时生活用水效率远高于总用水效率和工业用水效率，分别是其 1.98 倍和 2.37 倍；直到 2007 年开始，总用水效率才逐渐超过生活用水效率，而工业用水效率到 2012 年才超过生活用水效率，说明在科技投入不足、生产效率低下时，生活用水比工业用水更为高效，同时也从侧面反映出工业技术进步和资源合理利用对工业用水效率的提升起到重要的作用。

上海市总用电效率呈现稳步上升趋势，生活用电效率呈稳定下降趋势，工业用电效率在 2012 年经历了跳跃式的增长，2012 年前工业用电效率呈现缓慢而稳定的增长态势，从 2013 年起，增长速率大幅度提升，到 2015 年才有所减缓（图 4-5）。具体而言，总用电效率由 2000 年的 7.92 元/(kW·h) 上升到 2015 年的 20.29 元/(kW·h)，年均增长率约为 6.47%，其中 2015 年的总用电效率是 2000 年的 2.56 倍；工业用电效率由 2000 年的 3.87 元/(kW·h) 上升到 2015 年的 20.12 元/(kW·h)，年均增长率约为 15.94%，增长了约 4.2 倍；与总用电效率和工业用电效率相比，生活用电效率呈现下降趋势，其中 2007 年生活用电效率为 19.87 人/(万 kW·h)，2015 年生活用电效率为 12.42 人/(万 kW·h)，减少了约 4 个百分点。从极值来看，总用电效率连年持续增长，在 2015 年出现极大值，其值为 20.29 元/(kW·h)，表明上海市 2015 年每消耗 1kW·h 的电力资源，其产生的地区生产总值达到最大；总用电效率在 2000 年呈现极小值，其值为 7.92 元/(kW·h)，表明上海市 2000 年每消耗 1kW·h 的电力资源，其产生的地区生产总值最小，效率最低。工业用电效率也呈现连年持续增长的态势，在 2015 年出现极大值，其值为 20.12 元/(kW·h)，表明上海市 2015 年每消耗 1kW·h 的电力资源，其产生的地区生产总

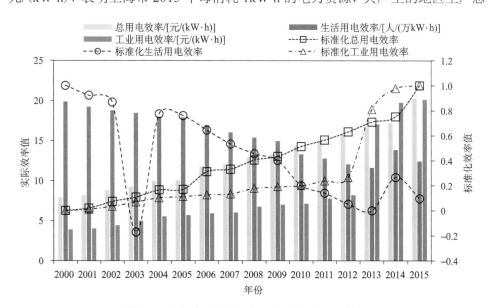

图 4-5　上海市电力资源效率相关指标变化趋势

值达到最大；工业用电效率在 2000 年呈现极小值，其值为 3.87 元/(kW·h)，表明上海市 2000 年每消耗 1kW·h 的电力资源，其产生的地区生产总值最小，效率最低。生活用电效率呈现下降趋势，生活用电效率的极大值和极小值分别出现在2000 年和 2013 年，其值分别为 19.87 人/(万 kW·h) 和 11.63 人/(万 kW·h)，表明上海市 2000 年的生活用电效率最高，其每消耗 1kW·h 的电力资源，所承载的人口数量最大；2013 年的生活用电效率最低，其每消耗 1kW·h 的电力资源，所承载的人口数量最小。横向对比发现，2000 年生活用电效率远高于总用电效率和工业用电效率，分别是其 2.52 倍和 5.13 倍；直到 2010 年，总用电效率才逐渐超过生活用电效率，而工业用电效率到 2013 年才超过生活用电效率。生活用电的逐年降低说明居民的节能的意识还没有形成，应当倡导居民节能减排，培养居民的节能意识。

上海市总能源效率呈现逐年增长的趋势，且增长趋势较为稳定；工业能源效率呈 "V" 形增长的趋势，且 2012 年前，工业能源效率呈现缓慢而稳定的增长态势，从 2012 年起，增长速率大幅度提升，到 2013 年后才有所减缓 (图 4-6)。具体而言，总能源效率由 2000 年的 0.78 元/t 上升到 2015 年的 2.38 元/t，年均增长率约为 7.72%，其中 2015 年的总能源效率是 2000 年的 3.05 倍；工业能源效率由2000 年的 0.55 元/t 上升到 2015 年的 2.98 元/t，年均增长率约为 11.92%，增长了约 4.42 倍。上海市 2012 年工业能源效率超过总能源效率，说明从 2012 年开始，上海市加大了工业技术投入，采取先进节能技术和清洁生产工艺，提高了工业能源的利用效率。

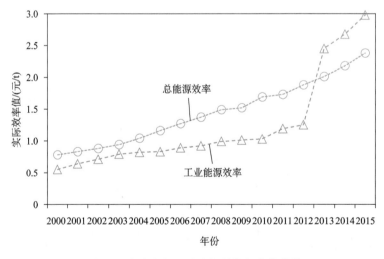

图 4-6　上海市能源效率相关指标变化趋势

2. 上海市环境效率评估

依据模型计算公式核算了上海市 2000～2015 年的环境效率，由于数据所限，资源效率主要由水污染、大气污染和固体废弃物污染三个指标组成。

上海市总废水排放效率呈现稳步上升趋势；工业废水排放效率和工业废水COD 排放效率呈现波动增长趋势(图 4-7)。具体而言，总废水排放效率由 2000 年的 339.8 元/t 增长到 2015 年的 1123.43 元/t，年均增长率为 8.30%，增长了约 2.3 倍；工业废水排放效率由 2000 年的 550.92 元/t 增长至 2015 年的 3698.34 元/t，年均增长率为 13.53%，增长了约 5.71 倍；工业废水 COD 排放效率则由 2000 年的 700.9 万元/t 上升到 2015 年的 6309.8 万元/t，提高了约 8 倍，这也表明了上海市的水污染效率在逐年提高，即每排放 1t 废水，其产生的地区生产总值在不断增加。从极值来看，总废水排放效率呈现先缓慢增长，再快速增长的发展趋势，在 2015 年出现极大值，其值为 1123.43 元/t，表明上海市 2015 年每排放 1t 废水，其产生的地区生产总值最大；总废水排放效率的最小值出现在 2000 年，其值为 339.8 元/t，表明上海市 2015 年每排放 1t 废水，其产生的地区生产总值最小，效率最低；工业废水排放效率呈现波动增长趋势，在 2015 年出现极大值，其值为 3698.34 元/t，表明上海市 2015 年每排放 1t 废水，其产生的地区生产总值最大；工业废水 COD 排放效率呈现波动增长的趋势，在 2015 年出现极大值，其值为 6309.8 元/t，表明上海市 2015 年每排放 1t 废水，其产生的地区生产总值最大；工业废水 COD 排放

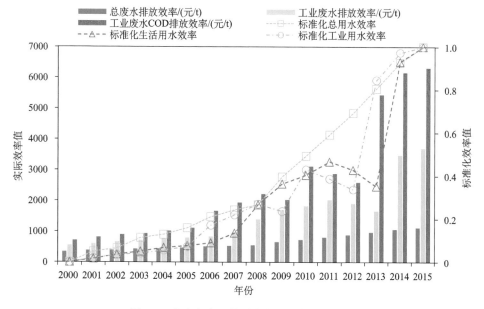

图 4-7　上海市水污染效率相关指标变化趋势

效率的最小值出现在 2000 年，其值为 700.9 元/t，表明上海市 2000 年每排放 1t 废水，其产生的地区生产总值最小，效率最低。就增长速率来看，总废水排放效率的年均增长率要明显低于工业废水 COD 排放效率和工业废水排放效率，表明总废水排放效率不足以成为上海市污染治理的制约因子，上海市在污染治理过程中应该重点关注总废水排放效率。上海市工业废气 SO_2 排放效率呈现先增加，后减小，再逐年增加的发展趋势；工业烟尘排放效率呈现波动增长趋势；工业废气总排放效率呈现先稳定增长，后快速增长趋势(图 4-8)。具体而言，工业废气 SO_2 排放效率发生两个阶段的持续增长：第一阶段由 2000 年的 800.39 万元/t 增长到 2003 年的 980.34 万元/t，年均增长率为 7.0%；第二阶段由 2004 年的 100.98 万元/t 增长到 2015 年的 1102.23 万元/t，年均增长率为 24.3%。工业废气总排放效率呈现稳定增长趋势，由 2000 年的 0.33 万元/t 增长到 2015 年的 1.39 万元/t，年均增长率为 10.1%，增长了约 3.21 倍。工业烟尘排放效率呈现不规则的变化趋势，最大值出现在 2015 年，其值为 2012.7 万元/t，即每排放 1t 工业烟尘，其产生的地区生产总值最大；最小值出现在 2000 年，其值为 700.9 万元/t，即每排放 1t 工业烟尘，其产生的地区生产总值最小。分析表明，相比较而言，工业烟尘排放效率增速最明显，但呈现的波动起伏较大，需要考虑重点控制，工业烟尘排放效率呈现的波动起伏较大，需考虑重点控制。

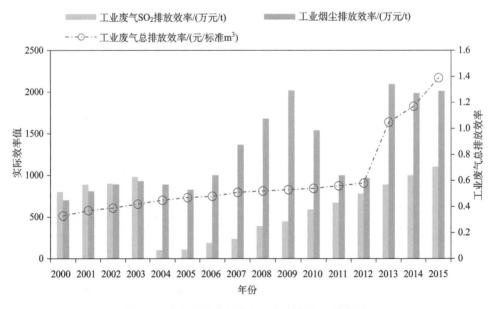

图 4-8　上海市大气污染效率相关指标变化趋势

工业固废产量效率和工业固废综合利用效率都呈现先稳定增长，后迅速增长的态势，其中 2012 年是分水岭，且两者的增长速率极其类似(图 4-9)。从极值角度分析，工业固废产量效率的最大值出现在 2015 年，其值为 9.33 万元/t，表明每消耗 1t 工业固废，其产生的地区生产总值最大；工业固废产量效率的最小值出现在 2000 年，其值为 1.49 万元/t，表明每消耗 1t 工业固废，其产生的地区生产总值最小，且 2015 年的工业固废产量效率约是 2000 年的 6.26 倍。工业固废综合利用效率的最大值出现在 2015 年，其值为 9.23 万元/t，表明每消耗 1t 工业固废，其产生的地区生产总值最大；工业固废综合利用效率的最小值出现在 2000 年，其值为 1.43 万元/t，表明每消耗 1t 工业固废，其产生的地区生产总值最小，且 2015 年的工业固废综合利用效率约是 2000 年的 6.45 倍。2013 年两者分别较上一年明显增大，表明 2012 年后，随着生态文明建设步伐的加快，上海市工业固废污染效率受到了较为显著的影响，这也从侧面印证了生态文明建设的成效。

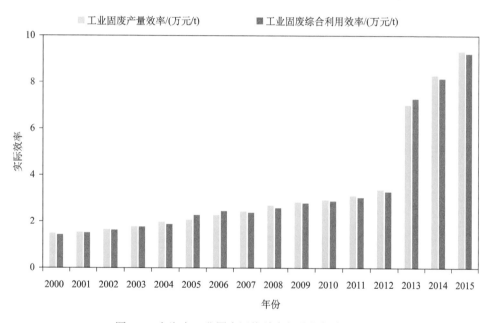

图 4-9　上海市工业固废污染效率相关指标变化趋势

3. 上海市环境绩效评估

在核算出上海市 2000~2015 年资源效率和环境效率的基础上，分析上海市资源效率与环境效率的动态变化，并评估其环境绩效的长时间序列变化趋势，计算结果如图 4-10 所示。

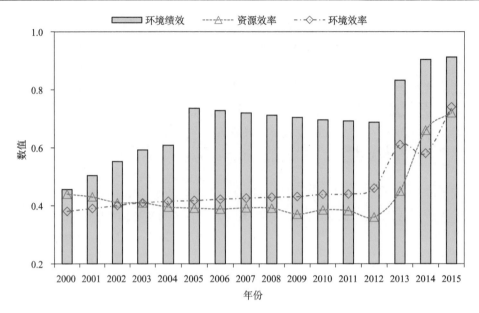

图 4-10　上海市 2000～2015 年环境绩效变化态势

环境效率的变化趋势呈现先稳步提升后快速增长的趋势，环境绩效呈现先快速增长，后趋于稳态，再二次增长的变化趋势。就极值而言，资料效率、环境效率和环境绩效三者的极大值均出现在 2015 年，分别为 0.72、0.74 和 0.89，环境绩效和环境效率的极小值出现在 2000 年，分别为 0.44、0.38，资源效率的极小值出现在 2012 年，为 0.36。其中 2012～2013 年发生了快速增长的趋势，说明生态文明建设的开展对上海市环境绩效产生了重要的影响，对环境绩效的提高起到了促进作用。

4. 上海市环境绩效及转型发展评估

基于环境绩效的城市发展度量模型，结合城市发展模式判定环境绩效评估的内在机理，对上海市 2000～2015 年的城市发展模式进行判定，把每一年上海市的环境绩效、环境效率和资源效率按序布置在 A、B、C、D 四个区域，以判别各年份上海市的城市发展模式（表 4-8），对上海市 16 年的城市发展模式进行总结，可探究上海市未来城市发展的路径。

表 4-8　上海市各年份城市发展模式判定

年份	区域	资源效率	环境效率	环境绩效	城市发展模式
2000	A	低	低	低	传统型发展模式
2001	A	低	低	低	传统型发展模式
2002	A	低	低	低	传统型发展模式

续表

年份	区域	资源效率	环境效率	环境绩效	城市发展模式
2003	*A*	低	低	低	传统型发展模式
2004	*A*	低	低	低	传统型发展模式
2005	*A*	低	低	低	传统型发展模式
2006	*A*	低	低	低	传统型发展模式
2007	*A*	低	低	低	传统型发展模式
2008	*A*	低	低	低	传统型发展模式
2009	*A*	低	低	低	传统型发展模式
2010	*A*	低	低	低	传统型发展模式
2011	*A*	低	低	低	传统型发展模式
2012	*A*	低	低	低	传统型发展模式
2013	*B*	低	高	中	末端治理型发展模式
2014	*B*	高	高	高	可持续发展模式
2015	*D*	高	高	高	可持续发展模式

上海市走了一条 *A—B—D* 的城市发展路线，2000～2012 年上海市的发展模式为传统粗放型发展模式，即在牺牲环境和消耗资源的基础上发展经济；2012 年后，我国开展生态文明建设，上海市逐渐步入末端治理型发展模式，到 2014 年底，上海市实现了可持续发展。从时间尺度分析，上海市经历了长达 13 年的摸索和奋斗，从低资源效率、低环境效率、低环境绩效发展到低资源效率、高环境效率和中环境绩效，再到高资源效率、高环境效率、高环境绩效，这一发展路径同样折射着中国其他城市的发展历程，上海市的城市发展经验值得其他城市学习，以期减少传统发展模式的发展，尽快进入末端治理型或直接进到可持续发展模式。

在分析出上海市各年份环境绩效的动态变化趋势和城市发展模式的基础上，进一步利用障碍度模型探究了影响上海市各年份环境绩效变化的因子及其贡献程度，并将各影响因子按其贡献大小进行排序，甄选出影响环境绩效的关键影响因子。

在所有影响上海市环境绩效提升的指标中，工业废气总排放效率、工业烟尘排放效率和生活用电效率三个因子对上海市环境绩效的影响程度最大，平均贡献程度分别为 8.83%、8.42% 和 8.07%。贡献程度最小的是总用电效率，其值为 3.42%。这表明，在现阶段发展过程中，影响上海市环境绩效提升和城市可持续发展的最大障碍是工业废气总排放效率，其次是工业烟尘排放效率和生活用电效率。上海市应采取针对性的措施，严控工业废气和工业烟尘排放，提升居民用电效率，倡导节能减排，加大工业废气排放监管力度和投入，以提高工业废气的总排放效率，达到提升上海市环境绩效的目的，使城市发展更加绿色。

5. 上海市环境绩效及转型发展结论

基于环境绩效的可持续度量城市模型和熵权 TOPSIS 法定量评估了上海市2000～2015 年的资源效率、环境效率及环境绩效，并分析了其动态变化趋势，判定了上海市各年份所处的城市发展模式，诊断出了影响上海市环境绩效提升的关键影响因子，提出了针对性的城市可持续发展策略。得出的结论具体如下。

(1) 2000～2015 年上海市资源效率和环境效率呈现先稳步上升、后迅速增长的发展态势，环境绩效发展体现出了先快速增长、后趋于稳态，2012 年出现再次快速增长的变化趋势。发生转变的主要转折点是在 2012 年，这和上海市开展生态文明建设，倡导清洁生产有着直接关系。

(2) 2000～2015 年上海市环境绩效变化先后经历了低、中、高的发展历程，对应的城市发展模式也经历了传统型发展模式到末端治理型发展模式再到可持续发展模式阶段，上海市城市发展经历的 $A—B—D$ 发展路径给国内多数城市提供了经验参考和借鉴。

(3) 2000～2015 年影响上海市环境绩效提升的主要影响因子为工业废气总排放效率，其次是工业烟尘排放效率和生活用电效率。上海市政府应严控工业废气排放，加大工业废气、烟尘排放的监管和治理力度，引导居民节约用电，需要在生产端严格把控，在消费端实现环境绩效的提升。

4.4　本　章　小　结

长三角地区是我国最大的城市群，是我国综合经济实力最强的地区，其经济总量约占全国的 1/4，目前仍保持较高速度的经济增长。长三角地区城镇化水平较高且保持增长，据估计，2025 年常住人口城镇化率将达到 70%。上海市是长三角地区经济规模最大的城市，地处长三角前沿，其影响力辐射整个长三角地区，乃至全国。上海市的能源消费量和 CO_2 排放量均居长三角地区之首，长三角地区能否完成生态转型，重点在于上海市。

本章以上海市为研究对象，在社区尺度开展居民消费碳排放变化以反映上海市城镇化生态转型过程，基于社区碳排放核算方法调研了上海市部分社区能源消耗、交通出行、居民消费行为、家庭偏好、建筑物特征、公共绿地等重要指标，核算了社区居民家庭消费和交通出行碳排放。研究表明，上海市家庭住宅碳排放是社区居民碳排放的主要来源，约占总量的 66.75%。而家庭用电和家庭取暖排放是住宅碳排放的主要来源。生态社区、生产型社区和普通社区在供热方式、朝向、楼层、建材和房子面积大小等方面差异明显，其产生的碳排放潜势也存在差异。区位、经济特征、居民偏好等要素影响碳排放的格局，但并不总是线性关系，有异质性特征存在。

　　在城市尺度开展了城市环境绩效变化以反映上海市城镇化生态转型过程,结果显示,2000~2015 年上海市环境绩效呈现逐年递增趋势,2012 年增幅达到最大,与其对应的城市发展模式也经历了传统型发展模式到末端治理型发展模式再到可持续发展模式阶段。影响上海市环境绩效提升的主要影响因子为工业废气总排放效率。上海市政府应严控工业废气排放,加大工业废气、烟尘排放的监管和治理力度,引导居民节约用电,在生产端严格把控,在消费端实现环境绩效的提升。结合环境绩效评估结果,提炼上海市生态转型的发展路径,进而辐射至整个长三角城市群,为长三角生态社区建设、城市低碳发展和城镇化生态转型研究提供科学依据。

参 考 文 献

董学兵, 杨智, 李盈. 2012. 城市居民可持续消费行为的影响因素. 城市问题, (10): 55-61.

郭晓东, 郝晨, 王蓓. 2019. 空间视角下湖北省环境绩效评估及影响因素分析. 中国环境科学, 39(10): 4456-4463.

韩瑞玲, 佟连军, 佟伟铭. 2011. 沈阳经济区经济与环境系统动态耦合协调演化. 应用生态学报, 22(10): 2673-2680.

洪惠坤, 廖和平, 魏朝富, 等. 2015. 基于改进 TOPSIS 方法的三峡库区生态敏感区土地利用系统健康评价. 生态学报, 35(24): 8016-8027.

黎孔清, 陈银蓉. 2013. 低碳理念下的南京市土地集约利用评价. 中国土地科学, 27(1): 61-66.

刘益明, 刘书俊. 2013. 循环经济发展评价的生态效率测算模型及应用. 环境保护科学, (6): 54-57.

田旭, 戴瀚程, 耿涌. 2016. 居民家庭消费支出变化对上海市 2020 年低碳发展的影响. 中国人口·资源与环境, 26(5): 55-63.

王德, 刘振宇, 武敏. 2015. 上海市人口发展的趋势、困境及调控策略. 城市规划学刊, (2): 40-47.

王娟, 杨贵庆. 2015. 上海城市社区类型谱系划分及重点社区类型遴选的研究. 上海城市规划, (4): 6-12.

尹龙, 杨亚男, 章刘成. 2021. 中国居民消费碳排放峰值预测与分析. 新疆社会科学, (4): 42-50, 168.

张馨, 牛叔文, 赵春升, 等. 2011. 中国城市化进程中的居民家庭能源消费及碳排放研究. 中国软科学, (9): 65-75.

张妍, 杨志峰. 2007. 城市物质代谢的生态效率——以深圳市为例. 生态学报, 27(8): 3124-3131.

Balaras C A, Gaglia A G, Georgopoulou E. 2007. European residential buildings and empirical assessment of the Hellenic building stock, energy consumption, emissions and potential energy savings. Building and Environment, 42 (3): 1298-1314.

Barthelmie R J, Morris S D, Schechter P. 2008. Carbon neutral Biggar: calculating the community carbon footprint and renewable energy options for footprint reduction. Sustainability Science, 3 (2): 267-282.

Deng X, Bai X. 2014. Sustainable urbanization in western China. Environment: Science and Policy for Sustainable Development, 56 (3): 12-24.

IEA. 2009. World Energy Outlook 2009. Paris: Internatinal Energy Agency.

Papadopoulos A M, Giama E. 2007. Environmental performance evaluation of thermal insulation materials and its impact on the building. Building and Environment, 42 (5): 2178-2187.

Sanquist T F, Orr H, Shui B, et al. 2012. Life style factors in US residential electricity consumption. Energy Policy, 42: 354-364.

Yang Z, Fan Y, Zheng S. 2016. Determinants of household carbon emissions: pathway toward eco-community in Beijing. Habitat International, 57: 175-186.

Zhu Z, Shen Y, Huang M. 2011. Empirical study on low-carbon consumption and factors of carbon emission: based on Hangzhou. Survey Resource Development and Market, 27 (9): 831-834.

第 5 章　珠三角地区城镇化生态转型

　　粤港澳大湾区建设是新时代国家改革开放下的重大发展战略,对国家实施创新驱动发展和坚持改革开放具有重大意义。进一步深化粤港澳合作,充分发挥三地综合优势,促成区域内的深度融合,推动区域经济协同发展,建设宜居、宜业、宜游的国际一流湾区。2017 年 7 月 1 日,在习近平总书记的见证下,国家发展和改革委员会与粤港澳三地政府在香港共同签署《深化粤港澳合作 推进大湾区建设框架协议》,为大湾区建设定下合作目标和原则,同时也确立了合作的重点领域。中共中央、国务院于 2019 年 2 月印发的《粤港澳大湾区发展规划纲要》指出,粤港澳大湾区不仅要建成充满活力的世界级城市群、具有全球影响力的国际科技创新中心,成为“一带一路”建设的重要支撑、内地与港澳深度合作示范区,还要打造成宜居宜业宜游的优质生活圈,成为高质量发展的典范。

　　从 1985 年开辟珠三角经济开放区,到 2003 年提出泛珠三角区域合作及 2015 年广东自贸试验区正式挂牌,再到目前推进粤港澳大湾区建设,珠三角地区在带动区域乃至国家经济发展中都发挥了重要作用。2020 年珠三角地区 GDP 总量占粤港澳大湾区的 77.83%,人口占粤港澳大湾区的 90.53%。因此,在粤港澳大湾区国家战略背景下,为了充分发挥珠三角地区经济基础好、产业集群集聚程度高及丰富的人力资源优势,有必要研究珠三角地区各地市的能源环境效率变化及居民消费行为的生态环境影响,以期为提高珠三角城市群的区域竞争力和环境保护及为建成全球最具有活力的大湾区提供决策基础信息。

5.1　珠三角地区城镇化生态转型现状及趋势

　　珠三角地区(111.5°~115.5°E, 21.5°~25°N)位于广东省中部,面积约为 5.6 万 km^2,包括广州、佛山、肇庆、深圳、东莞、惠州、珠海、中山和江门 9 个城市;属于南亚热带季风气候,年平均气温在 22℃ 左右,年均降水量为 1600~1900mm。该地区各个地市的 GDP、能源消耗量、土地面积及人口数量见表 5-1。根据《广东统计年鉴 2016》,2015 年该地区的人口达到了 5874 万人,成为世界上人口最密集的地区之一,同时它也是中国重要的增长极之一。2015 年 GDP 总量为 62267.7 亿元,且年均 GDP 增长率达到了 8.6%,比省和国家的 GDP 增长率分别高出了 0.6% 和 1.7%。其中广州和深圳是珠三角地区的两个发展核心,在带动周边区域发展中发挥了重要作用。2015 年广州和深圳的 GDP 分别为 1.81 万亿元和 1.75 万亿元，分别约占珠三角地区 GDP 的 29%和 28%。

表 5-1　2015 年珠三角地区各地市社会经济情况

城市	GDP/亿元	能源/万 t 标准煤	面积/km²	常住人口/万人
广州	18100.4	886432	7434.40	1350
深圳	17502.9	715494	1997.30	1138
珠海	2025.4	91910	1732.33	163
佛山	8003.9	416658	3797.72	743
惠州	3140.0	220689	11346.00	476
东莞	6275.1	323756	2460.00	825
江门	2240.0	171127	9505.42	452
中山	3010.0	117148	1783.67	321
肇庆	1970.0	130708	14891.00	406
珠三角	62267.7	3073922	54947.84	5874

　　2005～2015 年珠三角地区的能源消耗量呈现增长趋势(图 5-1)。2015 年珠三角地区能源消耗量为 3073922 万 t 标准煤。从各个地市能源消耗量看，地区差异较大。广州和深圳的能源消耗量占珠三角地区能源消耗总量的 50%以上；佛山和东莞约占 24%；其余地市的占比都小于 10%。珠三角地区的能源消耗量增长率在

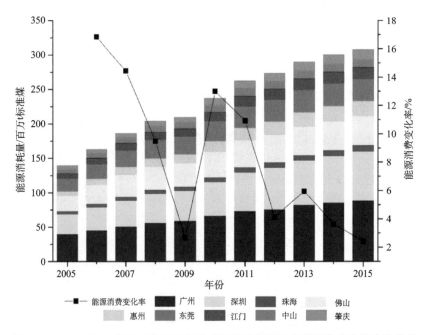

图 5-1　2005～2015 年珠三角地区各地市能源消耗量及能源消费变化率变化趋势

2005～2009 年呈现明显的下降趋势；2010 年具有一个明显的上升，随后在 2010～
2015 年又开始下降。2009 年能源消耗量增长率较低的主要原因是 2008 年发生了
世界经济危机，因而 GDP 增速比较缓慢。

改革开放前，珠三角地区的经济发展与城市建设都是在计划经济下进行的，
城镇化进程十分缓慢。20 世纪 80 年代初，珠三角地区开始生产劳动密集型消费
品，例如食品、饮料、玩具及服装等。1985 年后，香港的工业生产活动转移到珠
三角地区，促进了当地的轻工业发展；20 世纪 90 年代初，高科技电子设备和机
械、化学制品及汽车等重工业兴起，在工业产出及出口方面占有重要地位。虽然
轻工业发展成熟，但珠三角地区现正把发展重点转向重工业。以工业总产值计，
广东规模以上工业中，轻重工业比例由 1995 年的 1.39∶1 下跌至 2015 年的 0.60∶1。
珠三角地区计划鼓励劳动密集型产业迁移至周边地区，并发展电信、设备制造、
汽车及石油化工业，重工业正在珠三角地区开始发展，尤其是广州及惠州。同时，
服务业在珠三角地区经济中的比重日益增加，使得经济结构出现明显的变化，珠
三角地区三次产业结构由 1980 年的 26∶45∶29 变为 2015 年的 2∶42∶56。珠三
角地区城镇化生态转型的本质就是依靠技术进步，实现传统产业的转型与升级，
发展新兴产业，从以劳动密集型为主的低端制造业转向依靠技术创新的高端制造业。

在珠三角地区生态转型过程中，广东省政府制定了一系列政策和措施，主要
包括：利用经济手段提高土地利用强度；大力发展循环经济，形成了一种低投入、
低消耗、低排放和高产出的经济发展模式；重视加强对能源消耗量大的行业或部
门的能源管理，加强工业、建筑业和运输业等行业的节能减排。这些措施对促进
珠三角地区经济转型和建立绿色低碳发展模式发挥了重要作用。2013 年 3 月的《中
国城镇化质量报告》显示：在全国 286 个地级以上城市中，广东省有 5 个市上榜
全国城镇化质量十强。其中深圳位列第一，佛山、中山、东莞分别为第五、六、
七名，广州排名第十位，均处于珠三角地区。2016 年珠三角地区成为我国首个国
家级森林城市群建设示范区。

在珠三角地区生态转型过程中，城镇化发展的驱动力不断变化。1987～1993
年，推动城镇化发展大战的主要动力是人口、土地、公路密度和政府支出；1994～
1999 年第二产业、消费、政府支出和外贸依存度推动了城镇化的进一步发展；
2000～2006 年人口、土地、科技和医疗转变是主要的城镇化动力；2007 年至今，
产业、经济水平、人口与科技成为城镇化的重要动力。驱动力转变催生了新的产
业空间需求，由原来的要素驱动、资金驱动转向技术及创新驱动，由劳动密集型
产业向资金与技术密集型产业转变，需要承载科技创新、金融创新、知识产权服
务等功能的空间。纵观改革开放以来，珠三角地区从一个典型的桑基鱼塘的农业
发展阶段，经过乡村工业化、城市工业化的发展，进入大都市化、城市群的发展
阶段。珠三角地区的城镇化进程发生了重大的转型，从外向型乡村城镇化发展模

式，逐渐转向创新型、全域城镇化的城市群发展模式。

5.2　工业系统能源环境全要素生产率变化及分析

产业生态化是将产业系统作为自然生物圈的有机组成部分，根据生态学、产业生态学与系统学的相关原理，对产业生态系统各组成部分进行合理优化耦合，以建立高效率、低消耗、无污染、经济增长与生态环境相协调的产业生态系统的过程。国内学者对产业生态化的研究多是从生态学的视角进行，从"生态效率"视角进行定量分析的研究较少。作为衡量可持续发展水平的重要指标，生态效率指标被广泛应用于区域生态化程度评价。

"生态效率"一词最早由德国学者赛哈尔特格和斯达姆于 1990 年提出，他们认为生态效率能更好地考察经济活动对环境的影响，反映了一个区域或产业的发展水平及竞争水平。效率是指每单位资源消耗量的经济产出；生态效率是指考虑了生产活动对环境影响的效率，两者之间的区别是在计算过程中是否将对环境的影响考虑在内。世界可持续发展工商理事会在此基础上进一步提出了生态效率的定义，即生态效率能减少物品和服务的物质或能源投入密度、减少有害气体排放、提高物质的循环利用率、延长物品生命周期、最大限度地利用可再生能源及提升物品或服务的舒适度。同时其还提出生态效率是从不可持续发展向可持续发展转变的主要工具之一。

随着气候变化和经济可持续性关注度的日益提高，生态效率评估已经成为学术界的一个重要研究方向。在生产过程中，非期望产出往往随着期望产出同时出现。但是，许多研究仅关注期望产出，忽略了非期望产出对环境的影响，从而造成了评估生态效率结果的偏差；较少研究考虑了非期望产出指标，这些研究中主要采用两种方法对非期望产出进行处理：第一种方法是将非期望产出指标作为投入指标；第二种方法是进行数据转换，然后根据传统的评估模型对生态效率进行估算。然而，这些方法不符合物质平衡原理、物理原理及生产理论的标准公理。目前，生态效率评估方法主要包括经济增长核算法、生产函数法、SFA 法和 DEA 法，其中，SFA 法和 DEA 法应用最广泛。SFA 法是参数评估方法，DEA 法是非参数评估方法。用 SFA 法处理多投入、多产出指标时存在一定的困难，并且需要设置与实际情况相符的精确的函数形式。相反，用 DEA 法除了需要投入-产出数据之外，不需要其他任何数据。因此，本节采用 DEA 法评估珠三角地区各个产业的能源环境全要素生产率。

5.2.1　能源环境全要素生产率评估模型

1. 评估模型

采用非参数方法来构造珠三角地区的环境生产前沿和相关指数。基本思路是通过包络所有的样本点得出环境生产前沿面，进而利用方向性距离函数计算环境技术进步和 ML 生产率指数（杨俊和邵汉华，2009；赵娜，2021）。首先需要定义如下生产可能性集合：假设每一个决策单元（行业）使用 N 种投入 $x = (x_1, \cdots, x_n) \in R_+^N$，得到 M 种"好"产出 $y = (y_1, \cdots, y_n) \in R_+^M$，以及 I 种"坏"产出 $b = (b_1, \cdots, b_n) \in R_+^I$。使用 $P(x)$ 表示生产可能性集合：

$$P(x) = \left\{ (y, b) \big| x\text{能生产}(y, b) \right\}, x \in R_+^N \tag{5-1}$$

假设生产可能性集合 $P(x)$ 满足以下条件（王冰和程婷，2019；潘雅茹，2020）。

(1) 闭集和凸集。

(2) 可自由处置性：如果 $(y, b) \in P(x)$ 且 $y' \leqslant y$ 或 $x' \geqslant x$，那么 $(y', b) \in P(x)$，$P(x) \subseteq P(x')$。

(3) 弱可处置性：如果 $(y, b) \in P(x)$ 且 $0 \leqslant \theta \leqslant 1$，那么 $(\theta y, \theta b) \in P(x)$。

(4) 零结合性：如果 $(y, b) \in P(x)$ 且 $b = 0$，那么 $y = 0$。

弱可处置性表示非期望产出的减少是有成本的。在给定的资源投入情况下，如果要减少非期望产出，必然需要原本用于生产期望产出的部分资源，从而导致期望产出相应减少。零结合性意味着有期望产出就必定有非期望产出。

可以运用 DEA 法描述满足上述性质的生产可能性集合 $P(x)$。假设在每一个时期 $t = 1, \cdots, T$，第 k 个市的投入和产出值为 $(x^{k,t}, y^{k,t}, b^{k,t})$，利用这些投入，期望产出和非期望产出可以构造如下环境技术集合：

$$P^t\left(x^t\right) = \left\{ (y^t, b^t) : \sum_{k=1}^{K} z_k^t y_{km}^t \geqslant y_m^t, m = 1, \cdots, M; \sum_{k=1}^{K} z_k^t y_{km}^t = b_i^t, i = 1, \cdots, I \right\} \tag{5-2}$$

$$\sum_{k=1}^{K} z_k^t y_{km}^t \leqslant x_n^t, n = 1, \cdots, N; z_k^t \geqslant 0, k = 1, \cdots, K \tag{5-3}$$

采用 Färe 等（2001）构建的方向性距离函数：

$$\overrightarrow{D_0}\left(x, y, b; g_y, g_b\right) = \max\left\{ \beta : (y + \beta g_y, b - \beta g_b) \in P(x) \right\} \tag{5-4}$$

其中，$g = (g_y, g_b)$，表示一个方向向量。如果 $g = (y, -b)$，则表示在给定投入 x 的情况下，"好"产出 y 成比例扩大，"坏"产出 b 成比例缩小，β 就是"好"产出 y 增大、"坏"产出 b 减小的最大可能数量。

根据 Chung 和 Färe（1997）的方法，基于产出考虑环境的全要素生产率指数可以用 ML 生产率指数来表示：

$$\mathrm{ML}_0^t = \frac{1 + D_0^{\rho t}\left(x^t, y^t, b^t, y^t, -b^t\right)}{1 + D_0^{\rho t}\left(x^{t+1}, y^{t+1}, b^{t+1}, y^{t+1}, -b^{t+1}\right)} \tag{5-5}$$

这个指数测度了在 t 时期技术条件下，$t \sim t+1$ 期的全要素生产率的变化率。其中 $D_0^{\rho t}\left(x^t, y^t, b^t, y^t, -b^t\right)$ 是引入的混合距离函数，表示 $t+1$ 生产参考 t 期的技术。在 $t+1$ 期的技术条件下，ML 生产率指数为

$$\mathrm{ML}_0^{t+1} = \frac{1 + D_0^{\rho t+1}\left(x^t, y^t, b^t, y^t, -b^t\right)}{1 + D_0^{\rho t+1}\left(x^{t+1}, y^{t+1}, b^{t+1}, y^{t+1}, -b^{t+1}\right)} \tag{5-6}$$

为了排除时期选择的随意性，通常使用两个 ML 生产率指数的几何平均值得到以 t 期为基期到 $t+1$ 期的全要素生产率的变化。

$$\mathrm{ML}_t^{t+1} = \left(\frac{\left(1 + D_0^{\rho t}\left(x^t, y^t, b^t, y^t, -b^t\right)\right)}{\left(1 + D_0^{\rho t}\left(x^{t+1}, y^{t+1}, b^{t+1}, y^{t+1}, -b^{t+1}\right)\right)} \frac{\left(1 + D_0^{\rho t+1}\left(x^t, y^t, b^t, y^t, -b^t\right)\right)}{\left(1 + D_0^{\rho t+1}\left(x^{t+1}, y^{t+1}, b^{t+1}, y^{t+1}, -b^{t+1}\right)\right)}\right)^{1/2}$$

$$\tag{5-7}$$

$$\mathrm{EFFCH}_t^{t+1} = \frac{1 + D_0^{\rho t}\left(x^t, y^t, b^t, y^t, -b^t\right)}{1 + D_0^{\rho t}\left(x^{t+1}, y^{t+1}, b^{t+1}, y^{t+1}, -b^{t+1}\right)} \tag{5-8}$$

$$\mathrm{TECH}_t^{t+1} = \left(\frac{\left(1 + D_0^{\rho t}\left(x^t, y^t, b^t, y^t, -b^t\right)\right)}{\left(1 + D_0^{\rho t}\left(x^{t+1}, y^{t+1}, b^{t+1}, y^{t+1}, -b^{t+1}\right)\right)} \frac{\left(1 + D_0^{\rho t+1}\left(x^t, y^t, b^t, y^t, -b^t\right)\right)}{\left(1 + D_0^{\rho t+1}\left(x^{t+1}, y^{t+1}, b^{t+1}, y^{t+1}, -b^{t+1}\right)\right)}\right)^{1/2}$$

$$\tag{5-9}$$

ML 把生产率的变化原因分为技术变化（TECH）与技术效率变化（EFFCH）：技术变化是 $t \sim t+1$ 期的生产前沿面的移动，反映的是决策单元的"追赶效应"；技术效率变化是生产技术的利用效率，是 $t \sim t+1$ 期生产前沿面和实际产出量之间的距离变化，反映的是实际生产与生产前沿面的最大可能产出迫近的程度的变化（付丽娜等，2013），以及决策单元的"增长效应"。生产率的变化即利用距离函数比率计算 $t \sim t+1$ 期投入-产出变化关系。

2. 数据来源及指标体系

数据主要来自 2007 年和 2012 年全国工业污染重点调查企业数据库，其中2007 年调研了珠三角地区 8523 家企业的数据，2012 年有 9777 家。我们从中筛选出了在 2007 年和 2012 年都调研的 2810 家企业。数据库信息主要包括企业名称，各种能源消耗量（煤炭、燃料煤、原煤、燃料油、柴油、天然气等），年正常生产时间，总产值，地址及 SO_2、NO_x 和 COD 排放量，工业废水排放量等指标。本节

根据 2810 家企业的主要产品类型，将其归类为 29 个工业生产部门（表 5-2）。

表 5-2　行业部门与代码对应情况

行业部门	代码	行业部门	代码
专用设备制造业	1	木材加工及木、竹、藤、制品业	16
造纸及纸制品业	2	软饮料及精制茶加工业	17
有色金属冶炼、压延加工业	3	金属制品业	18
印刷和记录媒介复制业	4	金属制品、机械和设备修理服务	19
测量仪器和设备制造业	5	家具制造业	20
医药制造业	6	通信设备、计算机和其他电子设备	21
橡胶、塑料制品业	7	基础化学原料制造业	22
文化、体育和娱乐	8	化学纤维制造业	23
通用设备制造业	9	有色金属冶炼及压延加工业	24
交通运输设备制造业	10	废品废料	25
食品制造业	11	非金属矿物制品	26
石油、炼焦产品和核燃料加工品	12	纺织品	27
交通运输设备	13	纺织服装鞋帽皮革羽绒及其制品	28
皮革、毛皮、羽毛及制品业	14	电子设备制造业	29
食品加工业	15		

为了准确地评估不同地市各个行业间的生态率的变化，我们根据调研的数据选取了投入指标、"好"产出指标和"坏"产出指标。投入指标包括能源消耗量、工厂运行时间；"好"产出指标指各行业增加值；"坏"产出指标包括 SO_2、COD 和 CO_2（表 5-3）。CO_2 排放量是根据各个行业消费的各种能源消费量乘以其相应的 CO_2 排放系数。2007～2012 年珠三角地区各地市各产业部门投入-产出指标数据描述情况见表 5-4。

5.2.2　工业能源环境全要素生产率评估

从各地市整个工业系统看，东莞、深圳和中山 3 个地市的全要素生产率呈现增长的趋势，其中东莞增长最多，增长了大约 32%；佛山、广州、惠州、江门、肇庆和珠海的全要素生产率呈现下降趋势，其中广州下降最多，约为 24.4%。由图 5-2 可以看出，造成工业全要素生产率变化的主要因素是技术进步下降。

根据 ML、TECH 和 EFFCH 的变化将珠三角地区 9 个地市的工业全要素生产率变化分为 4 类（图 5-3）。第一类，ML>1、EFFCH=1 和 TECH>1。东莞、深圳和中山的全要素生产率分别增长了 32%、30% 和 31%，主要是由这些地区的技术进步提高引起的。第二类，ML<1、EFFCH<1 和 TECH>1。这一类的特征是技术进步的提升不足以抵消技术效率下降引起的全要素生产率的变化。惠州和肇庆

表 5-3 工业能源环境全要素生产率评价指标体系

类别	指标	衡量单位	计算方法
投入要素	能源消耗量	t标准煤	煤、石油和天然气消耗量
	工厂运行时间	h	调研所得
"好"产出指标（期望产出）	各行业增加值	万元	工厂增加值
	SO₂	kg	调研所得
	COD	kg	调研所得
"环"产出指标（非期望产出）	CO₂	t	各种能源消耗量×相应碳排放系数

表 5-4 2007~2012年珠三角地区各地市各行业部门投入-产出指标的统计特征

行业部门代码	投入				产出					
	能源消耗量/10⁴t		工厂运行时间/h		CO₂/t		COD/kg		SO₂/kg	
	平均值	标准差	平均值	标准差	平均值	标准差	平均值	标准差	平均值	标准差
1	6501	7918	8397	6115	7388	12080	13447	16287	4172	6193
2	88312	75305	88312	75305	596408	1192210	1785702	3733095	4653980	9346944
3	58267	99922	36731	59108	89986	162166	134308	234981	203476	388119
4	16228	17404	20279	27218	13231	17691	35037	36350	22763	28115
5	16972	25681	8557	6319	17327	28586	34800	52662	443	1278
6	21930	17453	24363	16051	53924	44925	50918	37768	84658	62841
7	58380	60098	43503	44128	29979	29236	139017	141810	247982	366341
8	12297	13832	24121	31307	19783	32714	25117	28024	1575	4419
9	21562	21773	16538	17221	25423	28300	44912	45376	11910	22976
10	20003	30310	10480	8651	33942	57305	40906	61916	5299	12873
11	49869	46604	32248	27226	196775	277752	136513	132978	284938	280718

续表

行业部门代码	产出						投入			
	SO$_2$/kg		CO$_2$/t		COD/kg		能源消耗量/10^{4}t		工厂运行时间/h	
	平均值	标准差	平均值	标准差	平均值	标准差	平均值	标准差	平均值	标准差
12	2487718	5675247	751935	1811126	69395	151215	287891	684887	5048	3474
13	2825	6615	24812	24077	26892	41152	12032	11726	10659	7137
14	91303	103994	80386	170490	147670	160500	36821	83022	30313	41296
15	149503	158032	79762	101921	113698	85714	30278	36673	42497	31410
16	275665	552400	59260	89317	20407	27496	20846	25057	14498	8027
17	203092	236047	127935	167110	111953	119194	50721	64466	20918	14196
18	197149	338302	184491	153925	406202	413880	87180	70673	239951	149929
19	114	322	4367	8357	5140	4227	2118	4073	13666	19941
20	16680	48101	15743	18421	46453	131020	6255	6058	19024	24284
21	33806	49910	222092	240501	533867	559117	157636	201912	173511	190900
22	510055	399148	370547	386123	188468	177976	152860	146177	73065	45439
23	177258	118972	154360	106410	50475	42382	69415	49969	12847	6451
24	1970975	3183003	902323	1274923	94106	143656	318977	415120	18862	13817
25	192	401	1407	1390	1778	1731	680	681	6743	1514
26	4426493	6259667	1753719	2346063	60521	86842	602281	833289	129341	190010
27	3216063	2697376	1048035	980096	2012824	1416966	363601	331437	202599	95593
28	268182	216885	67968	57609	290901	324205	24816	20548	57004	55557
29	32650	76664	69943	88006	47198	39919	33972	42824	36868	28576

注：行业部门代码见表 5-2。

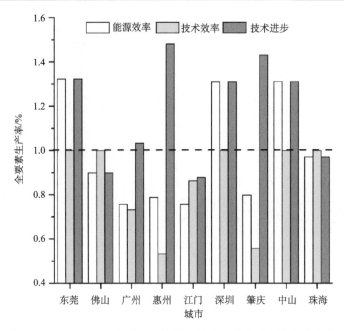

图 5-2 2007～2012 年珠三角地区各地市工业全要素生产率变化

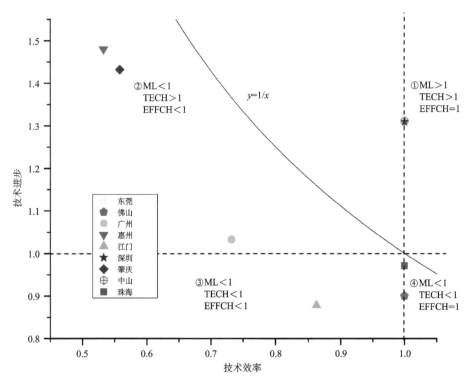

图 5-3 2007～2012 年珠三角地区各地市工业的全要素生产率分布

属于这一类别，技术效率下降了 20%~40%，但是技术进步提升了 3%~40%。因此技术进步的提升不足以提高全要素生产率，因此，惠州和肇庆的全要素生产率呈现下降的趋势。第三类，ML<1、EFFCH<1 和 TECH<1。江门的全要素生产率变化属于该种情况，技术进步和技术效率两者的下降造成了全要素生产率的下降。第四类，ML<1、EFFCH=1 和 TECH<1。技术进步下降是引起全要素生产率下降的主要原因。佛山和珠海属于该类别，技术进步分别下降了 10% 和 3%。

5.2.3　产业能源环境全要素生产率评估

　　珠三角地区各地市各产业部门的全要素生产率根据 ML、TECH 和 EFFCH 的变化分为 6 类(图 5-4)。第一类，ML>1、EFFCH>1 和 TECH>1。技术进步、技术效率保持不变或提高，因此全要素生产率呈现增长趋势，有 114 个决策单元属于此分类。也就是说，超过一半的(50.2%)决策单元的全要素生产率呈现增长的趋势。此类型产业有着较高的技术进步水平，并且"追赶效应"较强。佛山的通信设备、计算机和其他电子设备制造业是此分类的典型代表，全要素生产率的提升主要由于它的工厂运行时间缩短。

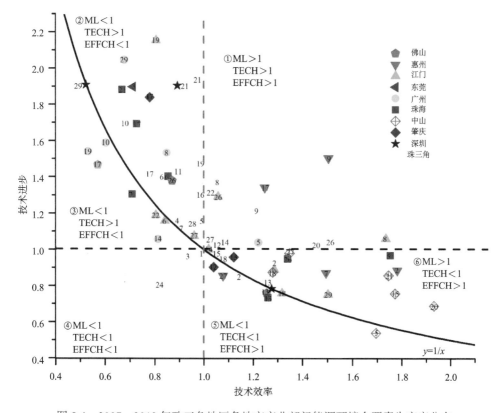

图 5-4　2007~2012 年珠三角地区各地市产业部门能源环境全要素生产率分布

第二类，ML＞1、EFFCH＜1 和 TECH＞1。全要素生产率呈现增长趋势；技术进步提高或保持不变，技术效率下降。15 个决策单元(6.6%)属于此类型。此类型产业的技术进步水平较高，但是"追赶效应"较弱，此分类中最具有代表性的是中山的家具制造业，尽管它的技术进步下降了大约 31.3%，但是它的全要素生产率增长了 32.7%，主要是由技术效率提升造成的。

第三类，ML＜1、EFFCH＜1 和 TECH＞1。全要素生产率、技术效率呈现下降趋势，技术进步呈现增长的趋势。技术效率下降幅度超过了技术进步的增长幅度，导致了全要素生产率下降。此分类最具有代表性的部门是深圳的电子设备制造业。有 8 个决策单元(3.5%)属于此分类。

第四类，ML＜1、EFFCH＜1 和 TECH＜1。全要素生产率呈现下降趋势主要是由于技术进步和技术效率都呈现下降趋势，但是主要是由于技术进步水平较慢引起的。说明此类"追赶效应"较弱，并且技术进步水平较慢。有 48 个决策单元(21.1%)属于此分类。

第五类，ML＜1、EFFCH＞1 和 TECH＜1。全要素生产率呈下降趋势，技术效率呈现较小的增加趋势，技术进步呈现下降趋势。此类"追赶效应"较强，但是其技术进步水平较慢。有 9 个决策单元属于此分类，约占 4.0%。

第六类，ML＞1、EFFCH＞1 和 TECH＜1。全要素生产率呈现增长趋势，技术进步下降，技术效率提高。此类"追赶效应"较强，但是其技术进步水平较慢。有 23 个决策单元属于此类型，约占 10.1%。除了上面这 6 种分类，还有 10 个决策单元的全要素生产率保持不变，约占 4.4%。

5.2.4　能源环境生产技术和产业布局优化

技术进步指数变化反映了一个城市在相邻两年环境生产前沿的变动情况，但是它并不能说明是哪些城市推动环境生产前沿向外扩展。为了寻找环境生产技术的"创新者"，借鉴 Färe 等(2001)和 Oh(2010)的研究，引入以下 3 个条件，寻找我国中部城市环境生产技术"创新者"，条件如下：$TECH_t^{t+1} > 1$；$D_0^{\rho t}\left(x^{t+1}, y^{t+1}, b^{t+1}, y^{t+1}, -b^{t+1}\right) < 0$；$D_0^{\rho t+1}\left(x^{t+1}, y^{t+1}, b^{t+1}, y^{t+1}, -b^{t+1}\right) = 0$。第一个条件表示在投入一定的情况下，第 t+1 期相对于第 t 期有更多的"好"产出，更少的"坏"产出，出现了技术进步；第二个条件表示第 t+1 期的生产发生在第 t 期的生产前沿面之外；第三个条件表示第 t+1 期的生产处在第 t+1 期的生产前沿面上。以上 3 个条件同时满足的城市就是推动环境生产前沿向外移动的"创新者"城市或产业(图 5-5)。

产业编号	广州	东莞	佛山	惠州	江门	深圳	肇庆	珠海	中山	珠三角
1			4		1	4	1	1	4	4
2	1	4	5	6	6		1	4	4	5
3	1	2	4		1	4	4	1		4
4	1		4		1	4			1	2
5	1	1	1			1		6	5	2
6	1		1	1	↓3	1	1	2	4	2
7	1	1	4	6				3	1	
8	2		1		1	1		1	1	1
9	4	1	1	1	↓4	4	1	4	4	6
10	3				1	1		1		2
11	1	4	1		1	1	1	1	1	2
12	1		1		↓4	5		4	4	1
13	1	1			1	5	6	5	4	1
14	3	1	1	↓4	1	1	4	4	4	1
15	4		4	↓4	1	4	1	1	6	6
16					↓4				1	2
17	1	1	3	1		1	2	2	1	2
18	1	1	1	1	↓5	1	4	1	6	6
19	4				2			1		2
20			1		1	4		1	6	
21	1	1	1	↓4	↓4	2		2	6	2
22	1	1	1		↓3	1	1	1	1	1
23			4		↓4			4		↓4
24	4		1		1			4	4	1
25			4					4		4
26	1	1	2	1	1		1	6	1	1
27	4	1	4	5	2		4	4	6	1
28	1	1	1	1	1	1		1	1	2
29	2		1	1	6	3	1	1	1	2

图 5-5　2007～2012 年珠三角地区各市以及产业发展类型

①橘红色矩形表示决策单元；②"↑"和"↓"分别表示生产率上升和下降，阿拉伯数字表示全要素环境生产率的分类；③绿色表示创新型产业或城市，黄色表示非创新型产业或城市

5.3　社会经济系统能源环境全要素生产率变化及分析

自 1978 年实行改革开放以来，中国的经济取得了较快的发展，并且在经济

转型过程中取得了较大的成功。目前，中国已经成为世界第二大经济体。快速的经济发展主要依靠大量的能源和原材料的消耗，产生了大量的有害污染物。相应地，中国采取了一系列环境友好发展政策，例如绿色发展、循环经济和经济转型等政策，能耗强度和碳排放量不断降低和减少。然而，由于中国庞大的人口、工业的发展和人民生活水平的不断提高，能源的消耗量和温室气体排放量不断增加。因此，中国面临着严重而紧迫的节能减排需求。

　　节能减排的首要任务是评估全要素能源生产率，以便制定有效的政策，提供决策基础信息。能源环境全要素生产率对于了解一个地区的能源效率变化情况及经济发展和竞争水平具有重要意义。因此，评估能源生产效率和分析其相关的影响因素对于促进区域的可持续发展具有重要意义。在能源生产效率评估指标体系方面，许多研究只考虑了期望产出指标，忽略了非期望产出指标，这样就会造成评估结果有误差。因此，为了获取连续的能源生产效率变化情况，本节将采用全局马姆奎斯特-鲁恩伯杰(Global Malmquist-Luenberger, GML)指数法来评估能源生产效率的变化情况。

　　能源生产效率受到多种因素的影响。因此，识别其关键影响因子对于实现可持续发展具有重要意义，许多学者采用不同的模型识别了交通运输部门、工业和社会经济系统的能源生产效率的影响因素。纵观相关研究，能源生产效率影响因素评估方法主要包括系统广义矩阵法、Tobit和最小二乘法。考虑的影响因子主要包括人均资本量、能源密度、科学技术、能源结构和劳动生产率等。学者在科学技术、产业结构和政府调控等方面对能源生产效率的影响取得了一致的认识。不同地区的能源生产效率的影响因素是不同的，评估不同地区的能源生产效率变化情况和影响因素对于提高能源效率和减少碳排放具有重要意义。因此，选取中国具有发展潜力的城市群——珠三角城市群为研究区，评估其9个城市社会经济系统能源环境全要素生产率的变化情况，识别其关键影响因素，以期为健康可持续发展提供决策基础信息。

5.3.1　社会经济系统能源环境全要素生产率评估模型

1. 评估模型

　　采用GML指数法评估了珠三角地区9个城市的生态环境效率。该指数的精髓在于其全局性的计算方法。以城市生态环境效率测算为例，首先可设N个样本城市为决策单元(decision making units, DMU)；接下来，设所有DMU使用的K种生产投入为$x=(x_1,x_2,\cdots,x_k)\in R_K^+$，产生的M种期望产出为$y=(y_1,y_2,\cdots,y_m)\in R_M^+$，同时产生的I种非期望产出为$b=(b_1,b_2,\cdots,b_i)\in R_I^+$，那么第t期生产可能性集合为

$$P'(x') = \left\{ (y', b') \middle| x' 可生产 (y', b') \right\}, t = 1, 2, \cdots, T \qquad (5\text{-}10)$$

在投入与期望产出为强可处置、非期望产出为弱可处置、产出项在满足零结合公理等假设下，Chung 和 Färe（1997）提出的方向性距离函数为

$$D'\left(x', y', b'; g_y, g_b\right) = \max \left\{ \left(\gamma \middle| y' + \gamma g_y, b' - \gamma g_b \right) \in P^G(x) \right\} \qquad (5\text{-}11)$$

上式中的 γ 是第 t 期以期望产出最大化、非期望产出最小化为目标的方向性距离函数值，(g_y, g_b) 为方向向量。基于以上距离函数，Oh 进行了进一步改进，提出了全局性距离函数：

$$P^G(x) = P^1\left(x^1\right) \bigcup P^2\left(x^2\right) \bigcup \cdots \bigcup P^T\left(x^T\right) \qquad (5\text{-}12)$$

各期生产可能性集合可通过包络法来构成全局性前沿，从而得到全局方向性距离函数：

$$D'\left(x', y', b'; g_y, g_b\right) = \max \left\{ \left(\gamma \middle| y' + \gamma g_y, b' - g_b \right) \in P^G(x) \right\} \qquad (5\text{-}13)$$

由于方向向量通常直接以期望、非期望产出充当，所以当期、全局方向性距离函数又可表示为 $D'\left(x', y', b'\right)$ 和 $D^G\left(x', y', b'\right)$。GML 指数的计算方法为

$$
\begin{aligned}
\mathrm{GML}_t^{t+1} &= \frac{1 + D^G\left(x', y', b'\right)}{1 + D^G\left(x^{t+1}, y^{t+1}, b^{t+1}\right)} = \frac{\left(1 + D'\left(x', y', b'\right)\right)}{\left(1 + D^{t+1}\left(x^{t+1}, y^{t+1}, b^{t+1}\right)\right)} \times \\
&\quad \left[\frac{\left(1 + D^G\left(x', y', b'\right)\right) \big/ \left(1 + D'\left(x', y', b'\right)\right)}{\left(1 + D^G\left(x^{t+1}, y^{t+1}, b^{t+1}\right)\right) \big/ \left(1 + D^{t+1}\left(x^{t+1}, y^{t+1}, b^{t+1}\right)\right)} \right] = \frac{\mathrm{TE}^{t+1}}{\mathrm{TE}^t} \times \frac{\mathrm{BPG}^{t+1}}{\mathrm{BPG}^t} \quad (5\text{-}14) \\
&= \mathrm{EC}^{t,t+1} \times \mathrm{BPC}^{t,t+1}
\end{aligned}
$$

GML 指数又可分解为技术效率变动指数（$\mathrm{EC}^{t,t+1}$）及技术进步指数（$\mathrm{BPC}^{t,t+1}$），其计算结果大于（小于）1 时，代表两期间的效率指标提高（降低）。$\mathrm{EC}^{t,t+1}$ 测度了决策单元向最佳前沿移动的程度（追赶效应），通常被认为是制度与政策改革等带来的效果，$\mathrm{BPC}^{t,t+1}$ 则测度了前后 2 个时期前沿面与全局性前沿的距离，体现的是技术进步引起的生产可能性边界外移（增长效应）。

2. 影响因素分析

本节综合考虑了珠三角地区城市群当地的实际情况及前人的研究成果，采用最小二乘法评估各个影响因素的系数，建立的模型如下：

$$
\begin{aligned}
y = {}& C + \varepsilon_{i,t} + \alpha_1 \mathrm{IS}_{i,t} + \alpha_2 \mathrm{RD}_{i,t} + \alpha_3 \mathrm{EI}_{i,t} + \alpha_4 \mathrm{EP}_{i,t} + \alpha_5 \mathrm{GR}_{i,t} + \alpha_6 \mathrm{CC}_{i,t} \\
& + \alpha_7 \mathrm{OPEN}_{i,t} + \alpha_8 \mathrm{PCGDP}_{i,t}
\end{aligned} \qquad (5\text{-}15)
$$

式中，C 表示截距；α_i 表示影响系数；$IS_{i,t}$ 表示工业增加值占比；$RD_{i,t}$ 表示 R&D 投资占政府支出比重；$EI_{i,t}$ 表示单位 GDP 能源消耗量；$EP_{i,t}$ 表示居民水、电力和能源价格指数；$GR_{i,t}$ 表示政府支出占 GDP 比重；$CC_{i,t}$ 指人均固定资产投资增长指数；$OPEN_{i,t}$ 表示实际利用外资占 GDP 比重增长指数；$PCGDP_{i,t}$ 表示人均 GDP。

3. 数据来源及评估指标体系

需要的数据主要包括 2006～2015 年珠三角地区 9 个城市的社会经济系统的投入、产出数据，主要来源于历年的《广东省统计年鉴》及各个城市的统计年鉴。评估指标体系包括投入、期望产出和非期望产出指标（表 5-5）。

表 5-5　珠三角地区各城市社会经济系统能源全要素生产率评估指标体系

指标	变量名称	具体指标
投入指标	能源消耗量	能源消耗量/万 t 标准煤
	固定资本投入	固定资产投资额/万元
	劳动力	社会从业人员/万人
期望产出指标	地区生产总值	GDP/万元
非期望产出指标	SO_2 排放量	SO_2 排放量/万 t
	废水排放量	废水排放量/万 t

(1) 期望产出指标指的是地区生产总值，根据各个地市的 GDP 增加指数折算为 1990 年的不变价。

(2) 非期望产出指标在本节中考虑了两个指标：一个是废水排放量，包括工业废水排放量和生活废水排放量；另一个是 SO_2 排放量。这两个指标具有良好的统计性，同时又与经济发展密切相关（杨俊和邵汉华, 2009）。

(3) 投入指标包括能源消耗量、劳动力和固定资产投入。其中，能源消耗量指整个社会经济系统的能源消耗量，主要是采用两种方式进行核算：具有能源消费平衡表的城市采用平衡表里的能源消费总量；对于缺失的年份或城市采用单位 GDP 能源消耗量乘以 GDP 的方式进行核算。劳动力指标指社会从业人员人数。固定资产投入大多采用永续盘存法来核算资本存量，关于这方面的研究较多，但是几个关键指标难以统一造成研究结果相差较大，因此，本节采用固定资产投资额（消除价格影响因素）作为每年的固定资产投入。

5.3.2　社会经济系统能源环境全要素生产率变化趋势

从城市层面来看，各个地市的能源环境全要素生产率变化呈现出不同的特征

（表 5-6）。研究期间广州的能源环境全要素生产率呈现以 4～5 年为周期的波动性变化，先下降，后上升。除 2008 年、2011 年和 2014 年以外，广州的能源环境全要素生产率都保持在 1 及以上，说明广州的能源环境全要素生产率处于增加的趋势。深圳的能源环境全要素生产率除 2013 年外，大多数保持在 1 及以上。2006～2015 年，珠海的能源环境全要素生产率除 2011 年相对大幅上涨和 2012 年大幅下跌以外，其余年份增长相对稳定。佛山的能源环境全要素生产率先下降，随后稳步上升，2007 年出现大幅下降，效率低于 1。惠州的能源环境全要素生产率在 2006～2011 年总体呈上升趋势（尽管有所波动），2011～2015 年有所下降（但有波动）。波动性增长是东莞能源环境全要素生产率变化的主要特征，自 2008 年以来，东莞能源环境全要素生产率一直保持在 1 及以上，这表明，2008～2015 年东莞的能源环境全要素生产率总体呈上升趋势。2006～2010 年江门能源环境全要素生产率增长保持相对稳定，2011 年大幅增长至 1.31，随后其在 2012 年大幅下降至 1.04，最终保持在 1.10 附近小幅波动。在整个研究期间，中山除 2007 年和 2008 年外，其能源环境全要素生产率一直保持在 1 及以上，表明中山能源环境全要素生产率有较大提高。2006～2015 年肇庆能源环境全要素生产率波动较大，但基本保持在 1 及以上，其在 2007 年除外，全要素生产素为 0.87。

表 5-6　珠三角地区 2006～2015 年各市能源环境全要素生产率变化

城市	2006 年	2007 年	2008 年	2009 年	2010 年	2011 年	2012 年	2013 年	2014 年	2015 年
广州	1.07	1.06	0.95	1.04	1.09	0.98	1.04	1.09	0.98	1.00
深圳	1.03	1.03	1.04	1.03	1.00	1.02	1.03	0.99	1.02	1.00
珠海	0.98	1.02	1.06	1.00	1.00	1.14	1.00	1.00	1.14	1.04
佛山	1.21	0.75	1.04	1.02	1.26	1.00	1.02	1.26	1.00	1.00
惠州	0.91	0.98	0.97	1.07	0.99	1.16	1.07	0.99	1.19	1.02
东莞	0.93	0.98	1.03	1.09	1.00	1.00	1.09	1.00	1.00	1.14
江门	1.02	1.01	1.03	1.04	1.05	1.31	1.04	1.05	1.31	1.10
中山	1.03	0.89	0.89	1.22	1.10	1.00	1.22	1.10	1.00	1.00
肇庆	1.00	0.87	1.03	1.04	0.96	1.20	1.07	0.96	1.20	1.12

9 个城市的能源环境全要素生产率变化趋势具有相同的特征：在 2010 年前基本保持稳定，2011 年有所增长，2012 年下降，2013 年之后有所回升。图 5-6 展示了 2005～2015 年 9 个城市的能源环境全要素生产率的变化情况，从图中我们可以看出，中山、佛山和江门等市的能源环境全要素生产率年际差异较大，广州、深圳和珠海的能源环境全要素生产率年际差异较小，能源环境全要素生产率增长

稳定。各城市的能源环境全要素生产率均值都在 1 以上，说明 9 个城市的能源环境全要素生产率较 2005 年有所提高。2005～2015 年江门能源环境全要素生产率增长最多，增长了 56.6%；中山的增幅最小，大约增长了 8.3%，其他城市的增长幅度为 20%～35%。

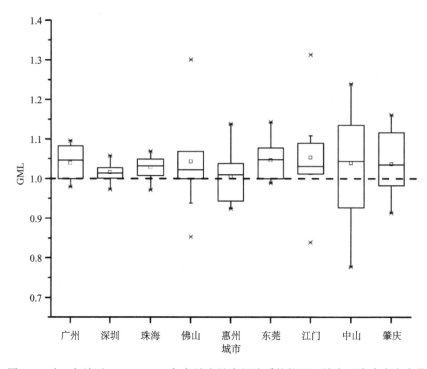

图 5-6　珠三角地区 2005～2015 年各地市社会经济系统能源环境全要素生产率变化

　　根据表 5-7 和表 5-8，技术效率是环境生态效率增长的主要驱动因素。研究期间，深圳、佛山、东莞和中山的规模效率保持不变。因此，这些城市的环境生态效率是否提高取决于技术的变化。广州、珠海、惠州、江门和肇庆的环境生态效率变化是在不同年份由不同的因素决定的：广州的规模效率为 1，说明广州的生态环境效率变化在 1995～2005 年是由技术效率决定的。肇庆 2006～2009 年的规模效率从 0.848 增长到 1.288，2010 年之后一直保持不变，说明 2006～2009 年的规模效率阻碍了其增长，在其他年份，生态环境效率的变化是由技术变革决定的。惠州在 2008 年、2010 年和 2013～2015 年，规模效率小于 1，说明规模效率变化阻碍了环境生态效率的增长，技术效率变化则促进了环境生态效率的增长。

表 5-7　珠三角地区 2006～2015 年各地市社会经济系统技术效率变化

城市	2006 年	2007 年	2008 年	2009 年	2010 年	2011 年	2012 年	2013 年	2014 年	2015 年
广州	1.070	1.062	0.954	1.044	1.091	0.984	1.015	1.046	1.084	1.000
深圳	1.033	1.027	1.041	1.028	0.996	1.024	1.009	0.991	1.009	1.000
珠海	0.979	1.018	1.064	1.000	0.998	1.136	0.899	1.033	1.032	1.044
佛山	1.208	0.749	1.039	1.019	1.263	1.000	0.854	1.171	1.000	1.000
惠州	0.910	0.980	0.973	1.069	0.994	1.158	0.926	1.023	1.027	1.024
东莞	0.934	0.975	1.030	1.087	0.999	1.001	1.046	1.055	1.056	1.141
江门	1.018	1.009	1.029	1.040	1.053	1.307	0.846	1.090	1.025	1.096
中山	1.029	0.887	0.886	1.223	1.095	1.000	0.927	1.079	1.000	1.000
肇庆	0.997	0.875	1.034	1.065	0.964	1.198	0.873	1.153	1.023	1.120

表 5-8　珠三角地区 2006～2015 年各地市社会经济系统规模效率变化

城市	2006 年	2007 年	2008 年	2009 年	2010 年	2011 年	2012 年	2013 年	2014 年	2015 年
广州	1.000	1.000	1.000	1.000	1.000	1.000	1.000	1.000	1.000	1.000
深圳	1.000	1.000	1.000	1.000	1.000	1.000	1.000	1.000	1.000	1.000
珠海	1.000	1.000	1.000	1.000	1.000	1.000	1.000	1.000	1.000	1.000
佛山	1.000	1.000	1.000	1.000	1.000	1.000	1.000	1.000	1.000	1.000
惠州	1.000	1.000	0.805	1.093	0.992	1.069	1.052	0.924	0.974	0.932
东莞	1.000	1.000	1.000	1.000	1.000	1.000	1.000	1.000	1.000	1.000
江门	1.000	1.000	1.000	1.000	1.000	1.000	1.000	1.000	1.000	1.000
中山	1.000	1.000	1.000	1.000	1.000	1.000	1.000	1.000	1.000	1.000
肇庆	0.848	0.930	0.984	1.288	1.000	1.000	1.000	1.000	1.000	1.000

5.3.3　社会经济系统能源环境全要素生产率影响因素

探索能源环境全要素生产率变化背后的驱动因素对于进一步提升其效率和促进经济增长具有重要意义。因此，本节采用经济学软件对影响因素进行了分析。首先进行了单位根检测，然后在随机截面和固定截面条件下对生态环境效率和关键因素进行了面板回归。经豪斯曼检验，随机效应概率为 0.084%，说明固定面板数据回归结果比随机效应结果可靠，其结果见表 5-9。

产业结构对于能源环境效率提升具有积极作用。工业增加值占比每提高 1%，生态环境效率提升 0.0064%。然而，在其他研究中，产业结构对生态环境效率往往呈现负面效应。这可能主要由于珠三角地区的工业生产水平较高，并且高新技术产业比重较高。自 2008 年以来，政府实施了以下政策：珠三角地区劳动密集型

表 5-9　珠三角地区能源环境全要素生产率影响因素回归结果

变量	相关系数	标准误差	t 检验	P 值
常数	1.0850	0.0873	12.4246	0
科技进步	−0.0039	0.0010	−3.9439	0.0002
产业结构	0.0064	0.0019	3.3465	0.0014
能源强度	−0.4970	0.1300	−3.8219	0.0003
能源价格	−0.0008	0.0003	−2.6500	0.0101
人均 GDP	−0.0285	0.0122	−2.3297	0.0230
政府管制	−0.0093	0.0026	−3.6331	0.0006
人均固定资产投资	0.0557	0.0210	2.6497	0.0101
开放程度	0.0012	0.0006	2.0787	0.0417

产业向东西两翼、粤北山区转移；而东西两翼、粤北山区的劳动力，一方面向当地第二、第三产业转移，另一方面其中的一些素质较高的劳动力，向发达的珠三角地区转移。目前，珠三角地区的工业主要由一些轻工业构成，对环境的影响较小。未来政府有必要进一步优化产业结构。但是，目前这些调整措施仅是对资源空间布局的优化，而不是从根本上提升生态环境效率。政府应该减少污染物的排放和能源的消耗，以便实现可持续、绿色发展。

技术进步和生态环境效率之间具有积极作用。一方面，能源密度对生态环境效率具有负面影响，能源消耗强度每增大 1t/万元将导致生态环境效率下降 0.4970%。如此高的系数表明较大的能源消耗强度将导致生态环境效率下降，因此在未来的发展中要尽可能调整能源密集型产业。另一方面，科研投资强度对生态环境效率具有边际效应，可能主要受技术瓶颈和产量增长目标的制约，难以在短时间内持续减少大量的废弃物排放，使得生态环境效率的提高缓慢而曲折。但是，从总体上看，技术进步促进了生态环境效率的提升。该部分结论对前文的"生态环境效率的提高主要受技术的影响"进行了印证。

人均固定资产投资对生态环境效率也具有显著的正向作用。人均固定资产投资每提高 10000 元生态环境效率将提升 0.0557%。资本支出对于提高保障经济发展的基础设施水平具有重要意义。

能源价格将导致能源供给和需求的变化，优化能源消费结构，因此倒逼能源消费者提升能源的利用效率。在美国和欧洲一些国家，能源价格的提升对于生态环境效率具有正向作用，但是在珠三角地区，能源价格却与生态环境效率呈负相关，这意味着随着能源价格的提升，生态环境效率将处于下降的趋势。能源价格提升 1% 将导致生态环境效率下降 0.0008%。出现这种结果的主要原因是更新设备等导致的生产成本的提高远远大于能源价格的提升导致的能源成本的提升。除此之外，中国的能源价格是政府和市场共同决定的，这阻碍了市场机制对于生态环境效率提升的作用。

　　开放程度促进了生态环境效率的提升。尽管国外直接投资主要集中在制造业、房地产业和批发零售业等产业，但投资方主要来源于发达国家，它们的生产技术和管理水平要高于国内。人均 GDP 对生态环境效率的提升具有一定的阻碍作用。第二产业对 GDP 增长的贡献比其他的产业大得多，但是它的能源消耗强度也比第一、第三产业高很多，人均 GDP 的提升需要消耗大量的能源。政府管理强度的提升会减缓生态环境效率的提高，然而，这种作用比较弱：财政支出每增加 1% 将导致生态环境效率下降 0.0093%。

5.4　广州城镇居民楼能源消耗及碳排放量评估

　　以广州某栋城镇居民楼为研究对象，它的建筑面积为 4253.21m^2，有 16 层楼，其基本参数见表 5-10。

表 5-10　城镇居民楼基本参数

建筑参数	规格	建筑参数	规格
楼层/层	16	外墙涂层	涂料
每层高度/m	2.94	地基材料	钢筋混凝土
设计寿命/a	70	墙材料	钢筋混凝土
建筑面积/m^2	4235.21	抗震等级/级	6
结构	框架剪力墙		

　　修建该幢居民楼使用的建筑材料主要包括水泥、砖、钢铁、玻璃等，涉及的投入-产出表中的部门主要包括非金属矿物制品制造业、金属冶炼及压延加工业和化学工业。其中，使用的非金属矿物制品制造业的商品最多，商品总价合计为 133.62 万元；其次是金属冶炼及压延加工业。建筑材料的使用量信息和价格主要来源于建筑商（表 5-11）。

表 5-11　建筑材料的使用量信息及价格

材料	数量	价格(2012 年)/元	部门
水泥	868.2t	355	非金属矿物制品制造业
砖	415050 块	0.48	非金属矿物制品制造业
石灰	135.5t	342	非金属矿物制品制造业
砂砾	1185.8m^3	75	非金属矿物制品制造业
沙子	2032.9m^3	70	非金属矿物制品制造业

续表

材料	数量	价格 (2012 年)/元	部门
玻璃	1694.1m²	42	非金属矿物制品制造业
混凝土	1270.6m³	280	非金属矿物制品制造业
钢铁	220.2t	4655	金属冶炼及压延加工业
涂料	2.28t	13200	化学工业
瓷砖	2159.9m²	36	非金属矿物制品制造业
陶瓷洁具	254 套	183	非金属矿物制品制造业

采用混合生命周期的研究方法对该建筑物的材料准备、运输、建设、使用和维修以及拆毁 5 个阶段的能耗和 CO_2 排放量的影响因素进行了深入分析，分别建立数学模型，为全面认识中国单体住宅建筑能耗和污染水平及降低建筑能耗和建设活动对环境产生的不利影响提供理论基础，对于推进生态社区建设，实现社会的节能减排目标和实施可持续发展战略具有重要意义。

5.4.1 能源消耗及碳排放评估模型构建

1. 投入-产出分析

中国的投入-产出表分为两种部门分类系统：43 部门和 135 部门。135 部门的投入-产出表具有更加详细的部门分类体系，能够拥有更详细的分析。然而，目前统计年鉴系统中的部门数据，如部门能源消耗量和大气污染排放数据都与 42 部门分类体系较接近。因此，本节采用 2012 年的 42 部门广东投入-产出表说明目前广东省的经济发展水平。Lenzen (2011) 发现对 IO 表进行拆分比将环境数据进行合并作为 IO 的乘数表现要好很多。

官方的 IO 表只有省级或者国家级，这意味着要想获得更小区域的投入-产出表只能降级。目前有较多的描述区域商品流的方法，例如区位商模型、重力模型和回归模型。区位商模型主要包括简单区位商模型 (simple location quotient, SLQ) 和跨行业区位商 (cross industry location quotient, CILQ) 模型。区位商模型的假设条件是区域生产技术水平和国家或者省级的技术水平相同 (Zhao and Choi，2015)。R 地区的 i 部门的简单区位商模型 (Miller and Blair，1985) 为

$$SLQ_i^R = \frac{E_i^R / E^R}{E_i^N / E^N} \tag{5-16}$$

式中，E_i^R 和 E^R 分别表示 R 地区 i 部门的就业人数和社会总就业人数；E_i^N 和 E^N 分别表示国家 i 部门的就业人数和社会总就业人数。区域的技术指数根据以下公式计算：

$$a_{ij}^R = \begin{cases} a_{ij}^N (\mathrm{SLQ}_i) & \text{if } \mathrm{SLQ} \leqslant 1 \\ a_{ij}^N & \text{if } \mathrm{SLQ} > 1 \end{cases} \tag{5-17}$$

SLQ 的缺点是未考虑涉及中间产品使用部门的相对规模。基于 SLQ 模型改进的 CILQ 模型弥补了这一缺点(Flegg et al., 1995):

$$\mathrm{CILQ}_{ij}^R = \frac{\mathrm{SLQ}_i^R}{\mathrm{SLQ}_j^R} = \frac{E_i^R / E_i^N}{E_j^R / E_j^N} \tag{5-18}$$

$$a_{ij}^R = \begin{cases} a_{ij}^N (\mathrm{CILQ}_i) & \text{if } \mathrm{CILQ}_{ij} \leqslant 1 \\ a_{ij}^N & \text{if } \mathrm{CILQ}_{ij} > 1 \end{cases} \quad \text{for } i \neq j \tag{5-19}$$

$$a_{ij}^R = \begin{cases} a_{ij}^N (\mathrm{SLQ}_i) & \text{if } \mathrm{SLQ}_i \leqslant 1 \\ a_{ij}^N & \text{if } \mathrm{SLQ}_i > 1 \end{cases} \quad \text{for } i = j \tag{5-20}$$

不同行业的从业人数主要来源于相关统计年鉴。我们根据 IO 表中的 42 个行业将统计年鉴中 57 个行业合并为 42 个。然后，我们计算了 42 个部门的 SLQ，根据 CILQ 和 a_{ij}^R 计算公式，将广东省的技术系数矩阵转换到广州市水平。

2. 生命周期评价

LCA 法用来评估一个产品的整个生命周期的能源消耗量或者对环境的影响(Matthews and Small, 2000)。前文已提，根据系统边界及方法学原理的不同，LCA 法可分为 PLCA 法、IOLCA 法和 HLCA 法三种方法(Mattila et al., 2010)。PLCA 法主要基于产品生产或服务全生命周期过程中物料、能量和环境排放的投入-产出清单来进行评价，针对性强，它能够精确地分析具体产品或服务的全生命周期的环境负荷，对不同产品的环境影响进行比较，并且能够根据产品或服务的具体情况调整评价模型，确定评价的范围和精度的特点，但产品或服务在生产过程中不可避免地与其他资源、能源系统存在交换，使得确定的产品或服务边界不可能囊括所有的生命周期，所以它不可避免地存在截断误差，即核算是不完整的(Lenzen, 2000)。然而，IOLCA 法以国家的社会经济系统为边界，包括了某种产品或服务的全部生产链条，消除了 PLCA 法计算结果的截断误差，但其计算精确性和针对性却不如 PLCA 法。HLCA 结合了 PLCA 法和 IOLCA 法的优势，根据研究对象的不同生命周期阶段的特点，分阶段使用 PLCA 法和 IOLCA 法。在系统边界比较明确的阶段采用 PLCA 法，在系统边界较大、不容易确定的阶段采用 IOLCA 法。这样既可以消除截断误差，又可以加强具体评价对象的针对性，同时还能将产品的使用和报废阶段纳入评价范围。因此本书采用了 PLCA 法和 IOLCA 法相结合的方法。由于房屋的原材料采集和组装过程中涉及多个部门，系统边界不容易确定，因此使用 IOLCA 法;使用和维护及拆毁过程中系统边界清晰，因此使用 PLCA 法。

计算产品的环境影响的投入-产出生命周期评价模型如下：

$$X = R(I - A)^{-1} Y \qquad (5\text{-}21)$$

式中，X 表示产品 Y 引起的碳排放；Y 是产品的最终需求向量；I 表示单位矩阵；A 为直接消费系数矩阵；R 为对角矩阵。

城镇居民楼的生命周期主要包括建筑材料准备阶段、运输阶段、建设阶段、使用和维护阶段、拆毁阶段(图 5-7)。我们综合考虑了 CO_2、CH_4 和 N_2O 等温室气体对生态环境的影响，三者的 CO_2 当量比为 1：21：310(Norman et al., 2006)。

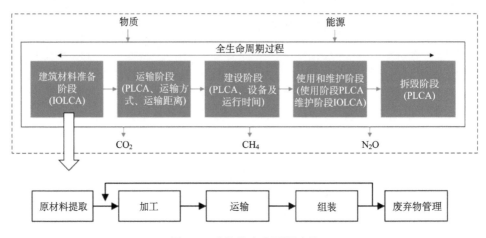

图 5-7 建筑物生命周期过程

5.4.2 能源消耗和温室气体排放量核算

1. 材料准备阶段

建筑材料主要包括钢材、水泥、沙子、石灰和玻璃。能源消耗量包括与资源开采、产品制造、现场施工和所有运输相关的直接和间接能源使用量。由于原材料的制备涉及多个部门，系统边界太大，无法确定，所以这一阶段的能源消耗量采用 IOLCA 模型计算。总支出根据修建该栋城镇居民楼所使用的建筑材料数量及其对应的价格计算。能源消耗量基于不同部门的能源消耗强度和属于该部门建筑材料的总支出计算；之后根据统计年鉴中的能源平衡表将能源消耗量折算为不同的能源消耗量。CO_2、CH_4 和 N_2O 的排放量等于不同类型能源消耗量乘以其相应的排放因子。材料准备阶段的能源消耗量和温室气体排放量见表 5-12。

表 5-12　建筑材料准备阶段能源消耗量和温室气体排放量

能源	消耗量	能源/GJ	排放量			
			CO_2/t	(CO_2(eq.)/t	CH_4/kg	N_2O/kg
煤炭	489.35t	13560.53	1 292.86	(1 299.46)	13.56	20.35
燃料油	19.56t	817.92	64.57	(64.97)	2.52	0.50
汽油	24.19t	1 041.86	74.18	(77.40)	26.78	8.57
柴油	18.00t	767.74	57.81	(58.81)	2.35	3.05
电力	$62.18×10^4$kW·h	2238.36	462.40	(464.77)	4.93	7.30

2. 运输阶段

这一阶段的能耗主要与从制造商到建筑地的建筑材料运输距离和运输方式有关。砖块和瓷砖主要来自当地,而其他建筑材料则取材于更远的地方。因此,不同的建筑材料的运输方式和运输距离不同。运输阶段的能源消耗量和温室气体排放量与建筑材料运输量、运输里程、运输方式、单位能源强度消耗有关。铁路、公路、水路的能耗强度分别为 361.9kJ/(t·km)、3662kJ/(t·km) 和 468kJ/(t·km)。经计算,该阶段的能源消耗量和 CO_2 排放当量分别为 16.10t 和 51.71t。

3. 建设阶段

这一阶段的能源投入主要包括电动工具和照明引起的电力消耗及重型设备的汽油和柴油消耗。主要工序包括场地清理、平整、照明和机械使用。机械设备包括混凝土搅拌机、蛙式夯实机、砂浆搅拌机、板式振动器、直流电焊机、水泵、塔吊、钢切削机、推土机、挖掘机等。能源消耗量主要根据机械设备的运行时间和额定功率进行计算。能源消耗量和温室气体排放量见表 5-13。

表 5-13　建设阶段能源消耗量和温室气体排放量

能源	消耗量	能源/GJ	CO_2/t	(CO_2(eq.)/t	CH_4/kg	N_2O/kg
汽油	1.17t	50.39	3.58	(3.73)	1.30	0.41
柴油	18.01t	768.16	57.83	(58.82)	2.35	3.05
电力	$28.5×10^4$kW·h	1025.95	212.11	(213.20)	2.26	3.35

4. 使用和维修阶段

该阶段的能源消耗量和温室气体排放量是整个生命周期最多的阶段。该阶段的能源消耗主要包括采暖、通风、空调、照明灯的使用,本节未考虑家用设备引起的能源消耗，建筑物运行维护阶段的能源消耗主要包括采暖、通风、空调、照明灯、建筑设备对能源的消耗，不包括各种家用电器设备而导致的能源消耗与碳排放，并且由于一些建筑材料的寿命有限，在使用住房的过程中需要定期对其进行维护和更新，因此考虑了维修引起的能源消耗和温室气体排放。

1) 维修阶段

该阶段包括材料准备阶段、运输阶段和建设阶段。该阶段的能源消耗量和 CO_2 排放量分别根据前文 3 个阶段对应的方法进行计算。由于维修阶段的时间相对于建筑物的整个生命周期来说较短，因此忽略了维修阶段中建设阶段的能源消耗和温室气体排放。由于建筑材料的寿命不一致，在住房使用过程中，需要对住房进行维修和更新。为了避免在计算中可能会弱化此部分建筑材料能耗和环境影响，根据不同建筑材料的使用年限确定了住房整个生命周期需要维修或更新的建材使用量。建筑材料相关描述年限见表 5-14。建筑材料的更新次数根据下面公式进行计算：

$$N = \frac{Y_{build}}{Y_{material}} - 1 \tag{5-22}$$

式中，N 为建筑材料的更新次数（次）；Y_{build} 为建筑物的使用年限（a）；$Y_{material}$ 为建筑材料的使用年限（a）。

表 5-14　建筑材料使用年限、维修次数和需求数量

建筑材料	使用年限/a	维修次数/次	需求数量/t
建筑框架	70	0	0
油料	10	6	13.80
瓷砖	35	1	52.30
玻璃	25	2	4.28

维修阶段的 CO_2 排放量是根据材料的使用寿命计算的，与材料准备阶段的计算方法相同。维修材料的运输引起的能源消耗和 CO_2 排放量根据其运输距离、运输方式及运输量计算。油料、瓷砖、玻璃在该阶段的需求量分别为 13.8t、52.3t、4.28t，维修阶段的能耗为 2692.87GJ，CO_2、CH_4、N_2O 排放量分别为 271.86t、7.59kg、5.7kg。

2) 使用阶段

根据中华人民共和国建设部和中华人民共和国国家质量监督检验检疫总局联合发布的《住宅建筑规范》（GB 50368—2005），可以计算建筑运行过程中采暖、通风、空调、照明的能耗量及温室气体排放量。根据住房和城乡建设部颁布的设计标准，根据 1 月的 11.5℃ 的平均气温分界线将该地区分为南方地区和北方地区。北方地区的建筑物设计中考虑了冬季采暖的要求，但是南方地区却不需要。广州处

于南方地区，空调的使用引起的能耗和温室气体的排放根据以下公式和设计标准进行计算：

$$\mathrm{ECF}_C = \left[\frac{(\mathrm{ECF}_{C,R} + \mathrm{ECF}_{C,\mathrm{WL}} + \mathrm{ECF}_{C,\mathrm{WD}})}{A} + C_{C,N} \cdot h \cdot N + C_{C,O} \right] \cdot C_C \tag{5-23}$$

$$C_C = C_{\mathrm{qc}} \cdot C_{\mathrm{FA}}^{-0.147} \tag{5-24}$$

$$\mathrm{ECF}_{C,R} = C_{C,R} \sum_i K_i F_i \rho_i \tag{5-25}$$

$$\mathrm{ECF}_{C,\mathrm{WL}} = C_{C,\mathrm{WL},E} \sum_i K_i F_i \rho_i + C_{C,\mathrm{WL},S} \sum_i K_i F_i \rho_i \\ + C_{C,\mathrm{WL},W} \sum_i K_i F_i \rho_i + C_{C,\mathrm{WL},N} \sum_i K_i F_i \rho_i \tag{5-26}$$

$$\mathrm{ECF}_{C,\mathrm{WD}} = C_{C,\mathrm{WD},E} \sum_i F_i \mathrm{SC}_i \mathrm{SD}_{C,i} + C_{C,\mathrm{WD},S} \sum_i F_i \mathrm{SC}_i \mathrm{SD}_{C,i} + C_{C,\mathrm{WD},W} \sum_i F_i \mathrm{SC}_i \mathrm{SD}_{C,i} \\ + C_{C,\mathrm{WD},N} \sum_i F_i \mathrm{SC}_i \mathrm{SD}_{C,i} + C_{C,\mathrm{SK}} \sum_i F_i \mathrm{SC}_i \tag{5-27}$$

式中，A 表示总建筑面积(m^2)；N 代表换气次数(次/h)；h 为按建筑面积进行加权平均的楼层高度(m)；$C_{C,N}$ 为空调年耗电指数与换气次数有关的系数(取值为4.16)；$C_{C,O}$ 和 C_C 为空调年耗电指数的有关系数，$C_{C,O}$ 取值为 4.47；$\mathrm{ECF}_{C,R}$ 为空调年耗电指数与屋面有关的参数；$\mathrm{ECF}_{C,\mathrm{WL}}$ 为空调年耗电指数与墙体有关的参数；$\mathrm{ECF}_{C,\mathrm{WD}}$ 为空调年耗电指数与外门窗有关的参数；F_i 为各个围护结构的面积(m^2)；K_i 为各个围护结构的传热系数[$\mathrm{W}/(\mathrm{m}^2 \cdot \mathrm{K})$]；$\rho_i$ 为各个墙面的太阳辐射吸收系数；SC_i 为各个外门窗的遮阳系数；$\mathrm{SD}_{C,i}$ 为各个窗的夏季建筑外遮阳系数；C_{FA} 为外围护结构的总面积与总建筑面积的比值；C_{qc} 为空调年耗电指数与地区有关的系数，取值为 1.13；$C_{C,\mathrm{WL}}$、$C_{C,\mathrm{WD}}$、$C_{C,R}$ 和 $C_{C,\mathrm{SK}}$ 的取值分别为 18.6、33.2、35.2、363.0。

该幢居民楼的窗户和墙的面积比为 0.31，空调的年均耗电量为 $53.02\mathrm{kW}\cdot\mathrm{h}/\mathrm{m}^2$。该建筑的地面面积为 $4235.21\mathrm{m}^2$。空调制冷的电力消耗为 $9.07\times10^6\mathrm{kW}\cdot\mathrm{h}$，引起的 CO_2、CH_4 和 N_2O 排放量分别为 6746.26t、71.88kg 和 106.55kg。

照明用电量根据下面的公式进行计算：

$$\mathrm{EL} = \mathrm{LC} \times A \times T \tag{5-28}$$

式中，EL 表示照明电力消耗总量；LC 表示照明设计标准；A 为总建筑面积；T 为照明时间。

假设每天的照明时间为 4 小时，照明设计标准为 $10\mathrm{W}/\mathrm{m}^2$，则该建筑照明系统年均耗电量为 $14.6\mathrm{kW}\cdot\mathrm{h}/\mathrm{m}^2$。建筑面积为 $4235.21\mathrm{m}^2$，因此，照明系统的总消耗量为 $4.33\times10^6\mathrm{kW}\cdot\mathrm{h}$，引起的 CO_2、CH_4 和 N_2O 排放量分别为 3218.8t、34.29kg 和 50.84kg。

5. 拆除阶段

建筑物的拆除主要包括爆破拆除、部分建筑材料的运输、垃圾填埋等。传统的拆除往往是将大部分建筑材料进行填埋处理。然而，考虑了材料的回收利用，使得能源消耗和碳排放的评估结果更加接近现实。由于该阶段缺少数据，因此我们参考了 Jönsson 等(1998)的研究结果，单位面积的建筑拆毁耗能为 $51.5MJ/m^2$。拆毁过程中使用的能源量为 5.93t，引起的 CO_2、CH_4 和 N_2O 排放量分别为 19.05t、0.77kg 和 1kg。

70%的建筑废弃物通过卡车运往郊区，假设运输距离为 25km。该城镇居民楼建筑所需的材料为 6990.4t，其中 2097.12t 回收利用，剩余的 4893.28t 建筑材料运往郊区填埋。这个过程需要消耗柴油 10.5t，合计 447.98GJ，伴随着 CO_2、CH_4 和 N_2O 排放量分别为 33.72t、1.37kg 和 1.78kg。

5.4.3 能源消耗和 CO_2 排放量结果估算

该栋建筑物按照 70 年的生命周期，期间共消耗能源 72591.98GJ，排放 CO_2、CH_4 和 N_2O 分别为 12566.74t、174.05kg 和 215.22kg，合计排放 CO_2 当量为 12637.12t。其中，材料准备阶段消耗能源 18426.41GJ，排放 CO_2 当量为 1965.20t；运输阶段消耗能源 686.70GJ，排放 CO_2 当量为 52.60t；建设阶段消耗能源 1844.50GJ，排放 CO_2 当量为 275.76t；使用和维护阶段消耗能源 50933.60GJ，排放 CO_2 当量为 10289.88t；拆毁阶段消耗能源 700.77GJ，排放 CO_2 当量为 53.68t（表 5-15）。建筑物各生命周期阶段的能源消耗量及 CO_2 排放量占比见图 5-8。

表 5-15　建筑物各生命周期阶段的能源消耗量及 CO_2 排放量

阶段	能源/GJ	排放量			
		CO_2/t	(CO_2(eq.))/t	CH_4/kg	N_2O/kg
材料准备	18426.41	1951.82	(1965.20)	50.14	39.77
运输	686.70	51.71	(52.60)	2.10	2.73
建设	1844.50	273.52	(275.76)	5.91	6.81
使用和维护	50933.60	10236.92	(10289.88)	113.76	163.13
拆毁	700.77	52.77	(53.68)	2.14	2.78
总计	72591.98	12566.74	(12637.12)	174.05	215.22

从表 5-16 中可以看出，电力是整个建筑物生命周期阶段消耗最多的能源，大约消耗了 $1436.67×10^4$ kW·h，引起 CO_2 排放当量为 11823.59t。电力的使用主要集中在建筑物的使用阶段，如照明和空调用电等。煤炭是第二大消耗能源，建筑物

整个生命周期消耗了大约 563.26t，造成的 CO_2 排放当量为 1495.73t。

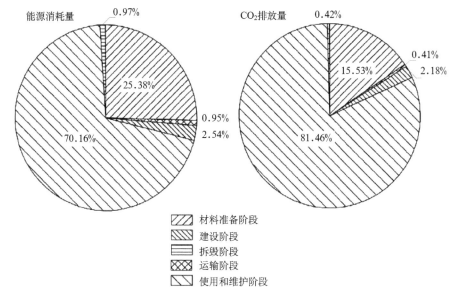

图 5-8　城镇居民楼各生命周期阶段能源消耗量及 CO_2 排放量占比

表 5-16　城镇居民楼整个生命周期各种能源消耗量及其 CO_2 排放量

能源	消耗量	标煤/t	排放量			
			CO_2/t	(CO_2 (eq.)/t)	CH_4/kg	N_2O/kg
煤炭	563.26t	532.68	1488.13	(1495.73)	15.61	23.42
汽油	22.64t	32.35	74.77	(75.20)	2.92	0.58
天然气	29.21t	42.97	85.99	(89.72)	31.04	9.93
柴油	71.71t	104.38	66.42	(67.57)	2.70	3.50
电力	$1436.67 \times 10^4 kW \cdot h$	1765.07	10683.97	(11823.59)	113.83	168.74

　　从表 5-17 中可以看出，钢铁、混凝土、水泥和砖建材的生产造成的 CO_2 排放当量为 1505.88t，约占材料准备阶段碳排放量的 76.69%。因此，在未来的土木工程中，需要加强对新型建筑材料的研发和推广，减轻对传统建筑材料的需求和依赖，加强钢铁、混凝土等材料的循环利用。

表 5-17　城镇居民楼各种建筑物材料的能源消耗量及 CO_2 排放量

材料	煤/t	汽油/t	天然气/t	柴油/t	电力/$10^4 kW \cdot h$	CO_2(eq.)/t
油漆	0.75	0.03	0.04	0.04	0.07	3.79
钢铁	140.59	5.28	6.20	5.74	34.20	680.95

续表

材料	煤/t	汽油/t	天然气/t	柴油/t	电力/10^4kW·h	CO_2(eq.)/t
水泥	80.27	3.29	4.14	2.82	6.44	295.71
砖	51.89	2.13	2.68	1.82	4.16	190.92
石灰	12.07	0.49	0.62	0.42	0.97	45.12
石子	23.16	0.95	1.19	0.81	1.86	84.73
砂砾	37.06	1.52	1.91	1.30	2.97	135.64
玻璃	18.53	0.76	0.96	0.65	1.49	68.35
混凝土	92.66	3.79	4.78	3.25	7.43	338.30
陶瓷	32.36	1.33	1.67	1.14	2.60	119.96
总计	489.34	19.57	24.19	17.99	62.19	1963.47

城镇居民楼整个生命周期的 CO_2 排放密度约为 $3t/m^2$，2012 年广州地区的居住面积为 $1.2×10^9 m^2$，所有城镇居民楼整个生命周期阶段造成的 CO_2 排放当量为 $3.6×10^9 t$，城镇居民楼的建筑物减排空间较大。

5.5 本 章 小 结

产业结构变化是珠三角地区生态转型的主要特征，产业结构变化将导致能源环境全要素生产率的变化。因此，本章采用 DEA 法（ML 指数和 GML 指数）评估了 2005～2015 年珠三角城市群工业系统和城市社会经济系统的能源环境全要素生产率，分析了其变化趋势，识别了"创新型"产业和城市，并采用经典计量学模型分析了其主要影响因素。此外，居民消费行为的变化也是城镇化生态转型的重要方面。因此，本章还选取了城镇居民楼作为典型的消费品，评估了其整个生命周期的环境效应。

研究发现，东莞、深圳和中山的工业系统能源环境全要素生产率呈增长趋势，其余城市呈现下降的趋势；大约有 152 个决策单元的能源环境全要素生产率呈现增长趋势。广州、东莞、佛山、江门、深圳和珠海属于创新型城市；珠三角地区的印刷和记录媒介复制业、测量仪器和设备制造业、医药制造业、通用设备制造业、农副食品加工业、软饮料及精制茶加工业、金属制品业、有色金属冶炼、压延加工业属于创新型产业。

珠三角地区 9 个地市社会经济系统能源环境效率在 2005～2015 年呈现出不同程度的提升，其中提升最多的地市是江门市。社会经济系统能源环境全要素生产率受到多种因素的影响，其中，产业结构、人均固定资产投资和开放程度对其有促进作用；科技进步、能源强度、能源价格、人均 GDP、政府管制等指标对其有阻碍作用。

参 考 文 献

付丽娜, 陈晓红, 冷智花. 2013. 基于超效率 DEA 模型的城市群生态效率研究——以长株潭 "3+5" 城市群为例. 中国人口·资源与环境, 23(4): 169-175.

潘雅茹, 罗良文. 2020. 廉洁度、基础设施投资与中国经济包容性增长. 中南财经政法大学学报, (1): 86-97.

王冰, 程婷. 2019. 我国中部城市环境全要素生产率的时空演变——基于 Malmquist-Luenberger 生产率指数分解方法. 长江流域资源与环境, 28(1): 48-59.

杨俊, 邵汉华. 2009. 环境约束下的中国工业增长状况研究——基于 Malmquist-Luenberger 指数的实证分析. 数量经济技术经济研究, 26(9): 64-78.

赵娜, 李光勤, 何建宁. 2021. 省域环境全要素生产率时空差异及其影响因素. 经济地理, 41(4): 100-107.

Chung Y, Färe R. 1997. Productivity and undesirable outputs: a directional distance function approach. Microeconomics, 51(3): 229-240.

Färe R, Grosskopf S, Pasurka C. 2001. Accounting for air pollution emissions in measuring state manufacturing productivity growth. Journal of Regional Science, 41(3): 381-409.

Flegg T A, Webber C D, Elliot M V. 1995. On the appropriate use of location quotients in generating regional input-output tables. Regional Studies, 29(6): 547-561.

Jönsson A, Björklund T, Tillman A M. 1998. LCA of concrete and steel buildings frames. The International Journal of Life Cycle Assess, 3(4): 216-224.

Lenzen M. 2000. Errors in conventional and input–outputbased life-cycle inventories. Journal of Industrial Ecology, 4(4): 127-148.

Lenzen M. 2011. Aggregation versus disaggregation in input–output analysis of the environment. Economic Systems Research, 23(1): 73-89.

Matthews H S, Small M J. 2000. Extending the boundaries of life-cycle assessment through environmental economic input-output models. Journal of Industrial Ecology, 4(3): 7-10.

Mattila T J, Pakarinen S, Sokka L. 2010. Quantifying the total environmental impacts of an industrial symbiosis - a comparison of process, hybrid and input-output life cycle assessment. Environmental Science and Technology, 44(11): 4309-4314.

Miller R E, Blair P D. 1985. Input-Output Analysis: Foundations and Extensions. New Jersey: PrenticeHall, Inc. , Englewood Cliffs.

Norman J, MacLean H L, Kennedy C A. 2006. Comparing high and low residential density: life-cycle analysis of energy use and greenhouse gas emissions. Journal of Urban Planning and Development, 132(1): 10-21.

Oh D H. 2010. A global Malmquist-Luenberger productivity index. Journal of Productivity Analysis, 34(3): 183-197.

Zhao X, Choi S G. 2015. On the regionalization of input-output tables with an industry-specific location quotient. The Annuals of Regional Science, 54(3): 901-926.

第6章　成都平原区城镇化生态转型

6.1　成都平原区城镇化生态转型现状及趋势

　　成都平原区是位于中国四川盆地西部的一处冲积平原，包括四川省成都市各区(市、县)及德阳、绵阳、雅安、乐山、眉山等地的部分区域，总面积约为1.881万km^2，是中国西南三省最大的平原。目前，国家正加快推进成都平原经济区协同发展，成都市作为划定的高质量发展先行区，需要将其建设成全面体现新发展理念的国家中心城市，要以成都为核心，充分发挥成都城镇化对区域一体化的引领作用，建立具有综合竞争力、辐射带动力、国际影响力的现代化城市群。这一发展要求对成都市的城市发展方向提出了新要求，成都市城镇化生态转型对于构建成都平原经济区具有重要的现实意义。基于此，本章以成都平原区的核心城市——成都市来开展城镇化生态转型研究，采用城镇化效率及可持续性发展状况来分析其城镇化生态转型。

　　成都平原区是中国西南三省最大的平原，其核心城市为成都市。成都市位于成都平原腹地，居四川省中部，介于102°54′～104°53′E和30°05′～31°26′N。全市面积为12121km^2，东西长192km，南北宽166km，平原面积占40.1%，丘陵面积占27.6%，山区面积占32.3%。成都市东与德阳、资阳毗邻，西与雅安、阿坝接壤，南与眉山相连，区内海拔最高为5364m，最低为387m。成都市地质悠久，地层出露较全，全市地势西北高、东南低，具有较大的差异。其西部地区属于四川盆地边缘区，以山地和深丘为主，海拔多在1000～3000m之间，东部地区位于四川盆地的盆底平原，属于成都平原腹心地带，该地区以冲积平原、低山丘陵和台地为主，土质肥沃，土层较厚，地势平坦，垦殖指数较高，海拔一般在500m左右。根据地貌类型可以将成都市分为平原、山地和丘陵。成都市属于亚热带湿润季风气候区，热量丰富、雨量充沛、四季分明。年平均气温为15.2～16.6℃，全年无霜期在300天以上，年平均降水量为873～1265mm，年平均日照百分率为23%～30%，年平均太阳辐射总量为80.0～93.5Cal[①]/cm^2。其气候具有以下五个特点：一是东西两地间气候差异明显；二是冬季暖、春季早、无霜期较长，四季较为分明，具有丰富的热量；三是冬春两季雨水较少，夏秋两季雨水偏多，降水量充沛，且降水的年际变化较小；四是光、热和水三者基本同季，对生物繁衍较为

---

　　① 1Cal=4.1868J。

有利；五是晴天少，风速小。成都市具有丰富的水资源、生物资源和矿产资源。就水资源而言，成都市河网布局稠密，西南部地区为岷江水系，东北部地区为沱江水系，全市共有大小河流 40 余条，水域面积超过 $70km^2$。其年均水资源总量达 304.72 亿 m^3，其中地下水 31.58 亿 m^3，过境水 184.17 亿 m^3。

成都市作为四川省的省会城市，在中华人民共和国建立后，其行政区域历经数次调整，由原先的 $29.9km^2$ 扩张到 1.21 万 km^2。2020 年，成都市辖 12 个区，5 个县级市，3 个县。另外，成都市有国家级自主创新示范区——成都高新技术产业开发区、国家级经济技术开发区——成都经济技术开发区、国家级新区——四川天府新区成都直管区。成都市是一个多民族散居的城市，具有包括汉族在内的 55 个民族。2020 年末，成都市户籍总人口为 1519.70 万人，在全国特大城市中位居第四，仅次于北京、上海和重庆。全市人口密度为 1461 人/km^2，其中成都市武侯区人口密度达 16088 人/km^2，为成都各区人口密度最大区。

改革开放近 40 多年以来，成都市综合实力明显增强，经济发展迅速，人民生活水平显著提升。由图 6-1 可知，成都市 GDP 由 1995 年的 713.67 亿元增加到 2015 年的 10801.20 亿元，增长幅度达 1413.47%。其中，2015 年全市第一、第二、第三产业的 GDP 分别为 373.20 亿元、4723.50 亿元、5704.50 亿元。此外，2015 年全市公共财政收入 1154.40 亿元，城镇居民人均可支配收入达 3.35 万元，农村居民人均可支配收入达 1.77 万元，城乡居民生活质量明显改善。

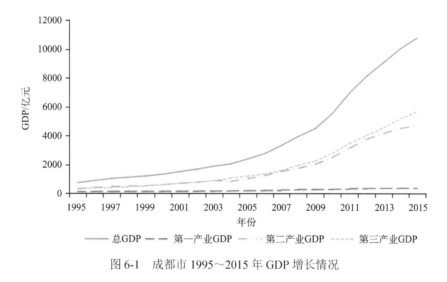

图 6-1　成都市 1995～2015 年 GDP 增长情况

经过几十年的高速发展，生态转型已经成为当前城市建设的迫切任务，也是推动城市可持续发展的重要途径。作为拥有 1400 多万常住人口的特大中心城市，成都市正处于城镇化加速转型和全面转型的战略关键期，经济结构、社会结构、城乡结构加速转变，资源环境对发展的刚性制约日益强化。城市建设迫切需要树立前瞻意识和可持续发展理念，清晰定位城市生态转型的重点领域，从而实现城市空间、城市产业、城市生态、城市管理及城乡形态的全面、协调、可持续发展。

当前，成都市正处于工业化中期后半阶段及城镇化后期的临界点，即将迈入工业化和城市化的"双后期"阶段。2015 年成都经济总量达到 10801.20 亿元，成为第三个迈入"万亿 GDP"的副省级城市，也具备实力成为新兴的一线城市。2013年四川省提出深入实施"多点多极支撑""'两化'互动、统筹城乡""创新驱动"三大发展战略，加快由经济大省向经济强省跨越、由总体小康向全面小康跨越。成都市作为四川的"首位城市"，在全面提升自身发展实力和发展质量的基础上，需要进一步优化分工合作、培育竞争优势、增强发展动力，为推动四川省向全国经济强省跨越做出积极贡献。当今世界，产业发展呈现新的形势：服务业以绝对优势成为许多发达国家经济增长的主体，互联网经济、平台经济等正日益成为经济发展新支撑，科技已真正成为发达国家城市经济增长的第一生产力。这些为成都市提供了转型升级的新机遇。同时，深化改革也将成为成都市转型升级的新动力。

目前，成都市城镇化生态转型也面临着一些问题。①高端产业发展不足。工业高新技术产业偏少，创新研发投入比重不高，生产性服务业和文化创意产业、金融业、咨询研发等现代服务业发展不足，城市综合服务功能较弱，对周边区域的辐射带动作用不强。②经济粗放型特征依旧明显。与其他城市相比，成都市经济增长方式的"粗放"特征相对明显，没有形成主要依靠科技进步、劳动者素质提高、管理创新推动的"集约型"经济增长态势。③资源环境约束压力日趋增大。近年来，成都市城市空间拓展需求与土地供给之间的矛盾日益加剧，"摊大饼式"的城市扩张模式已难以持续；自来水、天然气、电力等资源短缺问题显现；水、大气、土壤等环境质量不容乐观，中心城区环境空气质量未达到国家二级标准。

针对目前成都市城镇化生态转型面临的问题，成都市进行城镇化生态转型的战略路径及转型趋势如下。①以产业转型升级重塑经济优势。重点推动城市产业的高端化和服务化，强化创新驱动能力，建立适应大都市区发展的新型产业分工体系。一是以发展先进制造业和高新技术产业为先导，做强、做大主导产业，在电子信息、汽车发展良好的基础上高位求进，有重点地扶持新兴产业，抢占新兴产业的制高点。二是以发展现代服务业为重点，做优、做好成都服务业，着力提升生产服务性和知识密集型服务业的比重，形成"成都服务+周边制造""成都总部+全球（全国）市场"的产业发展格局。三是依托成都在科技、教育、人才和信息资源方面的优势，加强自主创新和科技成果转化，以创新驱动重塑增长动力。②以生态转型升级建设美丽成都。一是实施主体功能区规划，建立生态红线体系，对区域实施分级管理。立足成都市生态资源优势，整体统筹山、水、林、田、湖、草与城市绿地系统以及绿道网络。二是全力打造生态宜居的城市环境，强化生态敏感区资源保护，以保障和改善水域、大气质量为重点，提高污水收集处理能力，完善大气污染整治机制和措施，加强土壤污染治理，健全饮用水水源地在线监测体系。三是以资源的集约节约支撑城市发展转型，严格保护耕地和基本农田，加强低效土地再开发，建立节约集约用地评价标准和绩效考核机制。③以体制机制创新彰显改革红利。一是从以政府主导为主转向依托市场激励、以效率持续改进推动转型的方式，为市场主体的发展提供良好的环境。二是完善城市政府政绩考核方式，用科学的指标体系形成"倒逼"机制。三是全面深化改革，重点是深化统筹城乡、国有企业、事业单位，以及科技体制、金融体制、外贸体制等方面的改革，加快构建城乡一体化发展的体制机制。

在区域一体化背景下思考成都城镇化生态转型发展，必须立足成都平原区，从区域视野来审视成都市的转型战略。整合成都市周边在社会经济联系上存在高度同城化趋势的邻近城镇，推进大都市区战略，探索城镇化战略与生态文明建设的结合点，构成统领成都平原区城市群的战略空间。

6.2　城市化效率评价与分析

6.2.1　城市化效率评价模型构建

1. 三阶段 DEA 模型

本章采用一种评估城市化效率的三阶段方法，该方法通过控制外部变量来影响城市化效率的质量、速度和水平。三阶段 DEA 模型包括以下三个阶段。

1) 第一阶段：传统的 DEA 模型

传统的 DEA 模型是基于可变规模奖励(variable returns to scale, VRS)的 BCC 模型。可以借助该模型计算纯技术效率(pure technical efficiency, PTE)。在使用这个模型之前，应该做一些基本的假设。假设存在多个 DMU，并且对应于每个 DMU，其输出 m 个不同的输入项和不同的输出项。BCC 模型是输入和输出导向的，在城市化相关研究中表明输出方向的模型更加相关和可靠，因此本书使用了输出导向的 BCC 模型(李淑锦和应秋晓，2014)。BCC 模型可以定义为

$$\min\left[\theta - \varepsilon\left(\sum_{r=1}^{t} S_r^+ + \sum_{i=1}^{t} S_r^-\right)\right] \tag{6-1}$$

$$\sum_{j=1}^{n} \lambda_j x_{ij} + S_i^- - \theta x_{ij0} = 0 \ (i = 1, 2, \cdots, m) \tag{6-2}$$

$$\sum_{j=1}^{n} \lambda_j y_{rj} + S_i^+ - y_{rj0} = 0 \ (i = 1, 2, \cdots, t) \tag{6-3}$$

$$\sum \lambda_j^* = 1 \tag{6-4}$$

式中，$\lambda_j \geqslant 0; S_i^- \geqslant 0; S_r^+ \geqslant 0; j = 1, 2, \cdots, n$。$x_{ij}$ 和 y_{rj} 分别是第 j 个 DMU 的第 i 个输入和第 j 个 DMU 的第 r 个输出；S_i^- 和 S_r^+ 是第 j 个 DMU 的第 i 个输入和第 j 个 DMU 的第 r 个输出的松弛变量；m 和 t 是输入和输出指标；n 表示 DMU 的最大数量；λ_j 是第 j 个 DMU 的 j 维权向量；ε 是一个最小正数，表示不应忽略任何因子（一般取值 10^{-6}）；$\theta (0 < \theta \leqslant 1)$ 是相对技术效率（technical efficiency, TE）。对于有效单位，其效率值 θ 为 1，且 $S_i^- = S_r^+ = 0$，这形成了有效边界。

2）第二阶段：SFA 模型

在第二阶段，调整管理控制之外的外部变量的城市化 PTE，使所有 PTE 有相同的操作环境。通过建立 SFA 模型来观察管理效率、环境影响和随机误差三个因素的影响，排除环境影响和随机误差，从而保持管理效率低下导致的投入松弛。

$$s_{nk}^- = f^n(z_k; \beta^n) + v_{nk} + u_{nk}$$
$$(n = 1, 2, \cdots, N; k = 1, 2, \cdots, K) \tag{6-5}$$

式中，s_{nk}^- 表示输入松弛；$f^n(z_k; \beta^n)$ 是随机前沿函数，一般采用线性形式表示环境因素对输入松弛的影响；z_k 表示可能影响城市化效率的向量和外部变量；β^n 是需要估计的参数向量；$v_{nk} + u_{nk}$ 是混合误差，v_{nk} 代表随机管理无效率，服从正态分布的非负尾部，也就是说，u_{nk} 服从 $N^+(\mu, \sigma)$ 分布，v_{nk} 与 u_{nk} 无关。

3）第三阶段：调整后的 DEA 模型

通过提高输入质量和不改变输出可以消除操作性能的外部优势。通过在调整后的数据集上重新运行 BBC-DEA 输出导向模型来获得新的效率，并且结果将更加真实地反映城市化效率。

2. 城市化效率评价变量

1）投入-产出指标

基于成都市评估效率和当前城市状况的投入-产出指标，本书最终确定了三个输入指标和三个输出指标，这些指标对效率测量具有影响力和重要性（Jing, 2010; Kontodimopoulos et al., 2011; Lu et al., 2013; Li and Lin, 2016）。从投入指标的角度，本书从土地、资本和劳动力三个领域评估城市化效率。选择建成的土地面积来代表土地面积，固定资产投资总额代表资本水平，非农业就业人数代表劳动力水平。从产出指标的角度来看，考虑经济、人口和社会消费。非农业 GDP 解释了经济水平，城市化率指标解释了人口水平，社会消费品的零售总额解释了社会消费水平。

2）环境变量

有一些因素确实会影响城市化效率，但它们无法改变，或者更确切地说，它们超出了人的主观控制范围，这意味着城市与这些变量之间存在单向因果关系。这种变量称为环境变量（Lee, 2008; Dempsey et al., 2011; Li and Lin, 2016）。本节选择区位因素、政府管理因素和自然资源因素作为外部环境变量来消除外部环境因素的影响。

区位因素。在中国，直辖市及省会的资本曾经得到更多的支持和关注，这意味着这些地区总是经济、政治和工业中心，占据的资源比其他地区多。对于位于海边的城市来说，由于其便利的进出口、频繁的商业贸易及容易获得外国投资，其城市化发展水平比西部城市更高。基于这个原因，本书建立了将位置因子作为第一个环境指标的模型。本书根据交通网络划分了成都市 18 个区（市、县）的三个不同层次的地点。通过导入虚拟变量 D 来表示位置因子，$D=1$ 表示发达运输的第一层位置；$D=2$ 表示中等发达运输的第二层位置；$D=3$ 表示欠发达运输的第三层位置。根据 2015 年成都市街道配送网络地图，主要城区的五个区域属于集中交通网络的第一层，包括锦江区、青羊区、金牛区、武侯区和成华区；龙泉驿区、青白江区、新都区、温江区、金堂县、双流区、郫都区属于第二层位置，位于主要城区以外的外圈，交通条件较不方便；外围城区的其他县或县级城市分为第三级，其中包括大邑县、蒲江县、新津县、都江堰市、彭州市、邛崃市和崇州市。

政府管理因素。政府支出直接影响城市布局、基础设施建设、企事业单位管理、科研投入和创新技术投入。每个地区的 GDP 可能与政府资金不成比例，本书将政府收入占地区 GDP 总量的比例作为政府管理因素，显示出政府管理的外部环境。

自然资源因素。自然资源无疑对城市经济发展至关重要，也会影响城市居民的生活质量。在各种自然资源中，水资源对经济和公民生活的影响非常明显，因此选择各地区的水资源总量来解释自然资源因素。

3）数据来源

考虑到数据的可靠性、完整性和时间敏感性，本章使用了多种数据，如成都市及各区（市、县）的自然本底数据，以及 4 个时期 1km×1km 的土地利用和其他的社会经济数据。

来自不同分辨率的遥感图像，如 Landsat TM 和 SPOT 已被广泛用于监测土地利用变化和城市增长研究（Liu et al., 2010; Jiang et al., 2012; Pandey and Seto, 2015; 李霞, 2016）。本书使用了由中国科学院提供的 4 个时期（1980 年、1995 年、2005 年和 2015 年）的土地利用数据集，这些数据集来自 Landsat TM / ETM 图像提供的卫星遥感数据，空间分辨率为 30m。影像被解释为 25 个土地覆盖类别，最终汇总为六类土地利用类型：耕地、林地、草地、水域、建设用地和未利用地。

本章的主要社会经济数据是 GDP 和人口。2015 年的 GDP 和人口数据及城市化数据来自《成都统计年鉴 2015》和《四川统计年鉴 2015》。对于 DEA 模型，还收集了《成都统计年鉴 2015》中 2015 年固定资产投资、非农业就业人数、社会消费品零售总额和政府收入等数据。2015 年的水资源数据来自 2015 年《成都市水资源公告》。

6.2.2　城市化效率变化趋势分析

1. 第一阶段城市化效率评价

在此阶段，本书采用 BCC-DEA 模型评估 2015 年成都市城市化效率。详细评估结果见表 6-1。根据第一阶段的结果，当忽略环境变量和随机因素的影响时，成都市 19 个区(市、县)的城市化水平的技术效率、纯技术效率和规模效率的平均值分别为 0.8330、0.9411 和 0.8846。都江堰、锦江、龙泉驿、浦江、青白江、青羊和新津等区(市、县)的城市化效率完全有效，仍有 12 个区(市、县)处于低效阶段，这表明这些区(市、县)正处于规模收益递减的阶段，同时也意味着产出的百分比增长落后于投入的百分比。

表 6-1　基于 BCC-DEA 模型的城镇化效率评价

评价单元	技术效率	纯技术效率	规模效率	规模报酬
成华区	0.638	0.7564	0.8434	减少
崇州市	0.7434	0.8826	0.8423	减少
大邑县	0.8255	0.9958	0.8289	减少
都江堰市	1.0000	1.0000	1.0000	不变
金牛区	0.8835	1.0000	0.8835	减少
金堂县	0.6095	0.6704	0.9092	减少
锦江区	1.0000	1.0000	1.0000	不变
龙泉驿区	1.0000	1.0000	1.0000	不变
彭州市	0.8027	0.8054	0.9966	减少
郫都区	0.6932	0.9632	0.7197	减少
蒲江县	1.0000	1.0000	1.0000	不变
青白江区	1.0000	1.0000	1.0000	不变
青羊区	1.0000	1.0000	1.0000	不变
邛崃市	0.6663	0.8715	0.7645	减少
双流区	0.6144	1.0000	0.6144	减少
温江区	0.8282	1.0000	0.8282	减少
武侯区	0.7873	0.9488	0.8298	减少
新都区	0.7359	0.9864	0.7461	减少
新津县	1.0000	1.0000	1.0000	不变

2. 第二阶段城市化效率评价

在这个阶段，使用从第一阶段获得投入的松弛作为自变量，并选择区位因子（D）、政府收入占总 GDP 的比例（政府管理因子）和水资源总量作为解释变量。表 6-2 总结了随机前沿分析回归的结果，环境变量的大多数参数具有 10%或 5%的显著性水平，尤其是那些环境变量的固定资产总投资参数，三个环境变量的显著性水平均为 1%。这些结果表明，环境确实对区域城市化效率产生了统计上的显著影响。有必要消除环境对城市化效率的影响。结果还解释了统计噪声对效率的贡献。

环境变量的回归系数也揭示了环境因素与输入松弛之间的关系。正系数表明环境不利于投入使用过量。表 6-2 说明每个环境变量将对输入松弛产生不同的影响。

表 6-2　随机前沿分析结果

自变量	因变量		
	区位因子	政府管理因子	水资源总量
建设用地面积	0.0233*	−0.2088*	−0.0056*
	(−0.2368)	(−1.6121)	(−0.0426)
全社会固定资产投资	0.0571***	0.0555***	0.0516***
	(8.1728)	(4.0206)	(10.7326)
非农业就业人数	3.7969	3.4629	−0.0062**
	(0.9936)	(2.9461)	(−0.4803)
对数似然函数	−63.4685	−60.3687	−63.7309

***表示 $p<0.01$，**表示 $p<0.05$，*表示 $p<0.1$。

区位因子的回归系数对三个输入松弛都是正的，这意味着城市地理位置的改善将导致土地、资本和劳动力投资的增加，并进一步提高城市化效率。然而，政府管理因子的回归系数对建成区土地的投入指数是负的，主要归因于一系列政府建设生态城市和实现可持续发展的政策，如绿色项目的粮食，这将一定程度上减少城市建设面积。此外，水资源总量对建设用地面积和非农业就业人数的投入指标也是负面的，表明城市土地与其他土地资源之间存在明显的冲突，以及在快速城市化下大量的自然资源被消耗。

本节结果可以为提高成都城市化效率提供指导。采用的环境变量也是影响城市化效率的关键因素，交通系统、政府收入和水资源量都可以调整，以实现更均衡的城市化效率。因此，通过回归分析可以改善交通网络、优化产业结构、减少投入资源浪费，有助于提高区域城市化效率。

3. 第三阶段城市化效率评价

将从第二阶段回归获得的参数估计值引入第三阶段评估方程中。在此阶段，通过使用传统的 DEA 模型，重新计算了调整后的输入区域的真实管理效率，如表 6-3 所示。

与 BCC-DEA 模型的结果相比，在消除环境影响后，技术效率、纯技术效率和规模效率的平均得分从 0.8330、0.9411 和 0.8846 分别下降到 0.8321、0.9400 和 0.8845，平均减少率分别为 0.1159%、0.1160% 和 0.0036%。纯技术效率明显下降，其次是技术效率。这种下降表明使用 BCC-DEA 模型，在环境影响下，平均效率值被高估了。

在区（市、县）尺度消除环境影响后，19 个区（市、县）的结果变得更加复杂。基于技术效率、纯技术效率和规模效率的估计结果，通过使用 BCC-DEA 模型和三阶段 DEA 模型，可以发现不同的特征对区域的影响是不同的。无论何种效率，大多数地区仍然保持基于这两个模型的恒定效率结果。

表 6-3　BCC-DEA 模型与三阶段 DEA 模型结果对比

评价单元	技术效率		纯技术效率		规模效率		规模报酬	
	BCC-DEA 模型	三阶段 DEA 模型	BCC-DEA 模型	三阶段 DEA 模型	BCC-DEA 模型	三阶段 DEA 模型	BCC-DEA 模型	三阶段 DEA 模型
成华区	0.6380	0.6404	0.7564	0.7564	0.8434	0.8466	减少	减少
崇州市	0.7434	0.7385	0.8826	0.8783	0.8423	0.8409	减少	减少
大邑县	0.8255	0.8170	0.9958	0.9897	0.8289	0.8254	减少	减少
都江堰市	1.0000	1.0000	1.0000	1.0000	1.0000	1.0000	不变	不变
金牛区	0.8835	0.8848	1.0000	1.0000	0.8835	0.8848	减少	减少
金堂县	0.6095	0.6076	0.6704	0.6677	0.9092	0.9100	减少	减少
锦江区	1.0000	1.0000	1.0000	1.0000	1.0000	1.0000	不变	不变
龙泉驿区	1.0000	1.0000	1.0000	1.0000	1.0000	1.0000	不变	不变
彭州市	0.8027	0.8025	0.8054	0.8053	0.9966	0.9965	减少	减少
郫都区	0.6932	0.6944	0.9632	0.9622	0.7197	0.7217	减少	减少
蒲江县	1.0000	1.0000	1.0000	1.0000	1.0000	1.0000	不变	不变
青白江区	1.0000	1.0000	1.0000	1.0000	1.0000	1.0000	不变	不变
青羊区	1.0000	1.0000	1.0000	1.0000	1.0000	1.0000	不变	不变
邛崃市	0.6663	0.6623	0.8715	0.8672	0.7645	0.7638	减少	减少
双流区	0.6144	0.6088	1.0000	1.0000	0.6144	0.6088	减少	减少
温江区	0.8282	0.8321	1.0000	1.0000	0.8282	0.8321	减少	减少
武侯区	0.7873	0.7874	0.9488	0.9488	0.8298	0.8299	减少	减少
新都区	0.7359	0.7335	0.9864	0.9841	0.7461	0.7453	减少	减少
新津县	1.0000	1.0000	1.0000	1.0000	1.0000	1.0000	不变	不变

使用 BCC-DEA 模型过高估计了一些地区的效率,同时一些地区也被低估,一些地区的效率很少有变化。成华区、金牛区、温江区、武侯区和郫都区的技术效率提高,崇州市、新都区、大邑县、金堂县、双流区、邛崃市、彭州市的技术效率下降。这意味着环境变量对这些地区的技术效率起着重要作用。规模效率的情况类似于技术效率。然而,与 BCC-DEA 模型相比,没有在三阶段 DEA 模型基础上计算 PTE 上升的区域。

值得关注的是,一些地区几乎不受环境影响,例如锦江区、龙泉驿区、青白江区、青羊区、蒲江县、新津县和都江堰市的分析结果总是处于前沿面上,反映了 DEA 的有效性。在规模效率方面,调整后没有变化。大多数地区的规模效率递减,这表明这些地区没有在最佳规模下运作,导致生产要素浪费。

4. 三阶段的城市化效率评价

随着中国经济的发展和人口的增长,许多地区,特别是发达地区的资源、环境保护和经济发展之间的矛盾越来越多。因此,在区域范围内正确评估人类活动对自然环境和生态系统承载力的压力非常重要。本节基于三阶段数据 DEA 模型评估了城市化效率,该模型考虑了外生因素对城市化效率的影响。从政府管理和城市增长与规模的角度,根据各区(市、县)的土地利用数据及社会经济和自然资料,指出了成都市目前的城市化模式和特征。结果表明,锦江区、龙泉驿区、青白江区、青羊区、蒲江县、新津县和都江堰市始终具有均衡的城市化效率;而大邑县、郫都区、崇州市、彭州市、邛崃市、金牛区和成华区的城市化效率仍有待提高;双流区和金堂县保持最低的城市化效率。总体而言,在三个输入指标(土地、资本和劳动力)中,建成区的平均减少率最高,为 29.57%,这意味着建成区的多余面积阻碍了成都城市化的均衡发展。其还表明,三阶段 DEA 模型通过消除环境影响有效地反映了城市化效率的实际水平。最后,进一步为可持续和全面的城市发展提供了改进的方向和政策建议。

基于三阶段 DEA 模型的 TE、PTE 和 SE 的空间分布:通过空间聚类,本书直观地确定了基于三阶段 DEA 模型的城市化效率的空间分布差异。大多数区(市、县)的技术效率低于 1。规模效率的分布几乎与技术效率相同,与其他两种效率相比,纯技术效率更加优化,更多的区(市、县)达到了均衡的城市化。从空间分配来看,东部区(市、县)的城市化效率相对较低,西南部和东北部为 0.7~0.9,仅处于平均水平。西北区(市、县)的城市发展水平总是较高。总体而言,成都市的城市化效率分布是分散的。

6.2.3 城市化效率影响因素识别

传统的 DEA 模型忽略了环境变量和统计噪声的影响,这可能导致效率估计偏差。本节使用三阶段 DEA 模型来衡量 2015 年成都 19 个区(市、县)的城市化效率。第一阶段使用传统的 DEA 模型,包括土地、资本和劳动投入,以及 GDP、人口和社会消费产出。第二阶段是通过 SFA 回归解释外部环境和统计噪声引起的影响。第三阶段使用 BCC-DEA 模型,但该模型基于原始输出和调整后的输入进行研究。

环境变量确实影响城市化效率。本节采用三个环境变量来实现 SFA 回归,结果表明环境变量的大多数参数在 10% 和 5% 的显著性水平上显著。通过回归分析可以发现改善交通网络、优化产业结构、减少投入资源浪费,是提高区域城市化效率的合理途径。

使用三阶段 DEA 模型的平均技术效率、纯技术效率和规模效率均低于使用 BCC-DEA 模型。这一发现表明,在环境因素的影响下,整体城市化效率可能被高估。但在地方层面,使用 BCC-DEA 模型使一些地区的城市化效率被高估,一些地区被低估,而一些地区很少有变化。

三阶段 DEA 模型分析的效率值与传统的 DEA 模型不同,尤其对于受外部环境影响较大的某些区域来说。这表明三阶段 DEA 模型通过消除环境影响有效地反映了城市化效率的现实水平。然而,对锦江区、龙泉驿区、青白江区、青羊区、蒲江县、新津县和都江堰市的估算总是得出较好的城市化效率;而双流区和金堂县保持最低水平。

通过比较各区(市、县)的投入指标的原值和投影,证明建成区是造成大部分区(市、县)城市化不平衡的主要因素,即控制建成区位在一定程度上会提高成都市的城市化水平,对减少非农业就业人数也会有所帮助。对决策者来说,城市化效率的评估具有重要意义和价值。

6.3　城镇化可持续发展评价

6.3.1　城镇化可持续发展模型构建

1. 理论分析及模型构建

本节主要依据系统动力学理论,基于系统动力学软件 STELLA(structure thinking experimental learning laboratory with animation)对研究区生态足迹进行分析与预测,构建评估模型分析成都市可持续发展情况,用以表征城镇化生态转型状况。系统动力学(system dynamics,SD)是基于系统结构理论的方法,是系统科学和管理科学的一个重要分支,它可以较好地把握系统的复杂、非线性反馈关系,从而对系统做出良好的预测(赵军凯和张爱社,2006;姜钰和贺雪涛,2014;李亚静等,2015)。STELLA 就是基于系统动力学理论而研发的一款系统动力学软件,它可以通过不同参数的设置很好地对事物的发展进行动态预测(康燕妮,2020)。其简便的操作方式及强大的建模环境备受国内外学者的推崇(成洪山等,2007;狄乾斌等,2012)。根据生态足迹分析法的要求与内涵,将生态足迹分为供给与需求两部分分别进行模型的构建(张衍广等,2008;刘某承等,2010;刘东等,2012;史丹和王俊杰,2016;洪顺发,2020)。此外,为保证预测的科学性与合理性,本节还针对研究区近年来的人口变化情况,对人口变化进行了模型构建,即本书中的模型构建共分为三部分:供给部分模型、需求部分模型、人口部分模型。

1)供给部分模型构建

生态足迹的供给又称为生态承载力,指一个地区所能承载的最大生物量。其计算公式如下:

$$EC = \sum_{i=1}^{n}(a_i \times r_i \times y_i) \quad (n=1,2,\cdots,6) \tag{6-6}$$

式中,EC 为生态足迹供给;a_i 为各类型生产性土地的面积;r_i 为各地类相应的均衡因子;y_i 为各地类相应的产量因子;i 为生产性土地的类型。

生态足迹供给部分主要采用式(6-6),基于前期遥感影像解译的土地利用数据与联合国粮食及农业组织(Food and Agriculture Organization of the United Nations,FAO)、WWF 提供的均衡因子和产量因子来构建模型。将模型中各土地利用数据(耕地、林地、草地、水域、建设用地)均输入到"栈"中,用"流"将各地类两两连接,用以代表各地类之间的相互转化。之后将两期土地利用数据转移矩阵转换成土地利用转移百分比矩阵,将各地类转移百分比输入到相应的"转化器"中,以此表示各类土地面积流入与流出比例,并用"连接器"将其与"流"的阀门连接,在阀门中编辑公式,将其相乘,继而可得到土地利用转移的预测模型。在该预测模型外设置与各地类对应的"转化器",将 FAO 与 WWF 等提供的各地类的均衡因子与产量因子相乘后输入其中,并把"连接器"与"栈"同时连接到另外的"转化器"上,最后将这些"转化器"相加得到模型中生态足迹的总供给,构建如模型见图 6-2,该模型中图标含义见表 6-4。

在这一部分中,各地类(耕地、林地、草地、水域、建设用地、未利用地)面积来源于解译的遥感影像,地类转化的比率主要依据土地利用转移矩阵来进行,具体思路如下。

(1)在 ArcGIS 中打开 2000 年与 2005 年两期土地利用数据,对其进行土地利用转移矩阵的叠加计算,得到成都市 2000 年和 2005 年的土地利用转移矩阵,并结合已有的 2005 年土地利用数据,预测成都市 2010 年土地利用数据。将所得预测结果与解译的成都市 2010 年土地利用数据实际结果进行比较,检验是否在误差范围内,如果误差较小,则可进行下一步。

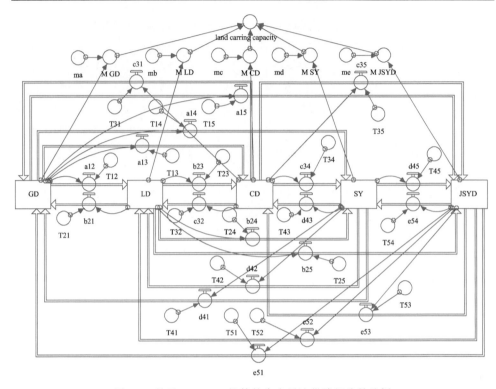

图 6-2　基于 STELLA 软件的生态足迹供给部分的分析

表 6-4　生态足迹供给部分图标含义表

图标	含义	图标	含义
GD	耕地	LD	林地
CD	草地	SY	水域
JSYD	建设用地	M GD	耕地的生态足迹供给
M LD	林地的生态足迹供给	M CD	草地的生态足迹供给
M SY	水域的生态足迹供给	M JSYD	建设用地的生态足迹供给
ma	耕地均衡因子与产量因子之积	mb	林地均衡因子与产量因子之积
mc	草地均衡因子与产量因子之积	md	水域均衡因子与产量因子之积
me	建设用地均衡因子与产量因子之积	aij/bij/cij/dij/eij	地类转化的"流"
Tij	地类转化的比率	land carring capacity	生态足迹供给
—	—		

(2)同理对 2005 年与 2010 年土地利用数据进行上述操作，预测 2015 年土地利用数据，并与实际解译数据进行比较，检验误差大小。如果误差仍然在允许范

围内,则表明 2000～2015 年成都市土地利用数据变化比较平稳,可以进行下一步。

(3)如果上述对比检测结果均在误差允许范围内,则可以根据 2000 年和 2015 年土地利用数据进行上述操作得到成都市 2000～2015 年土地利用转移矩阵,进而结合 2015 年成都市解译数据预测 2030 年土地利用变化情况。

上述思路优势在于进行了双重验证与检验,确保了成都市土地利用变化数据在 2000～2005 年、2005～2010 年、2010～2015 年三个时间段内的平稳性,从而保障本书利用 2000～2015 年土地利用转移矩阵预测 2015～2030 年土地利用变化情况的科学性与合理性。当然,这是基于成都市 2015～2030 年土地利用变化与 2000～2015 年基本保持一致的假设前提下来进行预测与分析的,一旦成都市土地利用情况在 2015～2030 年发生巨大变化,则不能进行有效预测,这也是目前土地利用变化预测所面临的困境。

2)需求部分模型构建

生态足迹需求指在一定的生产力和生活水平条件下,满足一个区域内所有人口生存所需要的生产性土地面积。其计算公式为

$$EF = N \times ef = N \times \sum(aa_j) = N \times \sum\left(c_j \ / \ p_j \times r_j\right) \tag{6-7}$$

式中,EF 为总的生态足迹需求;N 为人口数;ef 为人均生态足迹需求;aa_j 为人均 j 种交易商品折算的生物生产面积;c_j 为 j 种商品的人均消费量;p_j 为 j 种商品的平均生产能力;r_j 为 j 种商品的均衡因子;j 为商品和投入的类型。

生态足迹的人均需求部分主要采用式(6-7),将从《成都统计年鉴》及《四川统计年鉴》查找到的成都市人均生物资源(粮食、蔬菜、食用植物油、水果、猪肉、蛋类、禽类、牛羊肉、牛奶、水产品、茶叶)与能源(原煤、洗精煤、其他洗煤、煤制品、焦炭、天然气、汽油、煤油、柴油、燃料油、液化石油气、其他石油制品、热力、电力)消耗量输入到各自的"栈"中,用"流"表示其消耗量的增减流入与流出。将各类生物资源与能源的平均生产能力输入到各自对应的"转化器"中,用"连接器"将其与"栈"同时连接到另外的"转化器"上,并使之相除。在该部分设置 Rate1 与 Rate2 来表示社会发展与经济增长所带来的各类生物资源与能源消耗量的变化率,并用"连接器"将之连接到"流"的阀门上。最后将各类生物资源归结到相应的土地利用类型上(如将粮食归结为耕地,将牛羊肉归结为草地),使之与相应的均衡因子相乘,从而得到最终人均生态足迹需求。

在这一部分中,粮食、蔬菜等生物资源,以及原煤、洗精煤等能源的数据均来源于《成都统计年鉴》。其中,人均生物资源消耗量分为城镇居民人均消耗量和农村居民人均消耗量,本节将其各自乘以相应人口数并取平均值作为最终结果。计算得到的人均生物资源消耗量与生物资源消耗数据、能源消耗数据共同作为基础数据输入上述生态足迹需求模型。

$$PC = \frac{N_U \times C_U + N_R \times C_R}{N_U + N_R} \tag{6-8}$$

式中，PC 为人均生物资源消耗量；N_U 为城镇常住居民人口数；C_U 为城镇居民人均生物资源消耗量；N_R 为农村常住居民人口数；C_R 为农村居民人均生物资源消耗量。

如上所述，本部分模型构建中添加了 Rate1 和 Rate2 两个参数，用以表示时代和社会经济发展及人民生活水平不断提高所带来的生物资源与能源消耗的变化。这两个参数主要依据研究区 GDP 的变化和计量经济学模型来确定。

3）人口部分模型构建

在一个地区的动态预测中，人口因素对分析结果具有很大的影响。科学合理地分析人口变化对于本书研究具有重要意义。因此，本书在生态可持续发展动态预测模型构建中考虑了成都市人口变化情况。在人口变化部分主要考虑农村与城市人口基数、人口自然增长率、城镇化率及人口迁移转化率的影响。换言之，本书中的人口模型以成都市历年人口变化趋势为依据，考虑了城镇与农村人口的迁移转化，并添加城镇化率作为模型的稳定因子，从而构建了人口预测模型。以农村人口与城市人口为两个独立的"栈"，以"流"连接二者，表示农村人口向城市人口迁移，并用两个单独的"流"指向两个"栈"，用以表示农村人口与城市人口的增长率,这一增长率主要考虑研究区人口自然增长率及城镇化水平的影响。图 6-3 为构建完成的模型。

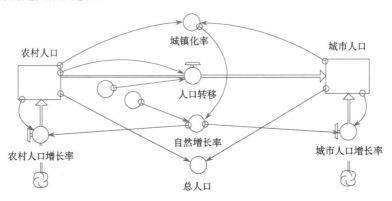

图 6-3　基于 STELLA 软件的人口变化部分的分析

2. 数据来源及处理

本章所需数据主要为《成都统计年鉴》（2001～2016 年）、地理空间数据云（geospatial data cloud，GSCloud）及美国地质勘探局（United States Geological Survey，USGS）所提供的遥感影像数据等。

来源于《成都统计年鉴》(2001~2016 年)的数据指标主要包括：①2000~2015 年的成都市人口数据，即城市人口数、农村人口数；②2000~2015 年成都市经济发展数据，即总 GDP、第一产业 GDP、第二产业 GDP、第三产业 GDP；③2015 年成都市居民人均生物资源消耗数据，即人均粮食消耗量、人均蔬菜消耗量、人均食用植物油消耗量、人均水果消耗量、人均猪肉消耗量、人均蛋类消耗量、人均禽类消耗量、人均牛羊肉消耗量、人均牛奶消耗量、人均水产品消耗量和人均茶叶消耗量；④2015 年成都市居民能源消耗数据，即原煤消耗量、洗精煤消耗量、其他洗煤消耗量、煤制品消耗量、焦炭消耗量、天然气消耗量、汽油消耗量、煤油消耗量、柴油消耗量、燃料油消耗量、液化石油气消耗量、其他石油制品消耗量、热力消耗量、电力消耗量；⑤2000~2015 年生物资源消耗(食物支出)总量和能源消耗总量。

来源于 GSCloud 或 USGS 的数据包括：①2000 年成都市遥感影像数据；②2005 年成都市遥感影像数据；③2010 年成都市遥感影像数据；④2015 年成都市遥感影像数据。

来源于其他渠道的数据包括：①各商品全球平均产量，来源于联合国粮食及农业组织数据库(http://www.fao.org/home/en/)；②均衡因子，来源于 WWF 提供的《地球生命力报告·中国 2015》；③产量因子，来源于 WWF 提供的《地球生命力报告·中国 2015》。

6.3.2　城镇化可持续发展模拟分析

根据成都市经济发展状况(表 6-5)，发现成都市 2000~2015 年的 GDP 增速介于 7.90%~15.30%之间。从表中可以看出，成都市 GDP 增速近年呈现放缓趋势，结合我国目前经济发展新常态的相关情况，本节将成都市年均 GDP 增长速率设定在 5.00%~15.00%之间，分别设置经济发展增长速率 5.00%、7.50%、10.00%、12.50%、15.00%这五种情景，通过这五种情景来分析成都市不同经济发展增长速率下生态足迹的变化。

表 6-5　成都市 2000~2015 年经济增长情况

年份	GDP 增速/%	年份	GDP 增速/%	年份	GDP 增速/%	年份	GDP 增速/%
2000	10.8	2004	13.6	2008	12.1	2012	13.0
2001	13.1	2005	13.5	2009	14.7	2013	10.2
2002	13.1	2006	13.4	2010	15.0	2014	8.9
2003	13.0	2007	15.3	2011	15.2	2015	7.9

根据上文中的参数设定，可以得出需求部分的相应参数增长率 Rate1 和 Rate2

的值如表 6-6 所示。利用表中的数据，将其依次代入所构建模型中即可得到成都市在经济发展增长速率 5.00%、7.50%、10.00%、12.50%、15.00%五种情景下的生态可持续发展状况。

表 6-6 经济增长对生物资源消耗影响率 Rate1 和经济增长对能源消耗影响率 Rate2 随 GDP 的变化值

参数	不同经济发展增长速率情景下 Rate1 和 Rate2 的变化值/%				
	5.00	7.50	10.00	12.50	15.00
Rate1	4.64	6.96	9.28	11.60	13.92
Rate2	2.87	4.30	5.73	7.16	8.60

1)经济增速 5.00%情景模拟

该情景下，Rate1=4.64%，Rate2=2.87%，将其代入所构建模型中，即可得到模拟结果，详见表 6-7。对表中数据进行可视化处理，得到图 6-4。可以发现，在经济增速 5.00%的情景下，成都市 2015～2030 年生态环境状况存在较大的生态赤字，且这一赤字经历了先减后增的整体趋势，2015～2020 年为下降趋势，2020～2030 年为上升趋势。生态赤字的区间范围为 21619881.31～23222082.36ghm^2[①]。

表 6-7 成都市经济增速 5.00%情景下的生态赤字状况 （单位：ghm^2）

年份	生态足迹需求	生态足迹供给	生态赤字
2015	26057077.62	3632936.21	22424141.41
2016	25740555.87	3630389.02	22110166.85
2017	25501097.71	3627861.17	21873236.54
2018	25337906.26	3625352.52	21712553.74
2019	25250810.82	3622862.91	21627947.91
2020	25240273.49	3620392.18	21619881.31
2021	25290625.87	3617940.18	21672685.69
2022	25377884.84	3615506.76	21762378.08
2023	25503601.14	3613091.78	21890509.36
2024	25669442.95	3610695.08	22058747.87
2025	25750972.91	3608316.51	22142656.40
2026	25874513.77	3605955.94	22268557.83
2027	26041478.11	3603613.21	22437864.90
2028	26253391.72	3601288.18	22652103.54
2029	26511899.71	3598980.71	22912919.00
2030	26818773.02	3596690.66	23222082.36

① ghm^2 为全球性公顷，区别于通常的土地面积单位(公顷)。1 单位的全球性公顷指的是 1hm^2 具有全球平均产量的生产力空间。

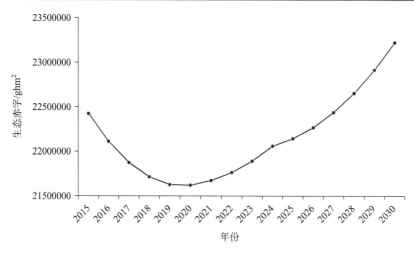

图 6-4　成都市经济增速 5.00%情景下的生态赤字状况

2) 经济增速 7.50%情景模拟

该情景下, Rate1=6.96%, Rate2=4.30%, 将其代入所构建模型中, 即可得到模拟结果, 详见表 6-8。对表中数据进行可视化处理, 得到图 6-5。可以发现, 在经济增速 7.50%的情景下, 成都市 2015~2030 年生态环境状况存在较大的生态赤字, 且这一赤字同样经历了先减后增的整体趋势, 2015~2022 年为下降趋势, 2022~2030 年为上升趋势。生态赤字的区间范围为20109475.71~22766122.70ghm²。

表 6-8　成都市经济增速 7.50%情景下的生态赤字状况　　　　（单位：ghm²）

年份	生态足迹需求	生态足迹供给	生态赤字
2015	26057077.62	3632936.21	22424141.41
2016	25359048.58	3630389.02	21728659.56
2017	24789667.00	3627861.17	21161805.83
2018	24345370.15	3625352.52	20720017.63
2019	24023978.78	3622862.91	20401115.87
2020	23824686.15	3620392.18	20204293.97
2021	23732325.15	3617940.18	20114384.97
2022	23724982.47	3615506.76	20109475.71
2023	23805341.30	3613091.78	20192249.52
2024	23976518.75	3610695.08	20365823.67
2025	24123839.87	3608316.51	20515523.36
2026	24366665.00	3605955.94	20760709.06
2027	24708116.15	3603613.21	21104502.94
2028	25151795.07	3601288.18	21550506.89
2029	25701811.33	3598980.71	22102830.62
2030	26362813.36	3596690.66	22766122.70

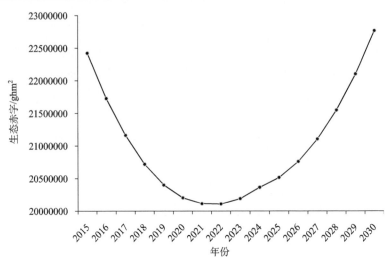

图 6-5　成都市经济增速 7.50%情景下的生态赤字状况

3) 经济增速 10.00%情景模拟

该情景下，Rate1=9.28%，Rate2=5.73%，将其代入所构建模型中，即可得到模拟结果，详见表 6-9。对表中数据进行可视化处理，得到图 6-6。可以发现，在经济增速 10.00%的情景下，成都市 2015～2030 年生态环境状况存在较大的生态赤字，且这一赤字同样经历了先减后增的整体趋势，2015～2021 年为下降趋势，2021～2030 年为上升趋势。生态赤字的区间范围为 18911130.55～24634511.83ghm²。

表 6-9　成都市经济增速 10.00%情景下的生态赤字状况　　　　（单位：ghm²）

年份	生态足迹需求	生态足迹供给	生态赤字
2015	26057077.62	3632936.21	22424141.41
2016	24977541.28	3630389.02	21347152.26
2017	24104612.86	3627861.17	20476751.69
2018	23429393.35	3625352.52	19804040.83
2019	22945877.40	3622862.91	19323014.49
2020	22650879.41	3620392.18	19030487.23
2021	22529070.73	3617940.18	18911130.55
2022	22560101.85	3615506.76	18944595.09
2023	22747921.60	3613091.78	19134829.82
2024	23097740.23	3610695.08	19487045.15
2025	23500906.56	3608316.51	19892590.05
2026	24074399.14	3605955.94	20468443.20
2027	24825068.75	3603613.21	21221455.54
2028	25761230.34	3601288.18	22159942.16
2029	26892759.33	3598980.71	23293778.62
2030	28231202.49	3596690.66	24634511.83

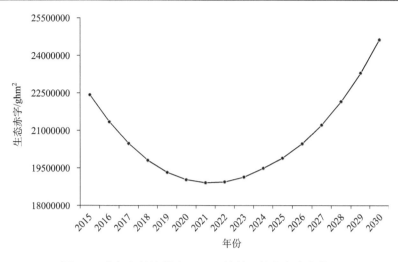

图 6-6　成都市经济增速 10.00%情景下的生态赤字状况

4）经济增速 12.50%情景模拟

该情景下，Rate1=11.60%，Rate2=7.16%，将其代入所构建模型中，即可得到模拟结果，详见表 6-10。对表中数据进行可视化处理，得到图 6-7。可以发现，在经济增速 12.50%的情景下，成都市 2015～2030 年生态环境状况存在较大的生态赤字，且这一赤字同样经历了先减后增的整体趋势，2015～2021 年为下降趋势，2021～2030 年为上升趋势。生态赤字的区间范围为 18041715.84～28772133.82ghm²。

表 6-10　成都市经济增速 12.50%情景下的生态赤字状况　　　　（单位：ghm²）

年份	生态足迹需求	生态足迹供给	生态赤字
2015	26057077.62	3632936.21	22424141.41
2016	24596033.99	3630389.02	20965644.97
2017	23445935.29	3627861.17	19818074.12
2018	22588577.01	3625352.52	18963224.49
2019	22011384.72	3622862.91	18388521.81
2020	21707170.60	3620392.18	18086778.42
2021	21659656.02	3617940.18	18041715.84
2022	21849824.83	3615506.76	18234318.07
2023	22283679.64	3613091.78	18670587.86
2024	22970219.29	3610695.08	19359524.21
2025	23804928.25	3608316.51	20196611.74
2026	24908654.38	3605955.94	21302698.44
2027	26296369.20	3603613.21	22692755.99
2028	27986637.28	3601288.18	24385349.10
2029	30001901.77	3598980.71	26402921.06
2030	32368824.48	3596690.66	28772133.82

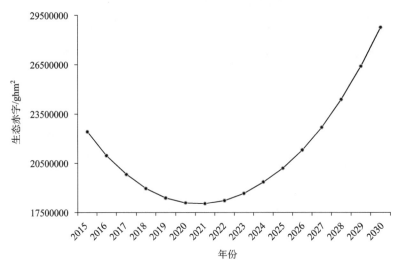

图 6-7　成都市经济增速 12.50%情景下的生态赤字状况

5）经济增速 15.00%情景模拟

该情境下，Rate1=13.92%，Rate2=8.60%，将其代入所构建模型中，即可得到模拟结果，详见表 6-11。对表中数据进行可视化处理，得到图 6-8。可以发现，在经济增速 15.00%的情景下，成都市 2015～2030 年生态环境状况存在较大的生态赤字，且这一赤字同样经历了先减后增的整体趋势，2015～2020 年为下降趋势，2020～2030 年为上升趋势。生态赤字的区间范围为 17365288.96～35318078.67ghm²。

表 6-11　成都市经济增速 15.00%情景下的生态赤字状况　　　　　（单位：ghm²）

年份	生态足迹需求	生态足迹供给	生态赤字
2015	26057077.62	3632936.21	22424141.41
2016	24214922.36	3630389.02	20584533.34
2017	22814509.84	3627861.17	19186648.67
2018	21822977.76	3625352.52	18197625.24
2019	21217703.98	3622862.91	17594841.07
2020	20985681.14	3620392.18	17365288.96
2021	21109187.08	3617940.18	17491246.90
2022	21571087.38	3615506.76	17955580.62
2023	22381473.84	3613091.78	18768382.06
2024	23556571.91	3610695.08	19945876.83
2025	24996595.52	3608316.51	21388279.01
2026	26835188.09	3605955.94	23229232.15
2027	29103335.62	3603613.21	25499722.41
2028	31839694.47	3601288.18	28238406.29
2029	35091354.79	3598980.71	31492374.08
2030	38914769.33	3596690.66	35318078.67

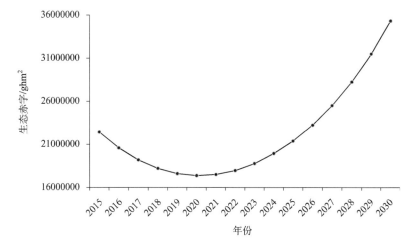

图 6-8　成都市经济增速 15.00%情景下的生态赤字状况

6.3.3　城镇化可持续发展趋势预估

通过对模型在经济增长速率 5.00%、7.50%、10.00%、12.50%和 15.00%五种情景下的模拟，发现成都市生态足迹存在较大的生态赤字，其环境的供给能力远小于当地居民的实际需求，即如果将成都市看作一个封闭的整体，其生态环境压力较大，处于不可持续发展状态。

当经济增长速率为 5.00%时，成都市生态赤字由 2015 年的 22424141.41ghm^{2}下降到 2020 年的 21619881.31ghm^2，之后持续上升至 2030 年的 23222082.36ghm^2，其前后经历了明显的先减小后增大趋势。

当经济增长速率为 7.50%时，成都市生态赤字由 2015 年的 22424141.41ghm^{2}下降到 2022 年的 20109475.71ghm^2，之后持续上升至 2030 年的 22766122.70ghm^2，其前后也经历了明显的先减小后增大趋势。

当经济增长速率为 10.00%时，成都市生态赤字由 2015 年的 22424141.41ghm^{2}下降到 2021 年的 18911130.55ghm^2，之后持续上升至 2030 年的 24634511.83ghm^2，其前后同样经历了明显的先减小后增大趋势。

当经济增长速率为 12.50%时，成都市生态赤字由 2015 年的 22424141.41ghm^{2}下降到 2021 年的 18041715.84ghm^2，之后持续上升至 2030 年的 28772133.82ghm^2，呈现先减小后增大趋势。

当经济增长速率为 15.00%时，成都市生态赤字由 2015 年的 22424141.41ghm^{2}下降到 2020 年的 17365288.96ghm^2，之后持续上升至 2030 年的 35318078.67ghm^2，同样呈现先减小后增大趋势。

通过上述分析发现成都市 2015～2030 年在经济增长速率 5.00%～15.00%的

情景下均存在生态赤字较为严重的问题，且其生态赤字在前期存在下降的趋势，但后期又逐渐升高。这一结果反映了成都市整体生态环境所面临的巨大压力，但未来几年生态可持续发展趋势较好。在经济增长速率 5.00%、15.00%情景下，其下降趋势将持续至 2020 年，在经济增长速率 10.00%、12.50%情景下，其下降趋势持续至 2021 年，在经济增长速率 7.50%情景下，其下降趋势持续至 2022 年。

从成都市生态赤字下降的持续时间来看，经济增长速率为 7.50%的情景更接近可持续发展要求。从成都市生态赤字下降的最低值来看，经济增长速率为 15.00%的情景更接近可持续发展的要求。从成都市生态赤字未来增长的速度最高值来看，经济增长速率为 7.50%的情景更接近可持续发展的要求。将这些分析数据进行整理得到表 6-12。

表 6-12　成都市可持续发展趋势分析表

	5.00%	7.50%	10.00%	12.50%	15.00%
下降截止时间	2020 年	2022 年	2021 年	2021 年	2020 年
生态赤字最低值/ghm²	21619881.31	20109475.71	18911130.55	18041715.84	17365288.96
生态赤字最高值/ghm²	23222082.36	22766122.70	24634511.83	28772133.82	35318078.67

为了更加直观地反映不同情景下成都市生态环境发展状况，本节将五种情景结果绘制在一张图上(图 6-9)。

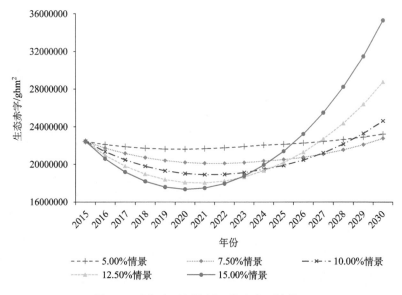

图 6-9　成都市不同情景下的生态环境状况

从图 6-9 中可以更加清晰地看出不同情景模拟下的成都市生态环境发展状况，可以发现随着经济增长速率的增大，成都市生态赤字下降的速度也呈现增大的趋势，并且随着经济增长速率的增大，生态赤字的最低值也逐渐下降。同时，随着经济增长速率的增大，成都市未来生态赤字的增速同样增大。故而得知，随着经济增长速率的增大，成都市生态环境发展状况改变的速率及幅度随之增大。换言之，经济增长速度越快，成都市生态环境发展状况变化的速度越快，且生态赤字的变化区间也越大。

6.3.4　城镇化可持续发展情景预测

五种情景模拟分析表明，成都市经济发展速率的快速增大在短期内有助于当地生态环境赤字的减小，缓解生态环境的压力，但长期来看弊端严重。而低速的经济增长明显无法缓解短期内巨大的生态环境压力，同时无法满足人民对美好生活向往的客观需求，故而确定一个合适的经济增长速率有助于成都市生态与经济的协调发展。

当经济增速为 5.00%时，成都市未来的生态赤字增大缓慢，其增长趋势远小于经济增速为 15.00%时的情景，但其经济增速过缓导致其在短期内(2015～2020年)生态赤字下降幅度极其有限。同时，结合近年来我国政府工作报告及成都市政府工作报告的有关内容，可以认为 2015～2030 年成都市经济增速低于 5.00%的可能性较小，故而仅考虑增速高于 5.00%的情况。当经济增速为 7.50%时，成都市未来的生态赤字变化速率较经济增速为 5.00%时更显著，生态赤字的减速与增速均高于经济增速为 5.00%时，且其生态赤字未来增长速率较缓，远低于经济增速为 10.00%、12.50%和 15.00%时，同时其生态赤字持续下降的时间(持续至 2022年)均长于其他经济增速下的持续时间(持续至 2020 年或 2021 年)，故而其可持续性发展总体来看较优。而当经济增速为 10.00%、12.50%、15.00%时，成都市未来生态赤字变化速率依次增大，虽然其生态赤字持续减小的最低值也依次下降，但其未来的生态赤字增长速度同样让人震惊。尤其是当经济增速为 15.00%时，成都市 2030 年的生态赤字竟达到 35318078.67ghm^2，是经济增速为 7.50%情景下生态赤字的 1.55 倍。同样地，经济增速为 12.50%时，成都市 2030 年的生态赤字虽然低于经济增速为 15.00%情景下的生态赤字，但依旧显得过高。虽然经济增速为 10.00%时，成都市 2030 年的生态赤字与经济增速为 7.50%时相比并未高太多(高8.21%)，但其生态赤字未来增速却显著高于 7.50%情景下的生态赤字增速，同样不是最佳可持续发展的情景。

根据表 6-5 中的数据可得图 6-10。将其与我国现阶段经济发展新常态的大环境、成都市有关政府工作报告的相关内容，以及学者对中国经济未来发展预测的研究相结合，可以认为成都市 2015～2030 年的经济增速区间的大体范围为

7.50%～10.00%，且更接近 7.50%，即本节前面所预测的生态环境变化的总体最优情景。换言之，成都市近年来的发展是符合当地实际情况下可持续发展要求的，其在经济与生态环境之间取得了一个较佳的平衡，既保证了社会经济的中高速稳定发展，又确保了未来短期时间内生态环境压力的降低，同时还使得其在未来长期时间内生态赤字不会提升得过快。这也是近年来成都市响应我国政府推动生态文明建设及美丽中国建设的成果，其对于建设富强、民主、文明、和谐、美丽的社会主义现代化强国也具有一定的推动与促进作用。

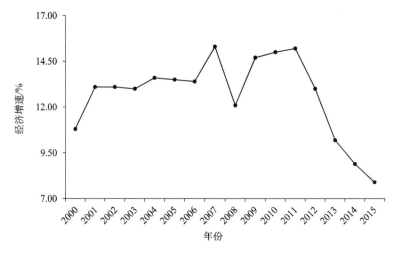

图 6-10　成都市 2000～2015 年经济增长速率

　　为了给成都市的未来发展提供参考，并提出一定的合理建议，本节根据之前的研究结果对成都市生物资源消耗和能源消耗分别进行多情景模拟，对 Rate1 和 Rate2 分别进行多值分析讨论，从而进一步确定成都市经济发展带动下的生物资源消耗和能源消耗给生态环境所造成的客观影响。

　　依据上述讨论，本节假定成都市未来经济增长速率为最优情景，即经济增速为 7.50%。先保持能源消耗与经济增速间的关系率为 0.573%，即 Rate2=4.30%。将生物资源消耗与经济增速间的关系分别调整–50.00%、–25.00%、0.00%、25.00%和50.00%，得到Rate1的值。再保持生物资源消耗与经济增速间的关系率为0.93%，即 Rate1=6.96%。将能源消耗与经济增速间的关系分别调整–50.00%、–25.00%、0.00%、25.00%和50.00%，得到 Rate2 的值，见表 6-13。将表 6-13 与表 6-14 中的数据分别代入所构建的模型中进行分析预测得到图 6-11 和图 6-12。

　　根据图 6-11 可以发现随着 Rate1 的逐渐增大，成都市 2015～2030 年的生态赤字也发生改变，并且存在一定的规律。

表 6-13　调整后的生物资源消耗与经济增速关系率及 **Rate1** 的值

	−50.00%	−25.00%	0.00%	25.00%	50.00%
关系率/%	0.46	0.70	0.93	1.16	1.39
Rate1/%	3.48	5.22	6.96	8.70	10.44

表 6-14　调整后的生物资源消耗与经济增速关系率及 **Rate2** 的值

	−50.00%	−25.00%	0.00%	25.00%	50.00%
关系率/%	0.29	0.43	0.57	0.72	0.86
Rate2/%	2.15	3.23	4.30	5.38	6.45

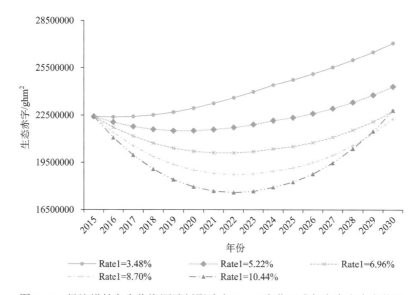

图 6-11　经济增长在生物资源消耗影响率 Rate1 变化下成都市生态赤字状况

随着 Rate1 的增大，生态赤字均呈现先下降后上升的趋势。当 Rate1=3.48%时，生态赤字由最初的 22424141.41ghm² 逐渐下降到 22385791.98ghm²，后持续上升至 27084155.67ghm²；当 Rate1=5.22%时，生态赤字由最初的 22424141.41ghm² 逐渐下降到 21508583.77ghm²，后持续上升至 24326226.93ghm²；当 Rate1=6.96%时，生态赤字由最初的 22424141.41ghm² 逐渐下降到 20109475.71ghm²，后持续上升至 22766122.70ghm²；当 Rate1=8.70%时，生态赤字由最初的 22424141.41ghm² 逐渐下降到 18740973.82ghm²，后持续上升至 22285906.18ghm²；当 Rate2=10.44%时，生态赤字由最初的 22424141.41ghm² 逐渐下降到 17604100.40ghm²，后持续上升至 22821619.67ghm²。

随着 Rate2 的增大，生态赤字下降的持续时间先增加后平稳，但下降的最低值一直在降低。当 Rate2=3.48%时，生态赤字下降趋势仅持续到 2016 年，且最低值为 22385791.98ghm²；当 Rate2=5.22%时，生态赤字下降趋势持续到 2019 年，且最低值为 21508583.77ghm²；当 Rate2=6.96%时，生态赤字下降趋势一直持续到 2022 年，且最低值为 20109475.71ghm²；当 Rate2=8.7%时，生态赤字下降趋势一直持续到 2022 年，且最低值为 18740973.82ghm²；当 Rate2=10.44%时，生态赤字下降趋势同样持续到 2022 年，且最低值为 17604100.40ghm²。

随着 Rate1 的增大，生态赤字先减后增的趋势波动范围逐渐增大，即 Rate1 越大，生态赤字下降的速度和上升的速度都越快。从图 6-11 中可以看出在生态赤字下降时间段里，五种情景下的生态赤字减小速率随着 Rate1 的增大而依次递减（斜率递增），而在生态赤字上升时间段里，五种情景下的生态赤字增大速率随着 Rate1 的增大而呈现递增趋势。

图 6-12 表明，随着 Rate2 的改变，成都市 2015～2030 年的生态赤字也发生着变化，并且同样存在着规律性。

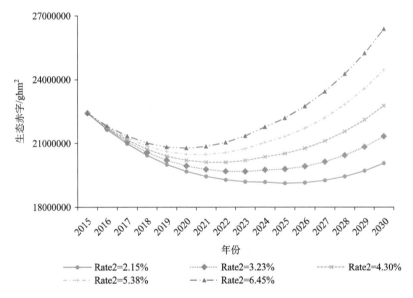

图 6-12　经济增长在能源消耗影响率 Rate2 变化下的成都市生态赤字状况

随着 Rate2 的增大，成都市生态赤字均呈现先降低后升高的趋势。当 Rate2=2.15%时，生态赤字由最初的 22424141.41ghm² 逐渐下降到 19126601.22ghm²，后持续上升至 20064921.64ghm²；当 Rate2=3.23%时，生态赤字由最初的 22424141.41ghm² 逐渐下降到 19675655.45ghm²，后持续上升至 21317249.39ghm²；当 Rate2=4.30%时，生态赤字由最初的 22424141.41ghm² 逐渐下降到 20109475.71ghm²，后持续上升至 22766122.70ghm²；当 Rate2=5.38%时，生态赤

字由最初的 22424141.41ghm^2 逐渐下降到 20474979.99ghm^2，后持续上升至 24439872.02ghm^2；当 Rate2=6.45%时，生态赤字由最初的 22424141.41ghm^2 逐渐下降到 20775199.19ghm^2，后持续上升至 26370556.52ghm^2。

随着 Rate2 的增大，成都市生态赤字下降所持续的时间在逐步缩减，且生态赤字下降的最低值逐渐升高。当 Rate2=2.15%时，生态赤字下降趋势一直持续到 2025 年，且最低值为 19126601.22ghm^2；当 Rate2=3.23%时，生态赤字下降趋势则持续到 2023 年，且最低值为 19675655.45ghm^2；当 Rate2=4.30%时，生态赤字下降趋势持续到 2022 年，且最低值为 20109475.71ghm^2；当 Rate2=5.38%时，生态赤字下降趋势持续到 2021 年，且最低值为 20474979.99ghm^2；当 Rate2=6.45%时，生态赤字下降趋势仅持续到 2020 年，且最低值为 20775199.19ghm^2。

随着 Rate2 的增大，生态赤字先降后升的趋势变化愈加明显，即前期持续下降速率随 Rate2 的增大而减小，后期持续上升速率随 Rate2 的增大而增大。由图 6-12 可知，这五种情景下生态赤字都下降的时间段为 2015～2020 年，而都上升的时间段为 2025～2030 年。2015～2020 年当 Rate2=2.15%时，生态赤字年均下降值为 549114.10ghm^2；当 Rate2=3.23%时，生态赤字年均下降值为 497636.61ghm^2；当 Rate2=4.30%时，生态赤字年均下降值为 443969.49ghm^2；当 Rate2=5.38%时，生态赤字年均下降值为 288043.62ghm^2；当 Rate2=6.45%时，生态赤字年均下降值为 329788.44ghm^2。可以发现，其存在明显减小趋势。2025～2030 年当 Rate2=2.15%时，生态赤字年均上升值为 187664.08ghm^2；当 Rate2=3.23%时，生态赤字年均上升值为 305741.24ghm^2；当 Rate2=4.30%时，生态赤字年均上升值为 450119.87ghm^2；当 Rate2=5.38%时，生态赤字年均上升值为 625342.15ghm^2；当 Rate2=6.45%时，生态赤字年均上升值为 836611.96ghm^2。可以发现，其存在明显增大趋势。

通过上述分析，可以发现 Rate1、Rate2 与 GDP 增速关系值对于成都市生态可持续发展有较大的影响。随着 Rate1 与 GDP 增速关系值的增大，成都市生态赤字变化更符合可持续发展要求，这表明本节前面所做的生物资源消耗假设的合理性与可持续性。但随着 Rate2 与 GDP 增速关系值的增大，成都市生态赤字变化却不符合可持续发展要求，表明能源消耗结构的不合理。因此，可以通过合理改善消费结构，如居民膳食消费结构、工业能源消费结构等，来降低成都市的生态赤字水平。当然，也可以通过提升生物资源与能源的利用效率，如减少食物浪费、单位 GDP 能耗等，确保成都市生态可持续的良好发展。

成都市生态可持续发展随 GDP 的变化而变化，但二者没有绝对的负相关关系。成都市未来的生态赤字呈现先减小后增大的趋势，且随着 GDP 的增大，这一变化的速率与幅度也在增大，即经济增长速度越快，成都市生态环境状况变化的速度越快，且生态赤字的变化区间也越大。但无论 GDP 增速如何，成都市在 2015～2030 年均存在较为严重的生态赤字，这反映了成都市目前所面临的严峻生态环境压力。值得庆幸的是，GDP 增长速率的变化会导致成都市生态赤字的短期下降及长期增率的改变，这可以有效缓解成都市未来几年的生态环境压力，并为成都市进一步减小生态赤字提供可能。

综合生态赤字下降的持续时间、最低值及未来增速几方面来看，成都市2015～2030 年生态可持续发展的最优情景是 GDP 增速为 7.5%的时候，即当未来GDP 的年增速为 7.5%时，成都市生态可持续发展最优。结合中国现阶段经济发展"新常态"的整体环境、成都市政府工作报告与规划，以及相关机构或学者的研究成果，基于成都市历年 GDP 增速数据，可以得出成都市 2015～2030 年 GDP增速范围大体在 7.50%～10.00%之间，且更接近 7.50%。而成都市近几年 GDP 增速愈发靠近 7.50%的趋势也反映了成都市当前发展模式的科学与合理，这表明其可以在社会经济发展与生态可持续发展间寻求到较佳平衡点，既能保持经济的中高速稳定增长，满足人民对于美好生活期盼的客观要求，又能缓解未来的生态环境压力，使生态赤字增长速度处于低速状态，符合我国建设富强、民主、文明、和谐、美丽的社会主义现代化强国的现实目标。

GDP 增速导致生物资源消耗与能源消耗速率改变，且均存在正相关关系。GDP 增速每提高 1%，生物资源消耗提升 0.928%，能源消耗提升 0.573%。通过对Rate1、Rate2 和 GDP 增速关系值的多情景分析，可以发现这二者的关系值对于成都市生态赤字有着较大影响，这也为进一步保障成都市可持续发展提供了参考。

6.4　本 章 小 结

本章对成都平原区的核心城市成都市进行了城镇化生态转型分析，利用城镇化效率和可持续发展指数说明其城镇化生态转型状况。本章发现改善交通网络、优化产业结构和减少投入资源浪费是提高区域城市化效率的合理途径。建成区是造成成都市大部分区(市、县)城镇化不平衡的主要因素，即控制建成区在一定程度上会提高成都市的城市化水平，同时对减少非农业就业人数也会有所帮助。成都市生态可持续发展随 GDP 的变化而变化，但二者没有绝对的负相关关系。综合生态赤字下降的持续时间、最低值及未来增速几方面来看，当未来 GDP 的年增速为 7.5%时，成都市生态可持续发展最优，表明成都市可以在社会经济发展与生态可持续发展间寻求到较佳平衡点。既能保持经济的中高速稳定增长，满足人民对于美好生活期盼的客观要求，又能缓解未来的生态环境压力，使生态赤字增长速度处于低速状态，符合我国建设富强、民主、文明、和谐、美丽的社会主义现代化强国的现实目标。本章研究结论对于决策者进行针对性的城市管理具有重要意义和价值。

参 考 文 献

成洪山, 王艳, 李韶山, 等. 2007.系统动力学软件 STELLA 在生态学中的应用. 华南师范大学学报(自然科学版), (3): 126-131.

狄乾斌, 徐东升, 周乐萍. 2012. 基于 STELLA 软件的海洋经济可持续发展系统动力学模型研究. 海洋开发与管理, 29(3): 90-94.

洪顺发, 郭青海, 李达维. 2020. 基于生态足迹理论的中国生态供需平衡时空动态. 资源科学, 42(5): 980-990.

姜钰, 贺雪涛. 2014. 基于系统动力学的林下经济可持续发展战略仿真分析. 中国软科学, (1): 105-114.

康燕妮, 张璇, 王旭, 等. 2020. 软件需求变更管理的系统动力学仿真建模. 软件学报, 31(11): 3380-3403.

李淑锦, 应秋晓. 2014. P2P 网贷对我国金融资源配置效率的影响——基于 DEA 方法. 商业全球化, 2(4): 45-51.

李霞, 徐涵秋, 李晶, 等. 2016. 基于 NDSI 和 NDISI 指数的 SPOT-5 影像裸土信息提取. 地球信息科学学报, 18(1): 117-123.

李亚静, 朱文玲, 黄柱坚, 等. 2015. 垂直流人工湿地脱氮过程的生态动力学模拟与分析. 农业环境科学学报, 34(4): 776-780.

刘东, 封志明, 杨艳昭. 2012. 基于生态足迹的中国生态承载力供需平衡分析. 自然资源学报, 27(4): 614-624.

刘某承, 王斌, 李文华. 2010. 基于生态足迹模型的中国未来发展情景分析. 资源科学, 32(1): 163-170.

史丹, 王俊杰. 2016. 基于生态足迹的中国生态压力与生态效率测度与评价. 中国工业经济, (5): 5-21.

张衍广, 林振山, 李茂玲, 等. 2008. 基于 EMD 的中国生态足迹与生态承载力的动力学预测. 生态学报, 28(10): 5027-5032.

赵军凯, 张爱社. 2006.水资源承载力的研究进展与趋势展望. 水文, (6): 47-50, 54.

Dempsey N, Bramley G, Power S, et al. 2011. The social dimension of sustainable development: defining urban social sustainability. Sustainable Development, 19(5): 289-300.

Jiang L, Deng X, Seto K C. 2012. Multi-level modeling of urban expansion and cultivated land conversion for urban hotspot counties in China. Landscape and Urban Planning, 108(2): 131-139.

Jing H. 2010. An empirical analysis on China's high-technology industry innovation efficiency based on SFA. Studies in Science of Science, 28(3): 467-472.

Kontodimopoulos N, Papathanasiou N D, Flokou A, et al. 2011. The impact of non-discretionary factors on DEA and SFA technical efficiency differences. Journal of Medical Systems, 35(5): 981-989.

Lee J Y. 2008. Application of the three-stage DEA in measuring efficiency-an empirical evidence. Applied Economics Letters, 15(1): 49-52.

Li K, Lin B. 2016. Impact of energy conservation policies on the green productivity in China's manufacturing sector: evidence from a three-stage DEA model. Applied Energy, 168: 351-363.

Liu J, Zhang Z, Xu X, et al. 2010. Spatial patterns and driving forces of land use change in China during the early 21st century. Journal of Geographical Science, 20(4): 483-494.

Lu B, Wang K, Xu Z. 2013. China's regional energy efficiency: results based on three-stage DEA model. International Journal of Global Energy Issues, 36(2-4): 262-276.

Pandey B, Seto K C. 2015. Urbanization and agricultural land loss in India: comparing satellite estimates with census data. Journal of Environmental Management, 148: 53-66.

第7章　城镇化生态转型发展与展望

城镇化生态转型强调以人为本、环境友好的可持续发展的理念，支持城市绿色的生产、消费方式，不同社区之间和谐发展，使城市公共基础设施满足所有人的需求，优化城市布局，并将生态文明引入城镇化进程中。因此，从转型尺度上说，城镇化生态转型包括社区生态转型和城市生态转型。社区是城市生产、消费和生活的基本单元，社区生态转型是城镇化生态转型的重要体现。社区生态转型主要强调居民消费行为(衣、食、住、行、游等)的升级、社区建设和改造升级等方面，即生态社区建设；城市生态转型主要指宏观水平的生态转型，主要包括城市空间布局、经济产业、制度与文化、生态环境等要素的转型，即生态城市建设。因此，本章从生态社区和生态城市两个方面展望其发展前景，总结相应的案例和建设经验，并提出相应的对策和建议。

7.1　生态社区建设发展与展望

7.1.1　生态社区建设实践经验

在社区尺度相关研究中，本书主要涉及京津冀地区居民消费碳排放及影响因素分析、上海市社区居民碳排放核算及影响因素分析，以及广州城镇社区居民楼的生命周期环境影响评估等实例研究。

居民消费是区域碳排放的重要来源，居民消费碳排放可分为直接碳排放和间接碳排放两种类型(王长波，2022)。2002~2012年京津冀地区居民消费碳排放量快速增加，间接碳排放贡献高于直接碳排放。居民消费水平和碳排放强度的变化在决定这些贡献的绝对值方面起着主导作用。中间需求、消费水平和人口规模的影响促进了间接碳排放的增长，消费结构和碳排放强度因子对京津冀地区的居民消费碳排放分别产生了正面和负面的影响。对于京津冀地区来说，减少河北碳排放强度及碳排放量至关重要。"建筑、建材、非金属矿产""金属制品""电力、热力、水的生产和供应"相关行业的碳排放强度较高，"建筑、建材、非金属矿产"行业经历了快速发展期，这些行业的碳排放量需要重点控制。另外，京津冀地区的协同发展将导致这三个子区域的工业部门重组，为减少整个地区的碳排放提供了机遇。同时，技术的提高对降低整个地区的碳排放强度至关重要。"绿色消费"和"低碳消费"的理念也将引导公众在未来发展中应用可持续消费模式。

　　基于 2016 年上海市 43 个社区 780 户家庭特征与消费偏好的调研数据，采用社区碳排放核算模型和碳排放影响因素分析模型，对上海市社区家庭碳排放和影响因素进行分析。研究发现，上海市社区家庭碳排放主要由住宅碳排放和交通碳排放两部分组成，分别占家庭碳排放总量的 66.75% 和 33.24%。住宅碳排放主要是家庭用电和家庭取暖引起的排放，交通碳排放主要是私家车油耗引起的碳排放。生态社区、生产型社区和普通社区中的建筑物在供热方式、朝向、楼层、建材和面积大小等方面差异明显，三者间减少碳排放的潜力也各不相同。区位、经济特征、居民偏好等要素影响碳排放格局，但并不总是线性关系，有异质性特征存在。社区建筑属性(集中供暖、楼层和朝向等)对家庭碳排放影响显著且相互间差异明显。集中供暖对家庭碳排放总量存在显著的正相关关系。社区位置/周边属性(地铁、教育、便利店/绿化、环境等)对家庭碳排放影响显著且相互间差异明显。社区环境与家庭碳排放呈现较显著的负相关关系，这是由于绿化可以通过保持优化热交换机制控制室内温度，从而降低能耗和碳排放量，同时优美的环境也可以提高公众的环保意识，这对低碳行为的形成具有积极影响，从而增强提高能量消费和降低碳排放的可能性。

　　以广州城镇居民楼为研究对象，采用混合生命周期法，对该建筑物的材料准备、运输、建设、使用和维修以及拆毁 5 个阶段的能源消耗量和 CO_2 排放量进行评估分析。研究发现按照 70 年的生命周期计算，该栋建筑物整个生命周期共消耗能源 72591.98GJ，排放 CO_2、CH_4 和 N_2O 分别为 12566.74t、174.05kg 和 215.22kg，合计排放 CO_2 当量为 12637.12t。其中，电力能量消耗是建筑物全生命周期内的主要能耗部分，煤炭是第二大消耗能源。电力的使用主要集中在照明和空调用电等方面。钢铁、混凝土、水泥和砖建材的生产造成的 CO_2 排放量占建材准备阶段碳排放量的 76.69%。因此，在未来的土木工程中，需要加强对新型建筑材料的研发和推广，减轻对传统建筑材料的需求和依赖，提高钢铁、混凝土等材料的循环利用。

　　生态低碳的环保社区需要依照生态社区的基本要求和标准，在建设绿色社区的基础上全面开展生态、低碳、环保相关工作，进一步完善社区的基础设施，提高绿化美化水平，提高社区居民的节能环保意识，营造低碳环保生态社区。倡导居民低能量、低消耗、低开支的低碳生活方式，如多乘坐公交车、多骑自行车等；更加注重民生福祉改善，全力推进社区基础设施、社区公共服务、社区志愿服务、社区环境等工程和网格化管理，建设一些小广场，供市民群众就近休闲健身，提升市民幸福感。

　　以上内容系统地介绍了城市化水平高、经济发达地区的生态社区建设，但缺乏相对欠发达地区的生态社区建设。在城市化进程中注重经济与社会的协调发展，根据经济社会发展模式转型的需要，从不同社区所处的环境出发，因地制宜，坚持以党建为龙头，以社区服务为主线，以创建文明社区为载体，以提高居民素质和社区文明程度为主要目标，努力创新社区建设的组织设置、工作思路和活动载体，努力探索生态社区建设的有效办法。此外，"城中村"问题是在我国城乡二元体制的特殊国情下，伴随着快速城市化而出现的特殊现象。在构建和谐社会、生态城市的进程中，必须妥善处理好"城中村"问题。采取"整体改造模式"与"村集体主导模式"相结合的方式进行"城中村"改造；通过市场化方式筹集旧村改造资金，解决村民拆迁安置和集体物业发展要求，实现改造项目自身经济平衡。主要措施包括：①政府主导，以村为主。市、区政府发挥统筹指导和支持作用，协调解决各项配套政策，多次召开政府常务会研究解决问题。以村为主体，具体实施谈判、协议、拆迁和复建等工作。②利益平衡，共享发展。在改造方案和实施过程中，始终坚持集体经济实力增强、村民收入增加、城市环境改善和村落文化延续四个改造目标。③依法办事，公开透明。在改造过程中，依法依规推进各项工作。通过公平、公正、公开的方式，村委形成各项决策意见，经村民代表大会通过，在村民与集体利益发生冲突时，通过司法途径合理合法解决。在"城中村"改造过程中，应充分考虑历史文化的传承与合理利用，尽量减少城市建设对传统文化的破坏；同时，还应注重社区文化的教育建设和现代生活方式、思想观念的传播，改变传统的居住模式，使传统的乡村文化融于现代城市文化中，实现共同发展。

7.1.2 生态社区建设理论指导

本书通过梳理居民消费行为与社区生态环境的互馈机制、生态社区建设等方面的相关研究，总结了目前生态社区建设研究的进展和不足。从某种意义上讲，这些城市生态社区建设研究上的不足理应是优先解决的重点问题(张倩等，2016)，主要包括以下几个方面。

(1)居民消费行为对生态环境的胁迫及社区环境对居民行为反馈的分析方法体系尚未完全建立。尽管应用社区物质能量代谢研究、嵌入生态足迹的投入-产出分析、居民消费行为选择模型、计量分析模型、基于大数据的空间分析等不同类别的方法从不同的角度剖析了居民消费行为与生态环境之间的互馈机制，但目前这些研究较为分散，方法间的联系不明晰，尚未存在逻辑合理、层次清晰的研究城市社区居民消费行为与社区生态环境之间相互影响的创新方法。

(2)目前生态社区建设研究大多集中于新型生态社区的设计与开发，少有针对已有社区的生态化改造，也没有充分针对不同城市社区类型及资源、能源、环境禀赋提出因地制宜的生态社区构建措施和建议，例如在资源匮乏的区域，应该重点考虑资源的节约利用；在生态环境脆弱地区，应该重点考虑在社区建设和发展中如何减少对周边生态环境的影响；在能源约束突出的区域，则可以多探索新能源的开发和能源的综合利用等。

(3)即使针对新型生态化社区，在构建过程中只重视了生态社区的规划和生态基础设施的建设、忽视生态社区建设的后期系统性管理，更是缺乏诸如生态物业管理公司式的管理机制的创新与尝试。城市社区的生态环境容量既包括生态环境自身的自然容量，也包括管理调节和扩充的管理容量。从生态社区的规划设计、建设、管理全过程来看，现有生态社区建设缺少后期对生态基础设施的日常监管和升级改造，缺乏社区生态环境综合管理尝试。

(4)现有的生态社区建设重视单个具体指标的提升，忽视全面建设生态社区的系统性思维，缺少权威的生态社区评价指标体系及对指标间关联的分析与考量。一个生态环境指标的改变或许会引发其他指标的同向或逆向变化，只有将各个指标纳入统一的体系中，考量指标间的联动机制，才有可能通过合理地调控评价指标，实现保护社区生态环境的同时，又充分发挥社区的生态服务功能。

(5)现有的社区物业管理信息化平台与生态社区建设内容的协调性较差，只是包含社区环境卫生管理的部分内容，并没有从社区生态系统建设和保护的角度出发，实质性地将社区物质能量代谢、碳氮循环、生态系统性管理理念纳入进来；更缺少实时、动态的面向社区居民的生态环境资产核算方面的计算、查询、规划等互动式交流。亟待研发生态社区物业管理信息化综合平台，通过系统的、全过程的高效管理来提升社区生态系统承载力，减少社区居民行为对社区生态环境的影响，为加强社区生态管理提供科学信息支持。

(6)国内外开展的对生态社区构建的诸多研究与积极探索，推动了生态社区的建设和发展，但示范技术的可推广性与普适性有待进一步考察，需要在进一步研究相关理论的基础上开展示范工作。同时，要保证示范集成技术具有可参考、可借鉴、可推广等实际应用价值，避免技术过于超前或成本太高而导致示范不具备可操作性。

7.1.3　生态社区建设未来展望

自 2000 年以来，中央和省政府相继发布了推进城市社区建设的意见，全国各地已涌现大批生态化文明社区，使社区建设面貌大为改观。生态社区建设是一个长期、艰巨的历史任务和渐进的过程，是一场技术、体制、文化领域的社会变革，需要强化完善生态规划、活化整合生态资产、孵化诱导生态产业、优化升华文化品位、统筹兼顾分步实施、典型示范滚动发展。而从构建路径来讲，首先要明确问题和目标，对社区的现状条件(物质环境、非物质环境和居民活动等)进行调研分析，然后制订不同情景的发展规划以满足未来的需求，对不同的方案进行比较和评估，最后对最优情景进行深化并实施，在实施过程中要进行监测和评估，不断给予调控。

1. 生态社区建设模式选择

一个生态城市应具备环境优美、资源合理利用、环境管理完善及居民环保意识和参与社区管理意识较强四个条件，而每一个条件都离不开生态社区建设的支撑。因此，政府首先要明确生态社区建设对城市生态城市建设的意义，构建生态社区建设的目标体系。

按照生态城市建设的战略目标，分层次设计生态社区建设目标。第一层次的建设目标是把区域视为大社区，设置、规划其总体的生态建设目标；第二层次的建设目标是按照区域划分、生态现状等，把城市社区分为中心社区、城中村社区和城郊社区三种，分别明确其生态建设目标；第三层次的建设目标是根据本社区的特点和历史渊源，针对社区内的旧社区、新社区及典型示范区分别设置。通过建立不同层次的目标体系，把生态化建设任务层层分解，既能体现各区域生态化建设的不同基础，又能体现不同社区生态化建设中急需改革的各个方面。

生态社区合理规划、实施政策和建设目标必须根据社区的生态特征而定，通过构建生态社区评价指标体系来对其进行评价，确定是否达标，是否实现生态社区的建设目标。由于社区的生态特征涉及建筑学、生态学、环境学、规划学、社会学、地理学、医疗卫生等多学科知识，需要由政府主导，召集各学科的专家进行专业的判断，确定宏观层面及微观层面具体需要包括哪些指标，研究各领域选择哪些指标，集中评判指标的重要程度或各类指标的权重，构建指标体系，以对生态社区进行宏观及微观的评价（袁媛和吴缚龙，2010；杨煜，2022）。由于不同地域的自然环境和社会环境条件差异较大，照搬一套标准或模式评价个案显然会造成评价的不客观，并且会丧失生态社区的特色。因地制宜地选取合适、灵敏的指标因子对社区进行评价，既能反应生态社区的普遍共性，又能体现其特色，这正是合理的评价指标体系所追求的结果。

生态社区建设的模式是指为了达到生态社区建设与管理的目的而采取的各种管理体制、机制、手段和方法的结合体。根据目前生态社区建设与管理的现状，从生态社区建设与管理活动的主体差异出发，可将生态社区建设模式分为政府导向型、市场导向型、社会导向型及以"公共需求"为核心的新模式四种类型。

2. 生态社区建设目标对策

生态社区建设的目标是构建以"自治、共享、合作、参与、协调"为原则的城市基层管理运作系统，强化社区作为人类生存和发展基地的作用，加强社区的自我组织及自我调控能力，合理、高效地利用物质能源与信息，提高环境水平，充分适应社会再发展的需要，最终从自然生态和社会心理两方面去创造能充分融合技术和自然的人类生活最优环境的人类居住地。在构建过程中，各个作用主体

(个人、组织、政府)必须以新的生态理念定位自己的角色，明确自己的职责(顾康康，2012；简霞，2010)。

1) 发挥政府的主导作用

生态社区建设刚刚展开，群众社区的生态意识淡薄，参与社区活动多是被动参与，因而，政府在社区建设中的主导作用表现为倡导、动员、提供一定的经济和政策支持、监督、评价以及经验推广，用政策去促进社区建设资源的聚集和社区的持续发展。目前，为了防止社区的管理过于行政化，政府在社区管理事务中必须坚持"有所为，有所不为"，主要在政策、法律、法规的制定和资金支持上发挥作用，充分发挥其宏观调控职能，而具体的社区事务应交由社区组织落实办理。

2) 培养社区居民的参与及共建意识

培养居民群众的社区归属感和社区认同感，强化社区群众的社区意识，调动社区居民群众参与社区建设的热情和积极性，培养社区居民的主人翁精神；加强社区内不同的社会群体、组织和个人的社区意识培养，增强共建意识。

3) 建设高素质的社区专职干部队伍

社区专职干部队伍包括社区的"两委"成员，即社区党支部委员会成员和社区居委会成员。要优化社区专职干部队伍结构，增强社区基层组织的生机和活力；要提高社区专职干部待遇，增强社区岗位的吸引力；要强化培训，提高社区专职干部队伍的整体素质。

4) 积极培育和发展社区的中介组织

中介组织是市场经济在社区建设管理中的体现形成的产物，是介于政府、企业、居民三者之间的，为提高市场运行效率而从事沟通、协调、公证、评价、监督、咨询等服务活动的机构。要正确处理城市基层政权、居民自治组织与中介组织的关系；要明确城市基层政权、居民自治组织与中介组织的权责职能；要加强制度建设，为中介组织参与社区建设活动提供良好的制度保证，使之逐步走上专业化、制度化的轨道。

5) 改变社区治理结构，积极推进社区自治

社区自治是生态社区建设过程中社区管理体制改革的必然产物，是社区公民自治精神的体现。要理顺政府有关部门、街道办事处与社区的关系；要加强社区居民委员会的自身建设，逐步实现社区居民自我管理、自我教育、自我服务、自我监督，提高社区自治管理水平。

6) 加强社区管理

社区建设是通过社区管理实现的，应建立一套科学的管理机制，制定适合社区发展的管理方法。要构建新的组织体制，构建全新的"小政府，大社会"的多元互动的城市社区组织管理体系；要加强社区的法治建设，使社区建设有法可依；要合理规划并建立责任追究机制；要加强社区专业化、科技化、现代化管理。

7)推动生态社区文化建设

要确立"以人为本"的社区文化建设核心思想；以社区文化促进城市文化发展，必须做好近期和长远的规划；建立合理、科学、规范、完善的社区文化创建机制；创建"多维"的文化活动结构；要吸引不同层面居民群众参与社区文化活动，培育社区成员的归属性和认同感。

8)全面提升社区服务水平

各社区要根据自身实际情况，建立覆盖社区全体成员、服务主体多元、服务功能完善、服务质量和管理水平较高的社区服务体系，努力形成"老有所养、孤有所依、幼有所教、残有所助、贫有所扶、难有所帮"的社会化服务环境，为社区居民提供多层次、多功能、多形式的社区服务。

7.2　生态城市建设发展与展望

生态城市追求人与人、人与环境的高度和谐，因而成为 21 世纪城市发展的新模式。目前学术界已将"生态城市"作为一个热点问题进行研究，国内外许多城市也开展了"生态城市"的建设实践。但迄今为止，全球还没有一个公认的真正意义上的生态城市，甚至对于生态城市还没有一个公认的定义。生态城市理论研究与实践建设之间存在脱节的现象。所以，有必要对生态城市理论和实践的进展进行总结，为生态城市规划和建设提供有利指导。

7.2.1　生态城市建设实践经验

在城市尺度上，本书涉及京津冀地区产业碳排放效率及减排潜力、上海市城市环境绩效及发展模式评估、珠三角地区居民行为的环境影响和生态效率，以及成都平原区城镇化生态可持续性评价四方面内容。

碳排放效率是估算地区碳减排潜力和制定相应政策的基础。2010～2016 年京津冀地区工业部门的二氧化碳总排放量缓慢增加，河北省的碳排放量占比最大。2010～2016 年京津冀地区的碳排放效率平均值为 0.7733，河北的平均水平最高，其次是天津和北京。2010～2016 年京津冀地区的碳减排潜力略有增大。此外，政府应该关注"低碳排放效率-高碳减排空间"的工业部门，包括非金属矿物制品制造业，电力、燃气及水的生产和供应业，黑色金属的冶炼和压制，以及煤的开采和洗选业等。京津冀地区作为国际城市群，是中国经济发展最重要的增长极之一，首先应进一步制订产业布局规划，支持区域协调发展。其次，制定和实施与碳减排相关的政策，着眼于生产技术的创新和改进，并调整京津冀地区的产业结构。最后，不同部门实施不同的政策和法规，用于分地区、分产业碳减排战略及产业结构调整和更新。

城市可持续发展模式是城镇化进程的最终归宿。本书基于环境绩效的可持续城市度量模型和熵权 TOPSIS 法定量评估了上海市 2000～2015 年的资源效率、环境效率及环境绩效，并分析了其动态变化趋势，识别了上海市各年份所处的城市发展模式，并诊断了影响上海市环境绩效提升的关键影响因子，提出了有针对性的城市可持续发展策略。2000～2015 年上海市资源效率和环境效率呈现先稳步上升、后迅速增长的发展态势，环境绩效发展体现出了先快速增长、后趋于稳态、2012 年再次快速增长的变化趋势。上海市环境绩效变化先后经历了低、中、高的发展历程，对应的城市发展模式也经历了传统的粗放型发展模式到末端治理型发展模式再到可持续发展模式的阶段。工业废气总排放效率是影响上海市环境绩效提升的主要影响因子，其次为工业烟尘排放效率和生活用电效率。上海市政府应严控工业废气排放，加大工业废气、烟尘排放的监管和治理力度，引导居民节约用电，需要在生产端严格把控污染物排放，在消费端实现环境绩效的提升。

本书基于数据包络分析（DEA）法对珠三角地区各地市工业经济系统和社会经济系统能源环境全要素生产率进行了测算，从各地市整个工业经济系统来说，东莞、深圳和中山的能源环境全要素生产率呈现增长趋势，其中东莞增长最多；佛山、广州、惠州、江门、肇庆和珠海的能源环境全要素生产率呈现下降趋势，其中广州下降最多，造成工业经济系统能源环境全要素生产率变化的主要因素是技术进步。珠三角地区超过一半的（50.2%）决策单元的能源环境全要素生产率呈现增长趋势。从整体上看广州是一个创新城市，其创新产业约占 52%。东莞、佛山、江门、深圳和珠海也是创新型城市，惠州、肇庆和中山属于非创新型城市。

鉴于成都市社会、经济、人口、城镇化率及政策因素的潜在影响，本书耦合 DEA 模型、系统动力学理论与生态足迹等理论，完成了成都县级城市水平的效率测算，以及成都市生态可持续发展的趋势预测。研究发现，锦江区、龙泉驿区、青白江区、青羊区、蒲江县、新津县和都江堰市的城镇化效率较高；双流区和金堂县的城镇化效率较低。环境变量是影响城市化效率的一个重要因素，建成区面积是导致大部分区（市、县）城镇化发展不平衡的主要因素，即控制建成区范围在一定程度上会提高成都市的城市化水平，减少非农业就业人数也会有所帮助。成都市生态可持续发展随 GDP 的变化而变化，但二者没有绝对的负相关关系。成都市未来的生态赤字呈现先减小后增大的趋势，且随着 GDP 的增加，这一变化的速率与幅度也在增大，即经济增长速度越快，成都市生态环境状况变化的速度越快，且生态赤字的变化区间也越大。但无论 GDP 增速如何，成都市在 2015～2030 年均存在较为严重的生态赤字，这反映了成都市目前所面临的严峻的生态环境压力。GDP 增速的改变导致生物资源消耗与能源消耗速率的改变，且均存在正相关关系。生物资源消耗与能源消耗速率对成都市生态赤字有较大影响，这也为我们进一步保障成都市可持续发展提供了参考。我们可以通过改善居民膳食结构、减少食物浪费、合理化能源消费结构、提升单位 GDP 能耗等途径来降低成都市生态赤字水平，从而确保成都市生态可持续的良好发展。

7.2.2　生态城市建设理论指导

1. 生态城市概念辨析

自 20 世纪 80 年代以来，国内外不少学者对生态城市的内涵提出了不同的看法，学术界和政府决策层出现了集中的包括生态城市在内的描述未来城市形态的概念，如可持续性城市、绿色城市、园林城市、健康城市和山水城市等。为进一步理解生态城市的内涵，有必要对生态城市与相关概念城市之间的联系和差异进行分析(表 7-1)。

表 7-1　生态城市与相关概念城市的辨析

城市形态	内涵	联系	区别	
			生态城市	相关概念城市
可持续性城市	在一定的社会经济条件下，在城市生态系统服务不降低的前提下，能够为居民提供可持续福利的城市	可持续发展是生态城市的一个明显特征	自然环境（包括生物）内化；面向人-自然的二元整合与均衡发展；强调城市系统内部有机联系	自然环境外化于城市，作为城市的支持服务系统存在；面向人类自身的发展；缺乏对城市系统内部有机联系的关注
绿色城市	在为保护全球环境而掀起的"绿色运动"过程中提出的。绿色城市不仅强调生态平衡、保护自然，而且注重人类健康和文化发展	健全的绿地系统是生态城市存在的基本条件和客观保证	绿地系统只是生态城市自然子系统中的组成部分之一，生态城市还强调社会人文和经济生态的和谐和健康	自然保护主义提出的绿色城市通过简单地增加绿色空间，单纯追求优美的自然环境
园林城市	保护城市依托的自然山川地貌，搞好大环境的绿化建设，改善城市生态，形成城市独特的风貌，而不涉及社会、经济、自然的协调发展	城市独特的景观是不同生态城市自然基底的反映	强调其内部系统的结构合理、功能高效和关系协调	过分强调了景观设计，忽略了社会、经济等方面的内容
健康城市	由健康的人群环境和社会有机结合发展的一个整体，是从城市及居民健康角度提出的，涉及影响城市居民物质、精神健康的各方面	都把城市视为一个有机生命体，健康是生态城市的特征之一	从生态系统角度来考察城市；强调的是人-自然整体的健康	从生命个体与环境的关系来看待城市；强调城市居民生理上的健康

续表

城市形态	内涵	联系	区别	
			生态城市	相关概念城市
山水城市	主张城市建设与自然结合，将自然山水融入城市建设中	都强调人与自然协调发展	生态城市强调城市建设的"神"，包括自然生态化、经济生态化和社会生态化，内涵相对宽泛	钱学森先生倡导的"山水城市"更注重强调城市建设的"形"，对城市的社会和经济属性论述较少，内涵相对狭窄

注：据赵清等，2007，有删改。

2. 生态城市内涵分析

生态城市是对传统城市发展模式的重大变革，它遵循自然规律和经济社会发展规律，把环境保护、资源合理开发利用和高效生态产业发展有机结合起来，合理规划城市布局，重构城市交通、建筑与土地利用方式，实现经济效益、生态效益和社会效益的有机统一。多数学者对生态城市的定义大多数为对经济、社会和自然的和谐统一的描述。纵观国内外学者的关于生态城市的学术研究，生态城市具有以下几个共性的基本特征。

(1)和谐性。生态城市的和谐性不仅体现在人与自然的关系，人与自然的共生共荣，人回归自然、贴近自然、自然融于城市等，还体现在人与人的关系上。人类活动促进了经济增长，却没能实现人类自身的同步发展。生态城市是营造满足人类自身进化需求的环境，充满人情味，文化气息浓郁，拥有强有力的互帮互助的群体，富有生机与活力。生态城市不是一个用自然绿色点缀而僵死的人居环境，而是关心人、陶冶人的"爱的器官"。文化是生态城市重要的功能，文化个性和文化魅力是生态城市的灵魂，这种和谐是生态城市的核心内容。

(2)高效性。生态城市一改现代工业城市"高能耗""非循环"的运行机制，而是提高一切资源的利用率，物尽其用，地尽其利，人尽其才，各施其能，各得其所，优化配置，物质、能量得到多层次分级利用，物流畅通有序，住处舒适便捷，废弃物循环再生，各行业各部门之间通过共生关系进行协调。

(3)持续性。生态城市是以可持续发展思想为指导，兼顾不同时间、空间，合理配置资源，公平地满足现代人及后代人在发展和环境方面的需要，不因眼前的利益而以"掠夺"的方式促进城市暂时"繁荣"，保证城市社会经济健康、持续、协调发展。

(4)整体性。生态城市不单单追求环境优美或自身繁荣，而是兼顾社会、经济和环境三者的效益，不仅重视经济发展与生态环境相协调，也重视对人类生活质量的提高，是在整体协调的新秩序下寻求发展。

(5) 区域性。生态城市作为城乡的统一体，其本身为一个区域概念，是建立在区域平衡上的，而且城市之间是互相联系、相互制约的，有平衡协调的区域，才有平衡协调的生态城市。生态城市是以人-自然和谐为价值取向的，就广义而言，要实现这一目标，全球必须加强合作，共享技术与资源，形成互惠的网络系统，建立全球生态平衡。广义的要领就是全球概念。

(6) 结构合理。一个符合生态规律的生态城市应该是结构合理的，包括合理的土地利用、良好的生态环境、充足的绿地系统、完整的基础设施和有效的自然保护。

(7) 关系协调。关系协调是指人与自然和谐、城乡协调、资源利用和资源更新协调以及环境胁迫和环境承载能力协调等。

3. 生态城市建设内容

生态城市是一种在城市生态环境综合平衡制约下的城市发展模式。纵观国内外生态城市的建设案例，生态城市涉及生态环境、生态经济、生态文化和生态社会的可持续性，不仅包含塑造外在形象，还包含生态文化在公众中的普及，以及人与人、人与社会、人与自然关系的调整。

(1) 生态经济。建设生态城市，关键是走节约型、循环型的经济发展道路，也就是大力发展生态经济。一方面，在进行生态城市建设过程中要更加注重自然资源的保护和利用，实现生态平衡及和谐发展。在经济活动中，建立高效增长的经济体制及低投入、高产出的生态系统，发展绿色产业发展体系，尽量减少资源的使用及废弃物的产生，将所耗费的各种资源转换为较高的经济产出。另一方面，建立合理的生态产业结构，发挥绿色生态产业的优势，推动经济的转型升级，从而促进经济的繁荣发展。建设生态型工业，通过改进生产技术，加大对传统工业产业的改造升级，建立绿色生态的产业体系，着重发展新型工业；建设生态型农业体系，以培育绿色品牌产业为导向，建设以生态农业、节水农业、观光农业为主体的生态型农业系统；建立生态型服务业，用生态经济的理念指导服务业发展，把保护生态环境作为发展服务业的核心要求，做好服务业行业中污染源的治理工作，建设配套的环保设施，提高旅游业的综合效益。

(2) 生态环境。生态城市建设是促进人与自然和谐发展的重要途径，加强生态环境建设，将城市与自然相融合，实现人与自然的和谐发展。在生态城市建设过程中，合理利用生态资源，保护城市的自然生态环境，严禁城市扩张侵占优质的自然生态用地；把保护生态环境的着力点放在推进节能减排上，使经济发展建立在节约能源资源和保护环境的基础上；通过改善城市的自然生态环境，使自然环境与人工环境融合，将城市打造成生态环境优美洁净的宜居型生态城市；构建区域生态安全格局，合理布置生态用地、生活用地和生产用地，建立良好的城市生态基础。

（3）生态社会。生态社会是生态城市建设整体方针，需要转变传统的经济与城市发展模式，提倡可持续发展，实现社会的生态、和谐发展。建立可持续的城市基础设施，减少居民衣、食、住、行、游对生态环境的影响。建立以步行、自行车为主的交通慢行体系及完善的公共交通体系，减少市民出行对私家车的依赖；调整能源结构，尽可能多地使用新能源；强制推行绿色建筑体系，减少建筑物对环境的影响；建立高效的垃圾回收利用制度，推动循环利用的方式；通过广泛宣传、政策引导及开展市民生态环境教育的方式，增强全民的生态意识，并完善生态相关法律机制，鼓励市民积极参与生态城市建设，努力在全社会提倡节约、循环利用的价值观念、生活方式和消费行为。

（4）生态文化。培育和弘扬生态文化，包括社会环保意识、生态调控体系、政策法规体系、标准管理体系和生态规划体系。开展多形式、多层次的生态知识普及和教育，包括科学的资源观、消费观和发展观，努力提高全社会可持续发展意识。依照生态学原理、社会经济学原理和管理原理，依据复合生态系统理论，充分应用现代科学技术对城市的生态结构和生态过程进行合理的调控，增强城市的生态调节功能；建立健全政策法律体系及配套的制度体系，确保生态城市发展战略的实现；健全生态城市建设法律监督体系，保障生态城市建设法律法规的实施；建立科学的生态规划体系，确保自然生态、经济和社会等要素的有机统一，实现可持续发展（图7-1）。

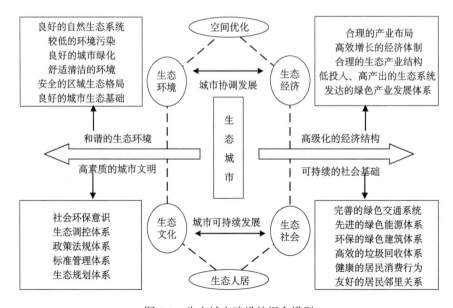

图 7-1　生态城市建设的概念模型

根据《上海市城市总体规划(2017—2035 年)》中的相应内容进行修改

7.2.3　生态城市建设未来展望

　　生态城市是一个经济、社会、生态相互支撑，人口、资源、环境和谐友好，城乡环境及人居环境清洁、优美、舒适、安全，人与自然达到充分融合，城市稳定、协调、可持续发展的人工复合生态系统。生态城市建设是一项涉及经济、社会、环境协调发展的系统工程，是经济发展与环境保护相协调、良性互动的过程。关注生态城市建设的现状对未来相关工作的开展具有重要意义。

　　生态城市因追求人与人、人与环境的高度和谐而成为 21 世纪城市发展的新模式。有关生态城市的理论不断演进与深化，其示范建设也在世界许多城市广泛展开。1992 年美国西海岸城市伯克利实施了生态城市计划，通过改善能源利用结构和调整城乡空间结构，成为全球生态城市建设的典范。哈利法克斯的生态城市建设是加拿大第一例生态城市规划项目，比较注重社会和建筑的物质循环规划，该案例在 1996 年被评为生态城市最佳实践案例。随着生态城市理论的不断发展和完善，越来越多的城市参与到生态城市建设中，如澳大利亚怀阿拉市、巴西的库里蒂巴市、德国爱尔兰根市、日本九州市等。近年来，全球出现了大量生态城建设实践，主要集中在欧洲和亚洲，为我国的生态城市建设提供了较多的成功经验。

　　我国自 20 世纪 80 年代开始生态城市及城市生态学研究，于 1984 年举行了首届全国城市生态学研讨会。1986 年宜春市提出建设生态城市的发展目标，并在 1988 年开始进行生态城市建设试点工作，这是我国生态城市建设的第一次具体实践。随后，在国家低碳政策及城市建设思想的引导下，我国的生态城市建设逐渐由理论研究上升到实践，越来越多的城市参与到生态城市建设中。中国城市科学研究会 2012 年的相关调研数据表明，目前提出有关建设"低碳生态城市"的地级市有 287 个，占全部地级市的比例为 97.6%。从每年和累计提出"低碳生态城市"发展目标的城市数量来看，其总体上保持递增的趋势。其中，1986~2002 年增速缓慢，每年增加的数目均在 10 个以下；2003 年以后，每年基本以 20~40 个的数量在增加，表现出显著的数量变化。截至 2019 年，住房和城乡建设部授予 39 个地区"国家园林城市"称号。国家生态园林城市是国家园林城市的升级版，是国家园林城市的更高级阶段。截至 2019 年底，共有 19 个城市被命名"国家生态园林城市"称号。虽然我国在生态城市建设中取得了较大的成就，但也存在着一些问题：生态城市建设概念化问题严重，过分强调"低碳""宜居""智慧""绿色"等概念，使得发展目标过于理想化，缺乏实质性的操作内容；忽视生态城市应有的发展本质，破坏当地良好的生态环境；忽略成本效益核算，缺乏成本估算，使得项目不能顺利完成；缺乏生态城市建设制度保障；一味照搬国内外其他城市建设的经验，缺乏对生态城市规划、建设理论与方法的创新。

　　国外对生态城市实践的研究非常注重理论与实际相结合，其设计理念和思路比较具体地细化到城市生活的各个方面，国外生态城市理论与实践的联系较强，并能够很好地与时俱进地采用现代化技术，着眼于生态城市规划和建设中的细节问题。国内专家、学者不仅在生态城市研究上与国际接轨，而且在考虑我国基本国情的基础上提出了许多独到的见解，注重沿袭中国的传统文化思想，从整体出发，提出系统的理论，并且在生态社区、生态村、生态县及生态新城的规划建设方面做了很多尝试，也有许多成功的例子，使我国生态城市的发展在 21 世纪以来一直处于世界前列。综上，国内外研究的主要成就包括：将生态城市理念科学地融入城市规划中，使城市的生态系统在时空上与功能上实现最优组合，实现城市的可持续发展；信息技术与新材料技术在生态城市建设中日益得到广泛应用，并成为生态城市建设得以不断扩展的助推器。

7.3　城镇化生态转型对策

7.3.1　优化国土功能分区

提高城市土地利用效率和优化国土功能分区是巩固城镇化生态转型的资源基础。土地是人类赖以生存和发展的基础生产资源，承载了人类社会所有的生产和生活活动，其合理利用十分重要。城市的土地资源对其发展趋势和竞争力发挥着重要作用。在市场经济体制下，使城市的土地资源发挥出最大的经济和社会效益是人类长期追求的目标。

目前，我国的城镇化进程不断加快，城市人口不断增加，建设用地不断扩张，城市的土地资源逐渐变得紧张，资源和环境约束日益趋紧，土地利用粗放、生态恶化逐渐露出端倪。要想缓解快速城镇化背景下的城镇人地矛盾，尤其需要提高土地利用产出，减少土地资源浪费。土地利用效率作为评价土地投入-产出关系的关键指标，体现了城市系统与土地利用系统间的耦合水平，可用来衡量土地产出能力与区域的发展质量(王德起和庞晓庆，2019；陈丹玲等，2018)。在时间维度上，中国三大城市群(京津冀、长三角及珠三角城市群)的土地利用效率在 2001～2012 年整体呈现持续降低的趋势，空间差异较大，且投入-产出效率、土地规模效率、利用效率等方面均不容乐观(邹玲和郝英，2019)。目前，学者逐渐将土地利用中的资源与环境代价融入土地利用效率评价中，更为全面、完整地体现在城市系统可持续发展目标下生态环境与土地利用的协调度。相关研究表明，土地利用效率变化与土地、环境、创新等政策的出台与实施密切相关，同时，能源消耗的投入冗余及环境污染物(废气、废水、固废等)等非期望产出冗余是制约土地利用效率提高的主要因素。

城市功能分区以土地利用结构为基础，是城市社会经济发展的基本空间映射

(赵鹏军和吕迪，2019)。城市功能分区对于把握城市结构及科学制订城市规划具有重要作用。面对我国在发展中出现的区域差距持续扩大、空间开发无序、生态环境恶化等问题，"十一五"期间，国家提出的主体功能区建设规划，是我国区域发展理论和空间规划基于国外空间管制先进理念的一次理论创新。用综合生产、生活和生态的"三生"空间概念来重新界定城市空间关系，协调和优化空间结构，为划定国土空间综合功能分区、实现空间资源统一管理与管控指明方向。

　　基于我国城市土地利用及空间分区利用现状，我国城市适宜性管理过程中存在以下几个问题。其一，城市土地资源管理与当今市场经济体制匹配度不高。当城市土地资源进入市场时，由于我国的市场经济体制建立较晚，相应的制度不够完善(王诗雨，2019)。城市土地资源管理存在明显的滞后性和盲目性，不能准确适应目前的市场经济体制。土地在市场经济上的价值和地位没有充分展现，其在市场中发挥的作用也有所限制，导致了土地资源的浪费。其二，由于长期规划及城市长期的发展目标与阶段性规划及地方政府目标存在不一致情况，地方政府直接决定城市土地资源的利用方式，地方利益和条件的异质性而使社会整体的利益受到破坏。其三，我国土地利用效率仍处于较低水平，且存在较大的空间异质性。需要进一步优化土地利用单元的投入-产出关系，提高生产技术及经济产出，同时考虑环境污染及生态保护，提高土地利用效率。其四，土地功能分区及规划存在协调矛盾、空间发展无序等问题，政府需要编制和实施空间布局规划，制定和落实区域政策及法规，开展国土空间综合功能分区划定。

7.3.2　加快产业技术转型

　　优化产业结构，加快产业技术转型与升级，有效提高城镇化生态转型的生产效率。十八大报告提出："推进经济结构战略性调整。这是加快转变经济发展方式的主攻方向。必须以改善需求结构、优化产业结构、促进区域协调发展、推进城镇化为重点，着力解决制约经济持续健康发展的重大结构性问题。"城镇化生态转型是城市发展中非常重要的一个阶段。

　　在市场经济体制下，提高城镇化生态转型的生产效率成为当务之急，要从多个角度考虑这个问题。优化产业结构是新时期加快转变经济发展方式的重要途径。构建低碳、循环发展的新型城镇是实现经济和产业结构生态化转型的有效途径(刘恩泽等，2015)。以破解能源资源约束和缓解生态环境压力为出发点，树立设计开发生态化、生产过程清洁化、资源利用高效化、环境影响最小化的理念，加快发展资源节约型、环境友好型产业。加强和改善宏观调控机制，实现经济平稳发展与产业结构优化相统一。

　　加快产业结构转型升级，转型是关键，环境是保障。只有立足于转型，以维护环境为基础，才能使传统产业焕发新活力，新兴产业实现新突破。第一是传统产业的"内部转变"，利用高新技术改造提升传统化工产业，减少污染排放，淘汰落后产能。第二是传统产业向新兴产业转型，逐步使化工产业转为环保节能型新型产业。

提高城镇化生态转型的生产效率必须推进产业结构演进、促进产业升级、引导产业布局优化、加强产城融合发展及加快产业发展方式转变。加快发展现代农业，推进农业现代化，提高农业生产效率，促进农业生产的规模化、工厂化、设施化和市场化，加快构建新型农业生产经营体系。有差别地推进工业结构优化升级，支持技术密集型和知识密集型现代产业发展，培育壮大节能环保、新一代信息技术、生物、高端设备等新兴绿色产业。

在加快产业技术转型的同时，必须缓解城镇化带来的环境影响，匡算生态足迹与承载力，保障城镇化转型的生态安全。城镇化水平与经济发展水平之间的关系虽然是复杂的，但是城镇化水平和经济发展水平之间总体上正相关。经济发展是城镇化的重要推动因素之一，城镇化则是经济发展的一个社会后果。人口城镇化的生态环境胁迫作用主要与人口密度和生活强度有关。生活强度取决于人们的消费水平和生活习惯。人口密度决定排污的一般水平，生活方式则决定排污的变化水平。人口城镇化对生态环境的胁迫主要通过两方面进行：一是人口城镇化将提高人口密度，进而增大生态环境压力。一般情况下，人口的增长快于城市地域的扩张，城镇化水平愈高，人口密度愈大，对生态环境的压力也就愈大。二是人口城镇化会提高人们的消费水平和促使消费结构变化，使人们向环境索取的力度加大、速度加快。经济城镇化的生态环境胁迫可以以企业作为突破口，企业是经济城镇化的基础单元，不同于人口，其个体差异很大，不仅规模上有差别，而且性质上也有不同。表征企业对生态环境的压力可从规模和性质两方面入手。规模分用地规模和经济规模，性质则可用能耗和水耗等指标反映。经济城镇化对区域生态环境的胁迫机制表现为：改变企业的用地规模或占地密度，增加生态环境的空间压力；引起产业结构的变迁，改变对生态环境的作用方式；提升经济总量，消耗更多资源和能源，增大生态环境的压力。在经济城镇化过程中，一些行为加大了生态环境的压力，然而也存在另外一些行为对压力具有缓解作用。

将能值分析纳入城市新陈代谢中，城市新陈代谢指数可以用来表示城市代谢能值系统的结构、强度、环境压力和输出效率，代表城市新陈代谢的趋势和可持续发展水平。匡算区域的生态足迹与生态承载力，以及通过区域生态系统供需两侧的平衡情况可进一步分析区域的健康发展状态及可持续发展能力，同时分析城市的生态风险；根据生态系统服务评估结果，提炼改善或提高城市健康水平的措施，保障城市生态化转型的安全。

7.3.3　提升居民环保意识

　　提升居民生态环保意识，完善城市管理制度体系，加强城镇化生态转型的公众参与力度。改革开放 40 年来，我国持续加大生态环境保护力度，完善体制机制，改善生态环境质量，稳步发展生态环境保护事业，不断完善法律法规体系，生态环境保护执法督察日益严格，特别是十八大以来，立法力度进一步加大，政策制度体系也在不断完善，生态环境保护治理水平稳步提升，体制机制改革不断深化，生态环境治理能力明显增强。

　　理清物质循环代谢过程、解析居民消费结构特征、规范居民行为能有效促进城镇化生态转型。随着经济的快速发展，我国居民的消费结构正处在转型时期，居民的消费行为特征化日渐显著。首先，消费渠道变宽，向网络端转移。随着互联网电子商务的快速发展，居民消费渠道发生了变化，越来越多的居民选择在电商平台进行消费，这也导致了实体店销售额逐渐降低，消费重心逐渐从传统消费向网络消费转变。其次，随着消费观念的开放，以及产品选择多样化，居民消费理念更加注重生活品质。城市规模扩大必然带来交通与住房的扩大建设，使得消费增加存在明显的弊端，增加了废气、废水、废弃物等污染物。因此，必须进行选择性消费，增加对环境无害商品的消费，减少对环境有害商品的消费。生产能力提高使人们的物质生活更加丰裕，但支撑消费的大规模物质流动加速了对环境资源的攫取，威胁了资源的可持续发展。同时，环境的负担也体现在生产、运输、配送和处理消费后的废物等方面，交通与通信类和居住类消费等消耗煤炭石油等高碳资源的消费可称为高碳消费，而构建低碳消费模式是一个自上而下的革命，为了在消费过程中遵守低能耗、低污染、低排放的环保要求，应贯彻低碳节能概念。

　　对于促进低碳生活、建设城镇生态化，应开展全方位的宣传教育，使人们更加深刻地了解资源的紧缺特性，改变以透支资源换发展的方式，引导消费者改变消费习惯，促使消费者主动购买节能产品，践行低碳消费；要建立有关节能消费、绿色消费的法律法规，建立发展低碳经济的融资机制，利用财税手段调节生产、流通、消费等环节，进而引导民众正确消费。

　　坚持加强党对生态环境保护工作的领导，落实生态环境保护责任，各地区、各部门要负起责任，打通生态环境保护责任落实的道路，进一步落实领导干部生态文明建设责任制，严格实行"党政同责，一岗双责"制度，把生态环境保护各项任务落到实处。严格执行设计文件要求及国家和地方有关环境保护、水土保持的规定，依据国家和地方政府有关法律法规，制定环境保护的管理制度与措施，并严格遵照执行。加强宣传教育，提出针对环保工作的要求和措施。

7.4　本　章　小　结

　　本章主要探讨了城镇化生态转型的发展与展望，从生态社区和生态城市建设两方面进行了阐述。生态社区建设是一个长期、艰巨的历史任务和渐进的过程，是一场技术、体制、文化领域的社会变革，需要强化完善生态规划、活化整合生态资产、孵化诱导生态产业、优化升华文化品位、统筹兼顾分步实施、典型示范滚动发展。生态城市建设是一项涉及经济、社会、环境协调发展的系统工程，是经济发展与环境保护相协调、良性互动的过程。关注生态城市建设的现状对未来相关工作的开展具有重要意义。促进区域城镇化生态转型可以从生态社区建设和生态城市建设两方面入手，双管齐下，分别在两种尺度上进行建设和管理，促进区域实现城镇化生态转型。

参 考 文 献

陈丹玲, 卢新海, 匡兵. 2018. 长江中游城市群城市土地利用效率的动态演进及空间收敛. 中国人口·资源与环境, 28(12): 106-114.

顾康康. 2012. 生态承载力的概念及其研究方法. 生态环境学报, 21(2): 389-396.

简霞. 2010. 城市生态社区评价体系优化探讨. 安徽农业科学, 38(26): 14633-14636.

刘恩泽, 汪沅, 尹立颖. 2015. 论我国新型城镇化的生态化转型. 税务与经济, (4): 47-50.

王长波, 胡志伟, 周德群. 2022. 中国居民消费间接 CO_2 排放核算及其关键减排路径. 北京理工大学学报(社会科学版), 24(3): 15-27.

王德起, 庞晓庆. 2019. 京津冀城市群绿色土地利用效率研究. 中国人口·资源与环境, 29(4): 68-76.

王诗雨. 2019. 我国城市土地资源管理的现状与应对策略. 农家参谋, (10): 195, 205.

杨煜. 2022. 生态社区治理中知识元素的作用机制: 基于 SECI 模型. 求索, (2): 133-140.

袁媛, 吴缚龙. 2010. 基于剥夺理论的城市社会空间评价与应用. 城市规划学刊, (1): 71-77.

张倩, 邓祥征, 周青, 等. 2016. 城市居民行为与生态社区建设研究. 生态学报, 36(10): 3013-3020.

赵鹏军, 吕迪. 2019. 中国小城镇镇区土地利用结构特征. 地理学报, 74(5): 1011-1024.

赵清, 张珞平, 陈宗团, 等. 2007. 生态城市理论研究述评. 生态经济, (5): 155-159.

邹玲, 郝英. 2019. 成都市土地利用效率提升研究. 中国集体经济, (1): 12-13.